上海财经大学数学系列教材

上海市精品课程配套教材

线性代数

◎ 上海财经大学数学学院 编

人 民 邮 电 出 版 社

北 京

图书在版编目（CIP）数据

线性代数 / 上海财经大学数学学院编. -- 北京 :
人民邮电出版社, 2022.9（2024.1重印）
上海财经大学数学系列教材
ISBN 978-7-115-58628-5

Ⅰ. ①线… Ⅱ. ①上… Ⅲ. ①线性代数－高等学校－
教材 Ⅳ. ①O151.2

中国版本图书馆CIP数据核字(2022)第021195号

内 容 提 要

本书是按照教育部高等学校大学数学教学指导委员会经济和管理类本科数学基础课程教学基本要求，结合上海财经大学数学学院线性代数教学团队多年的教学实践，针对当前经济管理类专业对线性代数相关知识的实际需求编写完成的.

本书针对线性代数的核心内容做了系统编排，全书脉络清晰、简明易懂. 本书共六章，内容包括行列式、矩阵、向量的线性相关性与矩阵的秩、线性方程组、矩阵的特征值、二次型. 每章对核心知识进行详细阐述，部分经典例题提供了视频讲解，读者扫描二维码即可观看；章末选配适量习题及数学通识内容，书末附有习题答案供读者参考.

本书可作为高等院校非数学类专业线性代数课程教材，也可作为其他人员的自学参考用书.

◆ 编　　上海财经大学数学学院
责任编辑　武恩玉
责任印制　李　东　胡　南
◆ 人民邮电出版社出版发行　北京市丰台区成寿寺路 11 号
邮编　100164　电子邮件　315@ptpress.com.cn
网址　https://www.ptpress.com.cn
天津千鹤文化传播有限公司印刷
◆ 开本：787×1092　1/16
印张：11.5　2022 年 9 月第 1 版
字数：269 千字　2024 年 1 月天津第 4 次印刷

定价：42.00 元

读者服务热线：(010)81055256　印装质量热线：(010)81055316
反盗版热线：(010)81055315
广告经营许可证：京东市监广登字 20170147 号

丛书序

古希腊数学家毕达哥拉斯说过一句名言"数学统治着宇宙". 数学是现实的核心，是自然科学的皇冠，是研究其他学科的主要工具. 新时代数学的深度应用、交叉融合已经成为科技、经济、社会发展的重要源动力.

作为一名数学科学工作者，我认为，数学在未来社会发展中有着愈发重要的位置，一个民族的数学水平，直接关系到整个国家的创新能力. 在"新文科"建设体系下，创新"新文科"专业的数学课程体系、改革教学模式、建设优质教学资源、编写优秀教材变得尤为重要. 我们欣喜地看到上海财经大学数学学院联合人民邮电出版社，针对"新文科"专业的大学数学课程教学，策划出版了一套大学数学系列教材. 教材配有丰富、优质的网络资源，让学生在深刻理解数学的同时，还能体会到数学的文化价值和在科学、经济领域中的巨大作用.

这套系列教材不仅是应对"新文科"专业建设和教学改革的要求，更是对大学数学教材开发的创新尝试，具有以下三个特点.

1. 注重课程思政，旨在突出数学教育"立德树人"的特殊功能. 在落实国家课程思政的要求上，这套系列教材进行了创新尝试，增加思政元素，强化教材对学生的思想引领，突出"育人"目的.

2. 梳理数学历史，科学诠释高等数学的思想与方法. 法国数学家庞加莱说过："如果想要预知数学的未来，最合适的途径就是研究数学这门科学的历史和现状."本套系列教材精心梳理了数学历史点，引导学生以史为鉴，培养学生的学习兴趣.

3. 设计教学案例，从全新视角展示数学规律，培养学生的数学素养. 数学的美在于从纷繁复杂的世界中抽离出简单和谐的规律，本套系列教材精心设计教学案例，引导学生探索、研究数学规律，培养学生的创新能力.

教材建设是人才培养、课程改革永恒的主题，希望社会各界都积极参与到"新文科"专业大学数学课程教材建设和人才培养中来，多出成果，为实现中华民族伟大复兴做出教育者应有的贡献.

徐宗本

中国科学院院士

西安交通大学教授

西安数学与数学技术研究院院长

2021 年 6 月

前　　言

本书是上海财经大学数学学院多年教学实践和教学改革实际经营的总结，是根据教育部高等学校大学课程教学指导委员会颁布的经济和管理类本科数学基础课程教学基本要求，坚持一流课程建设标准和数据时代下经济管理及交叉学科创新人才培养目标，遵循教材科学性与应用性融合原则精心编写而成. 本书的主要特点包含以下几个方面：

1. 围绕实际应用背景，科学阐述线性代数基础知识和基本思想

学好一门课程的重要前提是理解和掌握它的基础知识和基本思想. 本书强调以实际应用为切入点，注重理论与实践的有机结合，逐步引入基础概念并由此阐述相关理论和方法，将各个知识模块科学系统地呈现出来.

2. 优化结构编排，突出重点，注重层次

本书对线性代数知识结构编排进行优化，注重区分知识层次，强调知识结构的由浅及深、层层递进，有助于低年级学生从高中知识的学习平稳过渡到大学数学的学习.

在章节编排上，本书前四章以线性方程组为主线，分别讨论行列式、矩阵、向量等基本工具和理论，分别从不同角度对线性方程组的求解进行讨论. 矩阵的特征值和二次型独立成章. 书中部分理论性较强的知识点用星号标出，供不同专业的同学选读.

3. 课程资源丰富，为同学们打造全面学习平台

本书每章设置练习题及答案解析，同时配有学习资料《学习指导与习题全解》. 在练习题资源的选择上，注重基本概念、基本理论和方法，选配了丰富的基础题目，同时增加难度略高的题目和综合性题目，便于同学理解和巩固基础知识的同时进一步提升线性代数解题能力和应用能力.

本书为同学提供纸质、电子和网络相辅相成的立体化学习平台. 该平台拥有丰富的课程资源，包括精心制作的课程视频、大量的习题等，满足了同学们在线学习、在线测试的多种需求. 编者选择书中重要知识点和经典习题制作成微视频，对其中的要点难点进行深入分析，帮助同学们深入理解并掌握相关知识.

4. 重视知识的拓展，培养同学们对线性代数的兴趣

本书精心挑选多个线性代数知识在经济、金融、管理中的应用案例作为数学通识资料，使得理论知识更加生动鲜活. 这些资料包括密码学应用、人口迁移问题、投入产出模型、均值方差投资模型等，有利于帮助同学们更加深入立体地了解线性代数知识，激发他们对学习线性代数知识、应用线性代数知识的兴趣.

本书是基于“教育部新文科研究与改革实践”“上海市一流本科专业建设”“拔尖人才培养”“数学教学创新团队”等项目建设的教学改革成果，以项目的形式由上海财经大学数学学院线性代数课程组完成教材编写、习题库建设、电子资源三方面的建设内容，项目总负责人王燕军，项目成员包括崔雪婷、张远征、刘春丽、钱晓明、张震峰、顾桂定、周景珩等，在此，要特别感谢程晋院长对课程组教师的关心与支持，在教材编写过程中给出的建议与悉心指导，也感谢徐承龙教授对数学通识资源的建议与指导. 此书是近几年来线性代数课程组集体智慧的结晶，也得到了人民邮电出版社的大力支持，谨此对所有人表示衷心的感谢.

2022 年 8 月

目　　录

第一章　行列式

行列式是在线性方程组的求解中引入的概念，也是研究矩阵性质的一个重要工具. 在本章中，我们将介绍一般 n 阶行列式的定义、基本性质及其展开法则，还将讲解著名的克莱姆法则. 本章的重点是行列式的计算和克莱姆法则；难点是一般 n 阶行列式的计算. 一般而言，对于四阶或以上阶的行列式，都要利用行列式性质简化其至某些容易计算的具有特殊结构的行列式(如上三角行列式)或展开成低阶行列式后再进行计算.

第一节　排列与逆序

为引出一般 n 阶行列式的定义，我们先介绍排列与逆序等概念.

一、排列

定义 1.1　n 个不同自然数 $1,2,\cdots,n$ 组成的一个有序数组 $p_1p_2\cdots p_n$，称作一个 n 级**排列**，其中每个自然数 p_i 称作该排列的第 i 个元素.

如 1,2,3 这 3 个自然数，213 是一个 3 级排列，此时 $p_1=2,p_2=1,p_3=3$；312 也是一个 3 级排列，此时 $p_1=3,p_2=1,p_3=2$. 而 31524 则是一个 5 级排列.

我们一般用 P_n 表示 n 级的不同排列的种数，可以得到 n 个自然数共有 $P_n=n(n-1)\times\cdots\times 2\times 1=n!$ 种不同的排列.

二、逆序

标准顺序排列　n 个不同自然数按从小到大的顺序形成的排列，称为 n 级标准顺序排列，或**自然顺序排列**. 如 123 是一个 3 级标准顺序排列.

定义 1.2　在排列 $p_1p_2\cdots p_n$ 中，若有 $p_s>p_t(s<t)$，则称 p_s 与 p_t 构成该排列的一个**逆序**；一个排列中，所有逆序的总数，称作该排列的逆序数，记作 $\tau(p_1p_2\cdots p_n)$. 当 $\tau(p_1p_2\cdots p_n)$ 为奇数时，称 $p_1p_2\cdots p_n$ 为**奇排列**；当 $\tau(p_1p_2\cdots p_n)$ 为偶数或 0 时，称 $p_1p_2\cdots p_n$ 为**偶排列**.

逆序数的计算方法　设 $p_1p_2\cdots p_n$ 是一个 n 级排列. 根据逆序数的定义，我们定义该排列中某个元素 p_i 的逆序数为在 p_i 前面位置上的 $p_1p_2\cdots p_{i-1}$ 中比 p_i 大的元素个数，记为 t_i. 于是

$$\tau(p_1p_2\cdots p_n)=t_1+t_2+\cdots+t_n=\sum_{i=1}^{n}t_i.$$

【例 1】　计算 $\tau(32415)$ 和 $\tau(n(n-1)(n-2)\cdots 21)$.

解　对于 5 级排列 32415，有 $t_1=0,t_2=1,t_3=0,t_4=3,t_5=0$，故 $\tau(32415)=4$. 而 n 级

排列 $n(n-1)(n-2)\cdots21$,有 $t_1=0,t_2=1,t_3=2,\cdots,t_{n-1}=n-2,t_n=n-1$，故

$$\tau(n(n-1)(n-2)\cdots21)=0+1+2+\cdots+(n-2)+(n-1)=\frac{n(n-1)}{2}.$$

当 $n=4k$，$n=4k+1$ 时，该排列是偶排列；当 $n=4k+2,n=4k+3$ 时，该排列则是奇排列，其中 k 是正整数.

三、对换

定义 1.3　对于 n 级排列 $p_1\cdots p_s\cdots p_t\cdots p_n$，对换某两个元素的位置(如对换 p_s 与 p_t 的位置)，其余元素不动，如此得到了另一个排列 $p_1\cdots p_t\cdots p_s\cdots p_n$. 这样的一个变换称作一个**对换**.

对换对排列的奇偶性是会产生影响的. 在例 1 中，我们知道 32415 是偶排列，经对换元素 2 与 1 的位置，得到排列 31425. 而 $\tau(31425)=3$，故排列 31425 是奇排列. 事实上，我们有下面的定理.

定理 1.1　对换改变排列的奇偶性.

由该定理，我们有如下两个推论：

推论 1　任意一个 n 级排列 $p_1p_2\cdots p_n$ 与标准顺序排列 $12\cdots n$ 都可以经过一系列对换互变得到，且对换次数的奇偶性与排列 $p_1p_2\cdots p_n$ 的奇偶性一致.

证明　由于标准顺序排列是偶排列，如果排列 $p_1p_2\cdots p_n$ 经过奇数次对换成为标准顺序排列，则 $p_1p_2\cdots p_n$ 一定是奇排列；同理，若 $p_1p_2\cdots p_n$ 经过偶数次对换成为标准顺序排列，则 $p_1p_2\cdots p_n$ 一定是偶排列.

推论 2　所有 $n(n\geqslant2)$ 级排列中，奇、偶排列各有一半.

证明　假设在所有 n 级排列中，有 s 个奇排列，有 t 个偶排列.

将 s 个奇排列中的前两个元素对换，如此得到了 s 个偶排列，其是 t 个偶排列中的一部分，因此 $s\leqslant t$. 同理，将 t 个偶排列中的前两个元素对换，可得 $t\leqslant s$. 于是 $s=t$，即奇、偶排列的总数相等，各有$\frac{n!}{2}$个.

如对于 3 级排列，在所有 6 种排列中，奇排列有 3 个，即 321,213,132；偶排列有 3 个，即 123,231,312.

习题 1-1

1. 计算以下排列的逆序数，判别其奇偶性 .

(1)341265；　(2)123456；　(3) 13578642；　(4)86421357.

2. 选择 i 与 k，使下列排列(1)成为奇排列，使排列(2)成为偶排列.

(1)$231i5k$；　(2)$235ik1$.

第二节　行列式的定义

一、二阶行列式

我们考虑二元线性方程组

$$\begin{cases}a_{11}x_1+a_{12}x_2=b_1\\a_{21}x_1+a_{22}x_2=b_2\end{cases},\tag{1.1}$$

其中 x_1,x_2 为未知量，$a_{11},a_{12},a_{21},a_{22}$为方程组系数，$b_1,b_2$ 为方程组右端项.

我们采用变量消去法解此方程组. 用 a_{22}乘第一式的两边，用$-a_{12}$乘第二式的两边，可得

$$\begin{cases}a_{11}a_{22}x_1+a_{12}a_{22}x_2=b_1a_{22}\\-a_{12}a_{21}x_1-a_{12}a_{22}x_2=-b_2a_{12}\end{cases},$$

如果 $a_{11}a_{22}-a_{12}a_{21}\neq 0$，可解得：

$$x_1=\frac{b_1a_{22}-b_2a_{12}}{a_{11}a_{22}-a_{12}a_{21}},x_2=\frac{a_{11}b_2-a_{21}b_1}{a_{11}a_{22}-a_{12}a_{21}}.$$

如此我们可得到二元线性方程组(1.1)的上述求解公式.

为便于记忆这个求解公式，我们令

$$\begin{vmatrix}a_{11}&a_{12}\\a_{21}&a_{22}\end{vmatrix}=a_{11}a_{22}-a_{12}a_{21},\tag{1.2}$$

称$\begin{vmatrix}a_{11}&a_{12}\\a_{21}&a_{22}\end{vmatrix}$为**二阶行列式**，其中 a_{ij}称为行列式的元素，第一个下标 i 表明该元素处在行列式的第 i 行，第二个下标 j 表明该元素处在行列式的第 j 列. 如此二元线性方程组的求解公式可以表示为

$$x_1=\frac{\begin{vmatrix}b_1&a_{12}\\b_2&a_{22}\end{vmatrix}}{\begin{vmatrix}a_{11}&a_{12}\\a_{21}&a_{22}\end{vmatrix}},x_2=\frac{\begin{vmatrix}a_{11}&b_1\\a_{21}&b_2\end{vmatrix}}{\begin{vmatrix}a_{11}&a_{12}\\a_{21}&a_{22}\end{vmatrix}}.\tag{1.3}$$

【例 2】 求解二元线性方程组

$$\begin{cases}2x_1-3x_2=7\\-x_1+2x_2=-4\end{cases}.$$

解 根据求解公式(1.3)，有

$$x_1=\frac{\begin{vmatrix}7&-3\\-4&2\end{vmatrix}}{\begin{vmatrix}2&-3\\-1&2\end{vmatrix}},x_2=\frac{\begin{vmatrix}2&7\\-1&-4\end{vmatrix}}{\begin{vmatrix}2&-3\\-1&2\end{vmatrix}}.$$

由二阶行列式的定义(1.2)，可计算得到

$$\begin{vmatrix}7&-3\\-4&2\end{vmatrix}=7\times2-(-3)\times(-4)=14-12=2,\quad\begin{vmatrix}2&-3\\-1&2\end{vmatrix}=2\times2-(-3)\times(-1)=4-3=1,$$

$$\begin{vmatrix}2&7\\-1&-4\end{vmatrix}=2\times(-4)-7\times(-1)=-8+7=-1.$$

所以方程组的解为

$$\begin{cases}x_1=2\\x_2=-1\end{cases}.$$

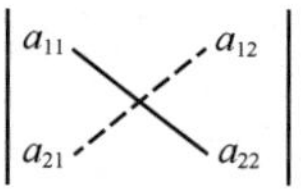

图 1.1

为便于记忆，我们引进所谓二阶行列式的对角线计算法，如图 1.1 所示. 其中，从左上到右下实线连接的元素的乘积取正号，从右上到左下虚线连接的元素的乘积取负号.

二、三阶行列式

我们也可引进**三阶行列式**的定义，三阶行列式$\begin{vmatrix}a_{11}&a_{12}&a_{13}\\a_{21}&a_{22}&a_{23}\\a_{31}&a_{32}&a_{33}\end{vmatrix}$定义为

$$\begin{vmatrix}a_{11}&a_{12}&a_{13}\\a_{21}&a_{22}&a_{23}\\a_{31}&a_{32}&a_{33}\end{vmatrix}=a_{11}a_{22}a_{33}+a_{12}a_{23}a_{31}+a_{13}a_{21}a_{32}-a_{13}a_{22}a_{31}-a_{12}a_{21}a_{33}-a_{11}a_{23}a_{32}.\quad(1.4)$$

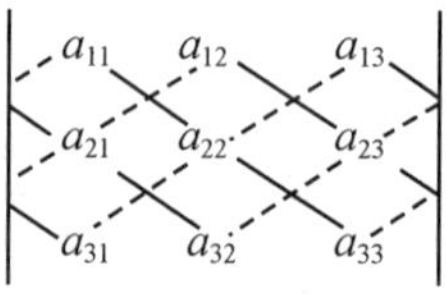

图 1.2

三阶行列式所定义的代数和计算也符合对角线法，如图 1.2 所示. 即对于三阶行列式定义(1.4)中的 6 项代数和，3 个符号为正的项是按行列式从左上到右下实线连接的 3 个元素的乘积，如第 1 项从左上角的 a_{11} 经 a_{22} 连到 a_{33}；第 2 项从 a_{12} 连到 a_{23}，遇到右边界再移到下一行的左边界，连接 a_{31}. 3 个符号为负的项则是按行列式从右上到左下虚线连接的 3 个元素的乘积，遇到左边界再移到下一行的右边界. 如第 5 项从 a_{12} 连到 a_{21}，遇到左边界再移到下一行的右边界，连接 a_{33}.

【例 3】 λ 满足什么条件时，行列式$\begin{vmatrix}\lambda-2&4&-1\\1&\lambda+1&3\\0&0&\lambda\end{vmatrix}=0$.

解　利用对角线法，

$$\begin{vmatrix}\lambda-2&4&-1\\1&\lambda+1&3\\0&0&\lambda\end{vmatrix}=(\lambda-2)(\lambda+1)\lambda+4\times3\times0+(-1)\times1\times0-$$

$$(-1)\cdot(\lambda+1)\cdot0-4\times1\cdot\lambda-(\lambda-2)\cdot3\times0$$

$$=\lambda[(\lambda-2)(\lambda+1)-4]=\lambda(\lambda-3)(\lambda+2)=0,$$

故当 $\lambda=0$，$\lambda=3$，$\lambda=-2$ 时，行列式等于 0.

三、n 阶行列式

自然我们要问对于一般的 n 元线性方程组

$$\begin{cases}a_{11}x_1+a_{12}x_2+\cdots+a_{1n}x_n=b_1\\a_{21}x_1+a_{22}x_2+\cdots+a_{2n}x_n=b_2\\\qquad\vdots\\a_{n1}x_1+a_{n2}x_2+\cdots+a_{nn}x_n=b_n\end{cases}. \tag{1.5}$$

是否有类似于求解公式(1.3)的形式？回答也是肯定的，这便是第五节的克莱姆法则.

为此我们要引进一般 n 阶行列式的定义. 不妨先来考察一下三阶行列式定义(1.4)中右端的代数和，其有 3 个特征：

(1)共有 3! =6 个项相加；

(2)每项有 3 个元素相乘，$a_{1p_1}a_{2p_2}a_{3p_3}$表明这 3 个元素取自不同行、不同列，即行下标固定为标准顺序排列 123，列下标则是 1,2,3 的某个排列 $p_1p_2p_3$；

(3)每项的符号由列下标排列 $p_1p_2p_3$ 的奇偶性决定，即 $a_{1p_1}a_{2p_2}a_{3p_3}$项前的符号是$(-1)^{\tau(p_1p_2p_3)}$.

如此三阶行列式的定义也可写成

$$D=\begin{vmatrix}a_{11}&a_{12}&a_{13}\\a_{21}&a_{22}&a_{23}\\a_{31}&a_{32}&a_{33}\end{vmatrix}=\sum_{3!}(-1)^{\tau(p_1p_2p_3)}a_{1p_1}a_{2p_2}a_{3p_3}, \tag{1.6}$$

其中 $\sum\limits_{3!}$ 表示对所有 3 阶列下标排列 $p_1p_2p_3$ 的对应项 $a_{1p_1}a_{2p_2}a_{3p_3}$求和，共有 3! 个项.

由此我们可以平行地给出一般 n 阶行列式的定义.

定义 1.4 由 n^2 个数组成的 n 行 n 列的 **n 阶行列式**

$$\begin{vmatrix}a_{11}&a_{12}&\cdots&a_{1n}\\a_{21}&a_{22}&\cdots&a_{2n}\\\vdots&\vdots&&\vdots\\a_{n1}&a_{n2}&\cdots&a_{nn}\end{vmatrix},$$

其被定义成下列代数和：

$$\begin{vmatrix}a_{11}&a_{12}&\cdots&a_{1n}\\a_{21}&a_{22}&\cdots&a_{2n}\\\vdots&\vdots&&\vdots\\a_{n1}&a_{n2}&\cdots&a_{nn}\end{vmatrix}=\sum_{n!}(-1)^{\tau(p_1p_2\cdots p_n)}a_{1p_1}a_{2p_2}\cdots a_{np_n}. \tag{1.7}$$

其中 $\sum\limits_{n!}$ 表示对所有 n 级排列 $p_1p_2\cdots p_n$ 的对应项 $a_{1p_1}a_{2p_2}\cdots a_{np_n}$求和，共有 $P_n=n!$ 个项；a_{ij}表示行列式第 i 行第 j 列位置上的元素，特别地，称**对角线**(从左上至右下的直线)上的元素 a_{ii}为**对角元素**. n 阶行列式一般可记作 D_n(或 D)，有时也可记作 $D=\det(a_{ij})$，表明行列式 D 的元素为 a_{ij}.

特别地，一阶行列式($n=1$)定义为：$|a_{11}|=a_{11}$.

类似于三阶行列式，n 阶行列式定义(1.7)中，其代数和具有 3 项特征：

(1)共有 $n!$ 个项相加；

(2)每项有 n 个元素相乘，$a_{1p_1}a_{2p_2}\cdots a_{np_n}$ 表明这 n 个元素取自不同行、不同列，即行下标固定为 $12\cdots n$，列下标则是 n 级排列中的某个排列 $p_1p_2\cdots p_n$；

(3)每项的符号由列下标排列 $p_1p_2\cdots p_n$ 的奇偶性决定，即 $a_{1p_1}a_{2p_2}\cdots a_{np_n}$ 项前的符号是 $(-1)^{\tau(p_1p_2\cdots p_n)}$.

【例 4】 用行列式的定义判别行列式 $\begin{vmatrix} x & 1 & 0 \\ 2 & 0 & x \\ x & -1 & 1 \end{vmatrix}$ 是关于 x 的多少次多项式，并写出最高次项.

解 由行列式定义，三阶行列式

$$D=\begin{vmatrix} x & 1 & 0 \\ 2 & 0 & x \\ x & -1 & 1 \end{vmatrix}=\sum_{3!}(-1)^{\tau(p_1p_2p_3)}a_{1p_1}a_{2p_2}a_{3p_3},$$

我们只需考虑包含 x 元素的项. 由于每一项取自不同行、不同列，因此第 1 行的 $a_{11}=x$ 和第 3 行的 $a_{31}=x$ 不会在同一项中出现(因为都处在第 1 列)，故这是一个关于 x 的次数最多为二次的多项式. 而形成 x 二次项的仅是 $a_{11}a_{23}a_{32}$ 和 $a_{12}a_{23}a_{31}$，这两项关于 x^2 的系数都是 1，故最高次项为 $2x^2$.

【例 5】 利用行列式的定义证明

$$D_4=\begin{vmatrix} a_{11} & 0 & 0 & 0 \\ a_{21} & a_{22} & 0 & 0 \\ a_{31} & a_{32} & a_{33} & 0 \\ a_{41} & a_{42} & a_{43} & a_{44} \end{vmatrix}=a_{11}a_{22}a_{33}a_{44}.$$

例 5 步骤讲解

证明 由定义

$$D_4=\sum_{4!}(-1)^{\tau(p_1p_2p_3p_4)}a_{1p_1}a_{2p_2}a_{3p_3}a_{4p_4}.$$

考察带有 a_{1p_1} 的项，由于行列式第 1 行元素 $a_{12}=a_{13}=a_{14}=0$，故在所有加项中，只剩下形如 $a_{11}a_{2p_2}a_{3p_3}a_{4p_4}$ 的项，其余的项都是 0，而这些剩余的项还有 3! 个，如此有

$$D_4=\sum_{3!}(-1)^{\tau(1p_2p_3p_4)}a_{11}a_{2p_2}a_{3p_3}a_{4p_4}.$$

同理，我们可对第二行、第三行和第四行依次分析，最终可以得到在所有 4! 项中，除了 $a_{11}a_{22}a_{33}a_{44}$ 这一项以外，其余项都为 0，从而成立

$$D_4=\sum_{1!}(-1)^{\tau(1234)}a_{11}a_{22}a_{33}a_{44}=a_{11}a_{22}a_{33}a_{44}.$$

例 5 的结论可推广到一般 n 阶**下三角行列式**的结论：

$$\begin{vmatrix} a_{11} & 0 & \cdots & 0 \\ a_{21} & a_{22} & \cdots & 0 \\ \vdots & \vdots & & \vdots \\ a_{n1} & a_{n2} & \cdots & a_{nn} \end{vmatrix}=a_{11}a_{22}\cdots a_{nn}.$$

类似地，**上三角行列式**和**对角行列式**也成立同样的结论：

$$\begin{vmatrix} a_{11} & a_{12} & \cdots & a_{1n} \\ 0 & a_{22} & \cdots & a_{2n} \\ \vdots & \vdots & & \vdots \\ 0 & 0 & \cdots & a_{nn} \end{vmatrix} = a_{11}a_{22}\cdots a_{nn}, \quad \begin{vmatrix} a_{11} & 0 & \cdots & 0 \\ 0 & a_{22} & \cdots & 0 \\ \vdots & \vdots & & \vdots \\ 0 & 0 & \cdots & a_{nn} \end{vmatrix} = a_{11}a_{22}\cdots a_{nn}.$$

也就是说，上(下)三角或对角行列式的值等于对角元素的乘积，这是一个很重要的结论!

【例 6】　利用行列式的定义证明

$$D = \begin{vmatrix} a_{11} & 0 & \cdots & 0 \\ a_{21} & a_{22} & \cdots & a_{2n} \\ \vdots & \vdots & & \vdots \\ a_{n1} & a_{n2} & \cdots & a_{nn} \end{vmatrix} = a_{11} \begin{vmatrix} a_{22} & \cdots & a_{2n} \\ \vdots & & \vdots \\ a_{n2} & \cdots & a_{nn} \end{vmatrix}.$$

证明　由定义 $D=\sum\limits_{n!}(-1)^{\tau(p_1p_2\cdots p_n)}a_{1p_1}a_{2p_2}\cdots a_{np_n}$. 注意到行列式的零元素分布，在所有 $n!$ 个项 $a_{1p_1}a_{2p_2}\cdots a_{np_n}$ 中，我们只需考虑 p_1 取 1 的项 $a_{11}a_{2p_2}\cdots a_{np_n}$，因为其他的项 $a_{1p_1}a_{2p_2}\cdots a_{np_n}=0$(当 $p_1\neq 1$ 时)，而这些余下的项还有 $(n-1)!$ 个. 当 p_1 取 1 时，p_2，$\cdots$，p_n 只能在 $2,\cdots,n$ 中取值. 再注意到 $\tau(1p_2\cdots p_n)=\tau(p_2\cdots p_n)$，于是

$$D=\sum_{(n-1)!}(-1)^{\tau(1p_2\cdots p_n)}a_{11}a_{2p_2}\cdots a_{np_n}=a_{11}\sum_{(n-1)!}(-1)^{\tau(p_2\cdots p_n)}a_{2p_2}\cdots a_{np_n}.$$

注意到右端求和就是 $n-1$ 阶行列式定义

$$\begin{vmatrix} a_{22} & \cdots & a_{2n} \\ \vdots & & \vdots \\ a_{n2} & \cdots & a_{nn} \end{vmatrix} = \sum_{(n-1)!}(-1)^{\tau(p_2\cdots p_n)}a_{2p_2}\cdots a_{np_n}.$$

如此我们证明了

$$D = \begin{vmatrix} a_{11} & 0 & \cdots & 0 \\ a_{21} & a_{22} & \cdots & a_{2n} \\ \vdots & \vdots & & \vdots \\ a_{n1} & a_{n2} & \cdots & a_{nn} \end{vmatrix} = a_{11} \begin{vmatrix} a_{22} & \cdots & a_{2n} \\ \vdots & & \vdots \\ a_{n2} & \cdots & a_{nn} \end{vmatrix}.$$

习题 1-2

1. 在六阶行列式 $D=\det(a_{ij})$ 中，下列各元素乘积应取什么符号.

(1) $a_{15}a_{23}a_{32}a_{44}a_{51}a_{66}$；

(2) $a_{21}a_{53}a_{16}a_{42}a_{65}a_{34}$；

(3) $a_{61}a_{52}a_{43}a_{34}a_{25}a_{16}$.

2. 按对角线法计算下列行列式.

(1) $\begin{vmatrix} 1 & -3 \\ 4 & 5 \end{vmatrix}$；　　(2) $\begin{vmatrix} a+b\mathrm{i} & b \\ \mathrm{i} & a-b\mathrm{i} \end{vmatrix}$，其中 $\mathrm{i}=\sqrt{-1}$；

(3) $\begin{vmatrix} \sin\theta & 0 & \cos\theta \\ 0 & 1 & 0 \\ -\cos\theta & 0 & \sin\theta \end{vmatrix}$;　　(4) $\begin{vmatrix} 1 & 9 & 6 \\ -1 & 5 & 0 \\ 3 & 0 & 2 \end{vmatrix}$.

3. 按行列式的定义计算以下行列式.

(1) $\begin{vmatrix} a & 0 & 0 & 0 \\ 0 & b & 0 & 0 \\ 0 & 0 & c & 0 \\ 0 & 0 & 0 & d \end{vmatrix}$;　(2) $\begin{vmatrix} 0 & 0 & 0 & a \\ 0 & 0 & b & 0 \\ 0 & c & 0 & 0 \\ d & 0 & 0 & 0 \end{vmatrix}$;　(3) $\begin{vmatrix} 0 & a & 0 & 0 \\ b & 0 & 0 & 0 \\ 0 & 0 & c & 0 \\ 0 & 0 & 0 & d \end{vmatrix}$

第三节　行列式的基本性质

用行列式的定义去计算行列式的值，一般是很困难的，除非是一些有特殊结构的行列式，如下三角行列式等. 而且前文介绍的对角线法只适用于二阶和三阶行列式的计算，对四阶及以上阶的行列式计算是不能用的！因此我们要研究行列式的性质，希望用这些性质把行列式化成容易计算的行列式(如上三角行列式等). 为此，在本节中将介绍一些行列式的基本性质.

在本节和第四节中，我们一般用 $D=\det(a_{ij})$ 表示 n 阶行列式

$$D=\begin{vmatrix} a_{11} & a_{12} & \cdots & a_{1n} \\ a_{21} & a_{22} & \cdots & a_{2n} \\ \vdots & \vdots & & \vdots \\ a_{n1} & a_{n2} & \cdots & a_{nn} \end{vmatrix}. \tag{1.8}$$

转置行列式　行列式 D 的行与列对应互换得到的行列式，称为行列式 D 的**转置行列式**，记作 D^{T}，即

$$D^{\mathrm{T}}=\begin{vmatrix} a_{11} & a_{21} & \cdots & a_{n1} \\ a_{12} & a_{22} & \cdots & a_{n2} \\ \vdots & \vdots & & \vdots \\ a_{1n} & a_{2n} & \cdots & a_{nn} \end{vmatrix}.$$

也就是说，$D^{\mathrm{T}}=\det(b_{ij})$ 在 (i,j) 位置上的元素 b_{ij}，就是原行列式 D 在 (j,i) 位置上的元素 a_{ji}，即 $b_{ij}=a_{ji}$.

如 $D=\begin{vmatrix} 3 & 0 & 1 \\ 1 & -5 & 0 \\ 1 & 2 & -1 \end{vmatrix}$，则 $D^{\mathrm{T}}=\begin{vmatrix} 3 & 1 & 1 \\ 0 & -5 & 2 \\ 1 & 0 & -1 \end{vmatrix}$.

性质 1　$D=D^{\mathrm{T}}$.

证明　记 $D^{\mathrm{T}}=\det(b_{ij})$，则 $b_{ij}=a_{ji}$. 由定义

$$D^{\mathrm{T}}=\sum_{n!}(-1)^{\tau(p_1p_2\cdots p_n)}b_{1p_1}b_{2p_2}\cdots b_{np_n}=\sum_{n!}(-1)^{\tau(p_1p_2\cdots p_n)}a_{p_11}a_{p_22}\cdots a_{p_nn}.$$

交换和式中各项 $a_{p_11}a_{p_22}\cdots a_{p_nn}$ 的元素 a_{p_ii} 的位置，使得

$$a_{p_1 1}a_{p_2 2}\cdots a_{p_n n}=a_{1q_1}a_{2q_2}\cdots a_{nq_n}.$$

我们假设这些因子是经 m 次位置对换而成的. 于是行下标排列 $p_1p_2\cdots p_n$ 经 m 次对换成为标准顺序排列 $12\cdots n$，同时列下标排列 $12\cdots n$ 经 m 次对换成为排列 $q_1q_2\cdots q_n$(例如 $a_{31}a_{12}a_{23}=a_{12}a_{23}a_{31}$是经两次位置对换而成的，故行下标排列 312 经两次对换成为标准顺序排列 123，同时列下标排列 123 经两次对换成为排列 231). 由定理 1.1 的推论，排列 $p_1p_2\cdots p_n$ 与排列 $q_1q_2\cdots q_n$ 具有相同的奇偶性. 于是

$$D^{\mathrm{T}}=\sum_{n!}(-1)^{\tau(p_1p_2\cdots p_n)}a_{p_1 1}a_{p_2 2}\cdots a_{p_n n}=\sum_{n!}(-1)^{\tau(q_1q_2\cdots q_n)}a_{1q_1}a_{2q_2}\cdots a_{nq_n}=D.$$

该性质表明，在行列式中行、列所处的地位是相同的. 因此，对行成立的行列式性质，对列也同时成立.

因此 n 阶行列式的定义也可以按下列形式给出.

定义 1.5

$$\begin{vmatrix} a_{11} & a_{12} & \cdots & a_{1n} \\ a_{21} & a_{22} & \cdots & a_{2n} \\ \vdots & \vdots & & \vdots \\ a_{n1} & a_{n2} & \cdots & a_{nn} \end{vmatrix}=\sum_{n!}(-1)^{\tau(q_1q_2\cdots q_n)}a_{q_1 1}a_{q_2 2}\cdots a_{q_n n}. \tag{1.9}$$

其中 $\sum\limits_{n!}$ 表示对所有 n 级排列 $q_1q_2\cdots q_n$ 的对应项 $a_{q_1 1}a_{q_2 2}\cdots a_{q_n n}$求和，共有 $P_n=n!$ 个项.

性质 2　任意对换行列式的两行(或两列)元素，行列式的值变号(为叙述方便，我们用记号 $r_s\leftrightarrow r_t$ 来表示对换第 s 行与第 t 行的元素，用 $c_s\leftrightarrow c_t$ 来表示对换第 s 列与第 t 列的元素).

证明　设 $D=\det(a_{ij})$. 交换第 s 行与第 t 行元素，得到的行列式记为

$$\widetilde{D}=\begin{vmatrix} b_{11} & b_{12} & \cdots & b_{1n} \\ b_{21} & b_{22} & \cdots & b_{2n} \\ \vdots & \vdots & & \vdots \\ b_{n1} & b_{n2} & \cdots & b_{nn} \end{vmatrix},$$

其中 $b_{ij}=a_{ij}(i\neq s,t,\forall j),b_{sj}=a_{tj},b_{tj}=a_{sj}(\forall j)$. 于是

$$\begin{aligned}\widetilde{D}&=\sum_{n!}(-1)^{\tau(p_1\cdots p_s\cdots p_t\cdots p_n)}b_{1p_1}\cdots b_{sp_s}\cdots b_{tp_t}\cdots b_{np_n}\\&=\sum_{n!}(-1)^{\tau(p_1\cdots p_s\cdots p_t\cdots p_n)}a_{1p_1}\cdots a_{tp_s}\cdots a_{sp_t}\cdots a_{np_n}\\&=\sum_{n!}(-1)^{\tau(p_1\cdots p_s\cdots p_t\cdots p_n)}a_{1p_1}\cdots a_{sp_t}\cdots a_{tp_s}\cdots a_{np_n}.\end{aligned}$$

由定理 1.1，$(-1)^{\tau(p_1\cdots p_s\cdots p_t\cdots p_n)}=-(-1)^{\tau(p_1\cdots p_t\cdots p_s\cdots p_n)}$，从而

$$\widetilde{D}=-\sum_{n!}(-1)^{\tau(p_1\cdots p_t\cdots p_s\cdots p_n)}a_{1p_1}\cdots a_{sp_t}\cdots a_{tp_s}\cdots a_{np_n}=-D.$$

如下列行列式交换第 2 行和第 3 行元素，成立

$$\begin{vmatrix} 3 & 0 & 1 \\ 1 & -5 & 0 \\ 1 & 2 & -1 \end{vmatrix}=-\begin{vmatrix} 3 & 0 & 1 \\ 1 & 2 & -1 \\ 1 & -5 & 0 \end{vmatrix}.$$

推论　两行(或两列)元素对应相同的行列式，其值为 0.

证明　把该两行元素对换得到的行列式仍是原来的行列式，但由性质 1，得 $D=-D$，所以 $D=0$.

如第 2 行与第 3 行元素相同的行列式 $\begin{vmatrix} 3 & 0 & 1 \\ 1 & 2 & -1 \\ 1 & 2 & -1 \end{vmatrix}=0$.

性质 3　若行列式某行(或某列)元素有公因子 λ，则 λ 可提到行列式外面(我们用记号 $r_s\to\lambda$($c_s\to\lambda$)来表示第 s 行(列)元素提取公因子 λ)，即

$$\begin{vmatrix} a_{11} & a_{12} & \cdots & a_{1n} \\ \vdots & \vdots & & \vdots \\ \lambda a_{s1} & \lambda a_{s2} & \cdots & \lambda a_{sn} \\ \vdots & \vdots & & \vdots \\ a_{n1} & a_{n2} & \cdots & a_{nn} \end{vmatrix}=\lambda\begin{vmatrix} a_{11} & a_{12} & \cdots & a_{1n} \\ \vdots & \vdots & & \vdots \\ a_{s1} & a_{s2} & \cdots & a_{sn} \\ \vdots & \vdots & & \vdots \\ a_{n1} & a_{n2} & \cdots & a_{nn} \end{vmatrix}.$$

特别地，若行列式中某行(或某列)的元素全为 0，则行列式的值为 0.

证明　由定义，左边的行列式等于

$$\sum_{n!}(-1)^{\tau(p_1\cdots p_s\cdots p_n)}a_{1p_1}\cdots(\lambda a_{sp_s})\cdots a_{np_n}=\lambda\sum_{n!}(-1)^{\tau(p_1\cdots p_s\cdots p_n)}a_{1p_1}\cdots a_{sp_s}\cdots a_{np_n}=\lambda D.$$

如下列行列式的第二行元素有公因子 3，则成立

$$\begin{vmatrix} 3 & 0 & 1 \\ 3 & -15 & 0 \\ 1 & 2 & -1 \end{vmatrix}=\begin{vmatrix} 3 & 0 & 1 \\ 3\times1 & 3\times(-5) & 3\times0 \\ 1 & 2 & -1 \end{vmatrix}=3\times\begin{vmatrix} 3 & 0 & 1 \\ 1 & -5 & 0 \\ 1 & 2 & -1 \end{vmatrix}.$$

【例 7】　设 $\begin{vmatrix} a_{11} & a_{12} & a_{13} \\ a_{21} & a_{22} & a_{23} \\ a_{31} & a_{32} & a_{33} \end{vmatrix}=1$，计算行列式 $D=\begin{vmatrix} 6a_{11} & -2a_{12} & -10a_{13} \\ -3a_{21} & a_{22} & 5a_{23} \\ -3a_{31} & a_{32} & 5a_{33} \end{vmatrix}$.

解　分别提取第 1 行、第 1 列和第 3 列的公因子，有

$$\begin{aligned} D &=(-2)\times\begin{vmatrix} -3a_{11} & a_{12} & 5a_{13} \\ -3a_{21} & a_{22} & 5a_{23} \\ -3a_{31} & a_{32} & 5a_{33} \end{vmatrix} \\ &=(-2)\times(-3)\times5\times\begin{vmatrix} a_{11} & a_{12} & a_{13} \\ a_{21} & a_{22} & a_{23} \\ a_{31} & a_{32} & a_{33} \end{vmatrix} \\ &=(-2)\times(-3)\times5\times1=30. \end{aligned}$$

由性质 2 和性质 3 及推论，可得到下列性质.

性质 4　行列式中若有两行(或两列)对应元素成比例，其值为 0.

如

$$\begin{vmatrix} 3 & 2 & 1 \\ -6 & -4 & -2 \\ 1 & 2 & -1 \end{vmatrix}=0,$$

其第二行元素是第一行元素的−2 倍.

性质 5 行列式成立

$$\begin{vmatrix} a_{11} & a_{12} & \cdots & a_{1n} \\ \vdots & \vdots & & \vdots \\ a'_{s1}+a''_{s1} & a'_{s2}+a''_{s2} & \cdots & a'_{sn}+a''_{sn} \\ \vdots & \vdots & & \vdots \\ a_{n1} & a_{n2} & \cdots & a_{nn} \end{vmatrix} = \begin{vmatrix} a_{11} & a_{12} & \cdots & a_{1n} \\ \vdots & \vdots & & \vdots \\ a'_{s1} & a'_{s2} & \cdots & a'_{sn} \\ \vdots & \vdots & & \vdots \\ a_{n1} & a_{n2} & \cdots & a_{nn} \end{vmatrix} + \begin{vmatrix} a_{11} & a_{12} & \cdots & a_{1n} \\ \vdots & \vdots & & \vdots \\ a''_{s1} & a''_{s2} & \cdots & a''_{sn} \\ \vdots & \vdots & & \vdots \\ a_{n1} & a_{n2} & \cdots & a_{nn} \end{vmatrix},$$

称为行列式按第 s 行分拆(也可以按第 s 列分拆).

证明 按定义

$$\begin{vmatrix} a_{11} & a_{12} & \cdots & a_{1n} \\ \vdots & \vdots & & \vdots \\ a'_{s1}+a''_{s1} & a'_{s2}+a''_{s2} & \cdots & a'_{sn}+a''_{sn} \\ \vdots & \vdots & & \vdots \\ a_{n1} & a_{n2} & \cdots & a_{nn} \end{vmatrix} = \sum_{n!}(-1)^{\tau(p_1\cdots p_s\cdots p_n)}a_{1p_1}\cdots(a'_{sp_s}+a''_{sps})\cdots a_{np_n}$$

$$= \sum_{n!}(-1)^{\tau(p_1\cdots p_s\cdots p_n)}a_{1p_1}\cdots a'_{sp_s}\cdots a_{np_n} + \sum_{n!}(-1)^{\tau(p_1\cdots p_s\cdots p_n)}a_{1p_1}\cdots a''_{sp_s}\cdots a_{np_n}$$

$$= \begin{vmatrix} a_{11} & a_{12} & \cdots & a_{1n} \\ \vdots & \vdots & & \vdots \\ a'_{s1} & a'_{s2} & \cdots & a'_{sn} \\ \vdots & \vdots & & \vdots \\ a_{n1} & a_{n2} & \cdots & a_{nn} \end{vmatrix} + \begin{vmatrix} a_{11} & a_{12} & \cdots & a_{1n} \\ \vdots & \vdots & & \vdots \\ a''_{s1} & a''_{s2} & \cdots & a''_{sn} \\ \vdots & \vdots & & \vdots \\ a_{n1} & a_{n2} & \cdots & a_{nn} \end{vmatrix}.$$

如对下列行列式的第 3 行可以进行分拆,

$$\begin{vmatrix} 3 & 0 & 1 \\ 1 & -5 & 0 \\ 1 & 2 & -1 \end{vmatrix} = \begin{vmatrix} 3 & 0 & 1 \\ 1 & -5 & 0 \\ 0+1 & 1+1 & -2+1 \end{vmatrix} = \begin{vmatrix} 3 & 0 & 1 \\ 1 & -5 & 0 \\ 0 & 1 & -2 \end{vmatrix} + \begin{vmatrix} 3 & 0 & 1 \\ 1 & -5 & 0 \\ 1 & 1 & 1 \end{vmatrix}.$$

性质 5 可以推广到某行(列)元素是多个数的和进行分拆得到的.

利用性质 4 和性质 5,可得到下列性质.

性质 6 行列式某行(或某列)元素加上另一行(或另一列)元素的 λ 倍(如第 t 行元素加上第 s 行元素的 λ 倍,我们用记号 λr_s+r_t 来表示这一过程;若是列,则用记号 λc_s+c_t 来表示),行列式的值不变,即

$$\begin{vmatrix} a_{11} & a_{12} & \cdots & a_{1n} \\ \vdots & \vdots & & \vdots \\ a_{s1} & a_{s2} & \cdots & a_{sn} \\ \vdots & \vdots & & \vdots \\ a_{t1} & a_{t2} & \cdots & a_{tn} \\ \vdots & \vdots & & \vdots \\ a_{n1} & a_{n2} & \cdots & a_{nn} \end{vmatrix} \xlongequal{\lambda r_s+r_t} \begin{vmatrix} a_{11} & a_{12} & \cdots & a_{1n} \\ \vdots & \vdots & & \vdots \\ a_{s1} & a_{s2} & \cdots & a_{sn} \\ \vdots & \vdots & & \vdots \\ a_{t1}+\lambda a_{s1} & a_{t2}+\lambda a_{s2} & \cdots & a_{tn}+\lambda a_{sn} \\ \vdots & \vdots & & \vdots \\ a_{n1} & a_{n2} & \cdots & a_{nn} \end{vmatrix}.$$

如，把行列式

$$\begin{vmatrix} 3 & 0 & 1 \\ 1 & -5 & 0 \\ 1 & 2 & -1 \end{vmatrix}$$

的第 2 行元素加上第 3 行元素的 2 倍(注意，第 3 行元素本身并不改变)，则有

$$\begin{vmatrix} 3 & 0 & 1 \\ 1 & -5 & 0 \\ 1 & 2 & -1 \end{vmatrix} \xlongequal{2r_3+r_2} \begin{vmatrix} 3 & 0 & 1 \\ 3 & -1 & -2 \\ 1 & 2 & -1 \end{vmatrix}.$$

一般来说，对于高于三阶的行列式的计算，应首先利用行列式的性质(特别是性质 6)，将其转换为便于计算的行列式(如上(下)三角行列式，或某行(列)元素都为 0 的行列式，或具有性质 4 的行列式等)，从而得到原行列式的值.

【例 8】 计算行列式 $D=\begin{vmatrix} 2 & -1 & 1 & -1 \\ 2 & 0 & 4 & -1 \\ 0 & 2 & 6 & 1 \\ -2 & 0 & 3 & 2 \end{vmatrix}$.

例 8 步骤讲解

解 利用行列式的性质 6，将 D 化至上三角行列式. 这一过程一般从左到右逐列进行(称为**上三角化**；也可以从上到下逐行进行**下三角化**). 第 2 行元素加上第 1 行元素的-1倍，然后第 4 行元素加上第 1 行元素的 1 倍：

$$\begin{vmatrix} 2 & -1 & 1 & -1 \\ 2 & 0 & 4 & -1 \\ 0 & 2 & 6 & 1 \\ -2 & 0 & 3 & 2 \end{vmatrix} \xlongequal{(-1)r_1+r_2} \begin{vmatrix} 2 & -1 & 1 & -1 \\ 0 & 1 & 3 & 0 \\ 0 & 2 & 6 & 1 \\ -2 & 0 & 3 & 2 \end{vmatrix} \xlongequal{r_1+r_4} \begin{vmatrix} 2 & -1 & 1 & -1 \\ 0 & 1 & 3 & 0 \\ 0 & 2 & 6 & 1 \\ 0 & -1 & 4 & 1 \end{vmatrix}.$$

这就完成了第 1 列的上三角化. 接下来是第 2 列、第 3 列的上三角化：

$$\begin{vmatrix} 2 & -1 & 1 & -1 \\ 0 & 1 & 3 & 0 \\ 0 & 2 & 6 & 1 \\ 0 & -1 & 4 & 1 \end{vmatrix} \xlongequal{-2r_2+r_3} \begin{vmatrix} 2 & -1 & 1 & -1 \\ 0 & 1 & 3 & 0 \\ 0 & 0 & 0 & 1 \\ 0 & -1 & 4 & 1 \end{vmatrix} \xrightarrow{r_2+r_4} \begin{vmatrix} 2 & -1 & 1 & -1 \\ 0 & 1 & 3 & 0 \\ 0 & 0 & 0 & 1 \\ 0 & 0 & 7 & 1 \end{vmatrix} \xrightarrow{r_3\leftrightarrow r_4} - \begin{vmatrix} 2 & -1 & 1 & -1 \\ 0 & 1 & 3 & 0 \\ 0 & 0 & 7 & 1 \\ 0 & 0 & 0 & 1 \end{vmatrix}.$$

这已是上三角行列式，其值等于对角元素的乘积，于是

$$D=\begin{vmatrix} 2 & -1 & 1 & -1 \\ 2 & 0 & 4 & -1 \\ 0 & 2 & 6 & 1 \\ -2 & 0 & 3 & 2 \end{vmatrix}=-14.$$

【例 9】 计算行列式 $D=\begin{vmatrix} a_0 & 1 & 1 & \cdots & 1 \\ 1 & a_1 & 0 & \cdots & 0 \\ 1 & 0 & a_2 & \cdots & 0 \\ \vdots & \vdots & \vdots & & \vdots \\ 1 & 0 & 0 & \cdots & a_n \end{vmatrix}$，其中 $a_i\neq 0$，$i=1,\cdots,n$.

解　将行列式上三角化，只需把第 1 列的 1 化为 0 即可，为此把第 j 列的 $-\dfrac{1}{a_{j-1}}(j=2,\cdots,n+1)$ 倍加到第 1 列，

$$D=\begin{vmatrix} a_0-\dfrac{1}{a_1}-\cdots-\dfrac{1}{a_n} & 1 & 1 & \cdots & 1 \\ 0 & a_1 & 0 & \cdots & 0 \\ 0 & 0 & a_2 & \cdots & 0 \\ \vdots & \vdots & \vdots & & \vdots \\ 0 & 0 & 0 & \cdots & a_n \end{vmatrix}.$$

这已是一个上三角行列式，故

$$D=\left(a_0-\sum_{j=1}^{n}\frac{1}{a_j}\right)a_1a_2\cdots a_n.$$

【例 10】　计算 n 阶行列式 $\begin{vmatrix} x & a & a & \cdots & a \\ a & x & a & \cdots & a \\ a & a & x & \cdots & a \\ \vdots & \vdots & \vdots & & \vdots \\ a & a & a & \cdots & x \end{vmatrix}$.

解　注意到此行列式有一个特征，即每一行元素之和等于一常数. 对于此类行列式，首先可以考虑到的做法便是把第 1 列后面的每一列元素加到第 1 列上，再提取第 1 列元素的常数公因数，之后设法进行上三角化.

按上述做法，第 1 列元素分别加上第 2 列、第 3 列……第 n 列元素(的 1 倍)，再提取第 1 列元素的公因数 $x+(n-1)a$，得到

$$D=[x+(n-1)a]\begin{vmatrix} 1 & a & a & \cdots & a \\ 1 & x & a & \cdots & a \\ 1 & a & x & \cdots & a \\ \vdots & \vdots & \vdots & & \vdots \\ 1 & a & a & \cdots & x \end{vmatrix}.$$

第 2 行、第 3 行……第 n 行分别加上第 1 行的 -1 倍，得到

$$D=[x+(n-1)a]\begin{vmatrix} 1 & a & a & \cdots & a \\ 0 & x-a & 0 & \cdots & 0 \\ 0 & 0 & x-a & \cdots & 0 \\ \vdots & \vdots & \vdots & & \vdots \\ 0 & 0 & 0 & \cdots & x-a \end{vmatrix}=[x+(n-1)a](x-a)^{n-1}.$$

从上述例子中我们可以看到，大多数行列式的计算都利用性质把行列式化为上三角或下三角行列式，从而计算出行列式的值. 第四节中我们将介绍行列式的展开公式，利用展开公式再结合行列式性质，可以计算出更多行列式的值.

习题 1-3

1. 利用行列式性质计算下列行列式：

(1) $\begin{vmatrix} 1 & 4 & 9 & 16 \\ 4 & 9 & 16 & 25 \\ 9 & 16 & 25 & 36 \\ 16 & 25 & 36 & 49 \end{vmatrix}$；　(2) $\begin{vmatrix} 625 & 216 & 0 \\ -125 & 108 & -27 \\ 150 & 180 & 81 \end{vmatrix}$；　(3) $\begin{vmatrix} \frac{3}{4} & 2 & -\frac{1}{2} \\ 1 & -2 & \frac{3}{2} \\ \frac{5}{6} & -\frac{4}{3} & \frac{4}{3} \end{vmatrix}$.

2. 将下列行列式上三角化，进而计算出行列式的值.

(1) $\begin{vmatrix} 2 & 1 & 4 & 1 \\ 3 & -1 & 2 & 1 \\ 1 & 2 & 3 & 2 \\ 5 & 0 & 6 & 2 \end{vmatrix}$；　(2) $\begin{vmatrix} 2 & 0 & -1 & 3 \\ 4 & 0 & 1 & -1 \\ -3 & 1 & 0 & 1 \\ 1 & 4 & 1 & 1 \end{vmatrix}$；　(3) $\begin{vmatrix} 2 & -4 & 2 & 6 \\ 2 & -1 & 2 & 5 \\ 0 & 2 & 0 & -4 \\ 3 & 0 & 4 & 1 \end{vmatrix}$；

(4) $\begin{vmatrix} 1 & 0 & -1 & -1 \\ 0 & -1 & -1 & 1 \\ a & b & c & d \\ -1 & -1 & 1 & 0 \end{vmatrix}$；(5) $\begin{vmatrix} 1 & \frac{1}{2} & 0 & 1 & -1 \\ 2 & 0 & -1 & 1 & 2 \\ 3 & 2 & 1 & \frac{1}{2} & 0 \\ 1 & -1 & 0 & 1 & 2 \\ 2 & 1 & 3 & 0 & \frac{1}{2} \end{vmatrix}$.

第四节　行列式的展开

一般来说，高阶行列式的计算比低阶行列式的计算复杂得多. 那么高阶行列式是否可转化成低阶行列式来计算？本节介绍的行列式展开便是这样一个过程. 为此我们先介绍行列式的余子式和代数余子式的概念.

定义 1.6　在 n 阶行列式 $D=\det(a_{ij})$ 中，划去元素 a_{ij} 所在的第 i 行元素和第 j 列元素，余下的 $(n-1)^2$ 个元素按原顺序组成的 $n-1$ 阶行列式，称作元素 a_{ij}（或称为位置 (i,j)）的**余子式**，记作 M_{ij}，即

$$M_{ij}=\begin{vmatrix} a_{11} & \cdots & a_{1,j-1} & a_{1,j+1} & \cdots & a_{1n} \\ \vdots & & \vdots & \vdots & & \vdots \\ a_{i-1,1} & \cdots & a_{i-1,j-1} & a_{i-1,j+1} & \cdots & a_{i-1,n} \\ a_{i+1,1} & \cdots & a_{i+1,j-1} & a_{i+1,j+1} & \cdots & a_{i+1,n} \\ \vdots & & \vdots & \vdots & & \vdots \\ a_{n1} & \cdots & a_{n,j-1} & a_{n,j+1} & \cdots & a_{nn} \end{vmatrix},$$

而称 $A_{ij}=(-1)^{i+j}\cdot M_{ij}$ 为元素 a_{ij}(或称为位置(i,j))的**代数余子式**.

如三阶行列式 $D=\begin{vmatrix} a_{11} & a_{12} & a_{13} \\ a_{21} & a_{22} & a_{23} \\ a_{31} & a_{32} & a_{33} \end{vmatrix}$，$a_{23}$的余子式和代数余子式分别是

$$M_{23}=\begin{vmatrix} a_{11} & a_{12} \\ a_{31} & a_{32} \end{vmatrix},\ A_{23}=(-1)^{2+3}M_{23}=-\begin{vmatrix} a_{11} & a_{12} \\ a_{31} & a_{32} \end{vmatrix}.$$

在给出行列式展开定理之前，先给出一个引理.

引理　若行列式 $D=\det(a_{ij})$的某行(或某列)除一个元素外，如 a_{ij}，其余元素都为 0，则该行列式的值等于该元素 a_{ij}与其代数余子式 A_{ij}的乘积，即

$$D=a_{ij}A_{ij}.$$

证明　(1)当 $i=j=1$ 时，

$$D=\begin{vmatrix} a_{11} & 0 & \cdots & 0 \\ a_{21} & a_{22} & \cdots & a_{2n} \\ \vdots & \vdots & & \vdots \\ a_{n1} & a_{n2} & \cdots & a_{nn} \end{vmatrix}.$$

这是例 6 的情形，成立

$$D=a_{11}\begin{vmatrix} a_{22} & \cdots & a_{2n} \\ \vdots & & \vdots \\ a_{n2} & \cdots & a_{nn} \end{vmatrix}=a_{11}M_{11}=a_{11}(-1)^{1+1}M_{11}=a_{11}A_{11},$$

即结论成立.

(2)一般情形下，D 的第 i 行除一个元素 a_{ij}外，其余元素都为 0，即

$$D=\begin{vmatrix} a_{11} & \cdots & a_{1j} & \cdots & a_{1n} \\ \vdots & & \vdots & & \vdots \\ 0 & \cdots & a_{ij} & \cdots & 0 \\ \vdots & & \vdots & & \vdots \\ a_{n1} & \cdots & a_{nj} & \cdots & a_{nn} \end{vmatrix}.$$

先对 D 进行相邻行的交换，将第 i 行元素(经 $i-1$ 次)依次交换到第 $i-1,i-2,\cdots,2,1$ 行；再进行相邻列的交换，将第 j 列元素(经 $j-1$ 次)依次交换到第 $j-1,j-2,\cdots,2,1$ 列. 由行列式性质，前后两个行列式的符号变换了 $i+j-2$ 次，即

$$D=(-1)^{i+j-2}\begin{vmatrix} a_{ij} & 0 & \cdots & 0 & 0 & \cdots & 0 \\ a_{1j} & a_{11} & \cdots & a_{1,j-1} & a_{1,j+1} & \cdots & a_{1n} \\ \vdots & \vdots & & \vdots & \vdots & & \vdots \\ a_{i-1,j} & a_{i-1,1} & \cdots & a_{i-1,j-1} & a_{i-1,j+1} & \cdots & a_{i-1,n} \\ a_{i+1,j} & a_{i+1,1} & \cdots & a_{i+1,j-1} & a_{i+1,j+1} & \cdots & a_{i+1,n} \\ \vdots & \vdots & & \vdots & \vdots & & \vdots \\ a_{nj} & a_{n1} & \cdots & a_{n,j-1} & a_{n,j+1} & \cdots & a_{nn} \end{vmatrix}.$$

上述右边行列式已是例 6 的形式，于是成立

$$D=(-1)^{i+j}a_{ij}\cdot\begin{vmatrix} a_{11} & \cdots & a_{1,j-1} & a_{1,j+1} & \cdots & a_{1n} \\ \vdots & & \vdots & \vdots & & \vdots \\ a_{i-1,1} & \cdots & a_{i-1,j-1} & a_{i-1,j+1} & \cdots & a_{i-1,n} \\ a_{i+1,1} & \cdots & a_{i+1,j-1} & a_{i+1,j+1} & \cdots & a_{i+1,n} \\ \vdots & & \vdots & \vdots & & \vdots \\ a_{n1} & \cdots & a_{n,j-1} & a_{n,j+1} & \cdots & a_{nn} \end{vmatrix},$$

而该 $n-1$ 阶行列式即原行列式 D 关于元素 a_{ij} 的余子式为 M_{ij}，从而

$$D=(-1)^{i+j}a_{ij}M_{ij}=a_{ij}A_{ij}.$$

下面的定理便是著名的行列式展开定理.

定理 1.2　对于 n 阶行列式 $D=\det(a_{ij})$，成立

$$D=a_{i1}A_{i1}+a_{i2}A_{i2}+\cdots+a_{in}A_{in},\ 1\leqslant i\leqslant n(\text{按第 } i \text{ 行展开}), \tag{1.10}$$

或

$$D=a_{1j}A_{1j}+a_{2j}A_{2j}+\cdots+a_{nj}A_{nj},\ 1\leqslant j\leqslant n(\text{按第 } j \text{ 列展开}). \tag{1.11}$$

证明　由行列式性质 5，

$$D=\begin{vmatrix} a_{11} & a_{12} & \cdots & a_{1n} \\ \vdots & \vdots & & \vdots \\ a_{i1}+0+\cdots+0 & 0+a_{i2}+\cdots+0 & \cdots & 0+0+\cdots+a_{in} \\ \vdots & \vdots & & \vdots \\ a_{n1} & a_{n2} & \cdots & a_{nn} \end{vmatrix}$$

$$=\begin{vmatrix} a_{11} & a_{12} & \cdots & a_{1n} \\ \vdots & \vdots & & \vdots \\ a_{i1} & 0 & \cdots & 0 \\ \vdots & \vdots & & \vdots \\ a_{n1} & a_{n2} & \cdots & a_{nn} \end{vmatrix}+\begin{vmatrix} a_{11} & a_{12} & \cdots & a_{1n} \\ \vdots & \vdots & & \vdots \\ 0 & a_{i2} & \cdots & 0 \\ \vdots & \vdots & & \vdots \\ a_{n1} & a_{n2} & \cdots & a_{nn} \end{vmatrix}+\cdots+\begin{vmatrix} a_{11} & a_{12} & \cdots & a_{1n} \\ \vdots & \vdots & & \vdots \\ 0 & 0 & \cdots & a_{in} \\ \vdots & \vdots & & \vdots \\ a_{n1} & a_{n2} & \cdots & a_{nn} \end{vmatrix}.$$

由引理 1.1，得

$$D=a_{i1}A_{i1}+a_{i2}A_{i2}+\cdots+a_{in}A_{in},\ 1\leqslant i\leqslant n,$$

即行展开公式(1.10)成立.

列展开公式(1.11)的证明类似.

【例 11】　利用展开公式计算下列行列式(见例 8).

$$D=\begin{vmatrix} 2 & -1 & 1 & -1 \\ 2 & 0 & 4 & -1 \\ 0 & 2 & 6 & 1 \\ -2 & 0 & 3 & 2 \end{vmatrix}.$$

解　取 $i=1$，即按 D 的第一行展开，由行展开公式(1.10)，

$$D=2\times(-1)^{1+1}\begin{vmatrix} 0 & 4 & -1 \\ 2 & 6 & 1 \\ 0 & 3 & 2 \end{vmatrix}+(-1)\times(-1)^{1+2}\begin{vmatrix} 2 & 4 & -1 \\ 0 & 6 & 1 \\ -2 & 3 & 2 \end{vmatrix}+$$

$$1\times(-1)^{1+3}\begin{vmatrix}2&0&-1\\0&2&1\\-2&0&2\end{vmatrix}+(-1)\times(-1)^{1+4}\begin{vmatrix}2&0&4\\0&2&6\\-2&0&3\end{vmatrix}$$

$$=2\times(-22)+(-2)+4+28=-14.$$

我们也可以取 $j=2$，即按 D 的第二列展开，由列展开公式(1.11)，

$$D=(-1)\times(-1)^{1+2}\begin{vmatrix}2&4&-1\\0&6&1\\-2&3&2\end{vmatrix}+0\times(-1)^{2+2}\begin{vmatrix}2&1&-1\\0&6&1\\-2&3&2\end{vmatrix}+$$

$$2\times(-1)^{3+2}\begin{vmatrix}2&1&-1\\2&4&-1\\-2&3&2\end{vmatrix}+0\times(-1)^{4+2}\begin{vmatrix}2&1&-1\\2&4&-1\\0&6&1\end{vmatrix}$$

$$=-2+0+(-2)\times6+0=-14.$$

我们可以看到，按第一行展开有 4 项，按第 1 列展开只有 2 项(其余 2 项为 0)，因此在考虑按哪一行或哪一列展开时，一般应选取零元素最多的行或列进行展开，以简化计算.

若展开式中元素与代数余子式所处的行(或列)不同，则有下列推论.

推论　行列式 $D=\det(a_{ij})$ 的某一行(或某一列)的元素与另一行(或另一列)对应元素的代数余子式乘积之和等于 0，即

$$a_{i1}A_{j1}+a_{i2}A_{j2}+\cdots+a_{in}A_{jn}=0,\quad i\neq j, \tag{1.12}$$

或

$$a_{1i}A_{1j}+a_{2i}A_{2j}+\cdots+a_{ni}A_{nj}=0,\quad i\neq j. \tag{1.13}$$

证明　由展开定理，对 D 按第 j 行展开，有

$$a_{j1}A_{j1}+a_{j2}A_{j2}+\cdots+a_{jn}A_{jn}=D=\begin{vmatrix}a_{11}&\cdots&a_{1n}\\\vdots&&\vdots\\a_{i1}&\cdots&a_{in}\\\vdots&&\vdots\\a_{j1}&\cdots&a_{jn}\\\vdots&&\vdots\\a_{n1}&\cdots&a_{nn}\end{vmatrix}.$$

上式中对第 j 行元素 a_{jk} 的任意取值都成立. 现第 j 行元素取值为 a_{ik}，即令 $a_{jk}=a_{ik}$，$k=1,\cdots,n$，由行列式性质 2 的推论，右端行列式为 0，从而式(1.12)成立.

式(1.13)的证明类似.

把展开定理和上述推论的结论综合起来，便是：

$$\sum_{k=1}^{n}a_{ik}A_{jk}=\begin{cases}D, & j=i\\0, & j\neq i\end{cases},\quad \sum_{k=1}^{n}a_{ki}A_{kj}=\begin{cases}D, & j=i\\0, & j\neq i\end{cases}.$$

【例 12】　已知五阶行列式

$$D_5=\begin{vmatrix}1&2&3&4&5\\2&2&2&1&1\\3&1&2&4&5\\1&1&1&2&2\\4&3&1&5&0\end{vmatrix}=27,$$

计算 $A_{41}+A_{42}+A_{43}$ 和 $A_{44}+A_{45}$，其中 A_{4j} 是 D_5 中对应元素 a_{4j} 的代数余子式.

解　分别由展开定理(按第 4 行展开)和推论($i=2$，$j=4$)的结论，有

$$\begin{cases}A_{41}+A_{42}+A_{43}+2(A_{44}+A_{45})=27\\2(A_{41}+A_{42}+A_{43})+A_{44}+A_{45}=0\end{cases},$$

由此可解得 $A_{41}+A_{42}+A_{43}=-9$ 和 $A_{44}+A_{45}=18$.

【例 13】　证明范德蒙(Vandermon)行列式

例 13 步骤讲解

$$V_n=\begin{vmatrix}1 & 1 & \cdots & 1\\x_1 & x_2 & \cdots & x_n\\x_1^2 & x_2^2 & \cdots & x_n^2\\\vdots & \vdots & & \vdots\\x_1^{n-1} & x_2^{n-1} & \cdots & x_n^{n-1}\end{vmatrix}=\prod_{1\leqslant j<i\leqslant n}(x_i-x_j),$$

其中连乘号是对满足 $1\leqslant j<i\leqslant n$ 的所有因子 x_i-x_j 的乘积.

如 $n=3$，$\prod\limits_{1\leqslant j<i\leqslant 3}(x_i-x_j)=(x_2-x_1)(x_3-x_1)(x_3-x_2)$，而

$$\begin{vmatrix}1 & 1 & 1\\2 & 3 & 5\\2^2 & 3^2 & 5^2\end{vmatrix}=(3-2)\times(5-2)\times(5-3)=1\times3\times2=6.$$

证明　用归纳法证明. 当 $n=2$ 时，

$$V_2=\begin{vmatrix}1 & 1\\x_1 & x_2\end{vmatrix}=x_2-x_1=\prod_{1\leqslant j<i\leqslant 2}(x_i-x_j),$$

结论成立. 假设结论对 $n-1$ 阶范德蒙行列式成立，现证明结论对 n 阶范德蒙行列式也成立.

对 V_n 依次做变换，$(-x_n)r_{n-1}+r_n,(-x_n)r_{n-2}+r_{n-1},\cdots,(-x_n)r_1+r_2$，则

$$V_n=\begin{vmatrix}1 & 1 & \cdots & 1 & 1\\x_1-x_n & x_2-x_n & \cdots & x_{n-1}-x_n & 0\\x_1(x_1-x_n) & x_2(x_2-x_n) & \cdots & x_{n-1}(x_{n-1}-x_n) & 0\\\vdots & \vdots & & \vdots & \vdots\\x_1^{n-2}(x_1-x_n) & x_2^{n-2}(x_2-x_n) & \cdots & x_{n-1}^{n-2}(x_{n-1}-x_n) & 0\end{vmatrix}.$$

按最后一列展开，只有一项；在余下的 $n-1$ 阶行列式中，分别提取公因子 $x_1-x_n,x_2-x_n,\cdots,x_{n-1}-x_n$，于是成立

$$V_n=(-1)^{1+n}\begin{vmatrix}x_1-x_n & x_2-x_n & \cdots & x_{n-1}-x_n\\x_1(x_1-x_n) & x_2(x_2-x_n) & \cdots & x_{n-1}(x_{n-1}-x_n)\\\vdots & \vdots & & \vdots\\x_1^{n-2}(x_1-x_n) & x_2^{n-2}(x_2-x_n) & \cdots & x_{n-1}^{n-2}(x_{n-1}-x_n)\end{vmatrix}$$

$$=(-1)^{1-n}(x_1-x_n)(x_2-x_n)\cdots(x_{n-1}-x_n)\begin{vmatrix}1 & 1 & \cdots & 1\\x_1 & x_2 & \cdots & x_{n-1}\\\vdots & \vdots & & \vdots\\x_1^{n-2} & x_2^{n-2} & \cdots & x_{n-1}^{n-2}\end{vmatrix}.$$

上式右端的行列式已是一个 $n-1$ 阶范德蒙行列式. 根据归纳法假设，成立

$$V_n=(x_n-x_1)(x_n-x_2)\cdot\cdots\cdot(x_n-x_{n-1})\prod_{1\leqslant j<i\leqslant n-1}(x_i-x_j)=\prod_{1\leqslant j<i\leqslant n}(x_i-x_j).$$

习题 1-4

1. 利用展开定理，计算下列行列式.

(1) $\begin{vmatrix} 2 & 3 & 0 & 1 & 0 \\ 0 & 0 & 0 & 0 & 1 \\ 4 & 1 & -1 & 2 & 0 \\ 1 & 0 & 0 & 1 & 3 \\ -2 & 6 & 0 & 1 & -1 \end{vmatrix}$；　(2) $\begin{vmatrix} 2 & 0 & -1 & 3 \\ 4 & 0 & 1 & -1 \\ -3 & 1 & 0 & 1 \\ 1 & 4 & 1 & 1 \end{vmatrix}$；

(3) $\begin{vmatrix} a & 0 & 0 & 1 \\ 0 & b & 0 & 0 \\ 0 & 0 & c & 0 \\ 1 & 0 & 0 & d \end{vmatrix}$；　(4) $\begin{vmatrix} -a_1 & a_1 & 0 & \cdots & 0 & 0 \\ 0 & -a_2 & a_2 & \cdots & 0 & 0 \\ \vdots & \vdots & \vdots & & \vdots & \vdots \\ 0 & 0 & 0 & \cdots & -a_n & a_n \\ 1 & 1 & 1 & \cdots & 1 & 1 \end{vmatrix}$.

2. 若 n 阶行列式不等于 0，那么它的所有 $n-1$ 阶子式能否都为 0?

第五节　克莱姆法则

本节中我们研究具有 n 个未知量、n 个方程的 n 元线性方程组

$$\begin{cases} a_{11}x_1+a_{12}x_2+\cdots+a_{1n}x_n=b_1 \\ a_{21}x_1+a_{22}x_2+\cdots+a_{2n}x_n=b_2 \\ \quad\vdots \\ a_{n1}x_1+a_{n2}x_2+\cdots+a_{nn}x_n=b_n \end{cases},\tag{1.5}$$

其中，系数 a_{ij} 和右端项 b_i 是已知的数，x_i 是需要求解的未知量. 这里的线性的含义是指方程组(1.5)关于未知量 x_i 都是一次(线性)的. 将方程组的 n^2 个系数 a_{ij} 按下列形式构成的 n 阶行列式，记作 D,

$$D=\begin{vmatrix} a_{11} & a_{12} & \cdots & a_{1n} \\ a_{21} & a_{22} & \cdots & a_{2n} \\ \vdots & \vdots & & \vdots \\ a_{n1} & a_{n2} & \cdots & a_{nn} \end{vmatrix},$$

称作 n 元线性方程组(1.5)的**系数行列式**，其第 i 行元素即方程组中第 i 个方程的系数，第 j 列元素即第 j 个未知量 x_j 前的系数.

类似于前面二元线性方程组(1.1)，克莱姆(Cramer)法则给出了线性方程组(1.5)的

求解公式.

定理 1.3(克莱姆法则)　如果 n 元线性方程组(1.5)的系数行列式 $D\neq 0$，则方程组(1.5)的解存在、唯一，并且解为

$$x_j=\frac{D_j}{D},\ j=1,\cdots,n, \tag{1.14}$$

其中，D_j 是用 $b_1,b_2,\cdots,b_n$ 替换 D 中第 j 列元素所构成的 n 阶行列式，即

$$D_j=\begin{vmatrix} a_{11} & \cdots & a_{1,j-1} & b_1 & a_{1,j+1} & \cdots & a_{1n} \\ a_{21} & \cdots & a_{2,j-1} & b_2 & a_{2,j+1} & \cdots & a_{2n} \\ \vdots & & \vdots & \vdots & \vdots & & \vdots \\ a_{n1} & \cdots & a_{n,j-1} & b_n & a_{n,j+1} & \cdots & a_{nn} \end{vmatrix}.$$

证明　分如下两步.

(1)证明式(1.14)是方程组(1.5)的解. 这只需要把 $x_j=\dfrac{D_j}{D}$代入到方程组(1.5)中，验证对任意的 $i=1,\cdots,n$，第 i 个方程的左端等于右端 b_i 即可.

(2)对于方程组(1.5)的任意一组解 $x_j=c_j$，$j=1,\cdots,n$，都成立 $c_j=\dfrac{D_j}{D}$，$j=1,\cdots,n$，这便说明解是唯一的.

我们先证明(1). 首先注意到，把 D_j 按第 j 列展开，有

$$D_j=b_1A_{1j}+b_2A_{2j}+\cdots+b_nA_{nj}=\sum_{k=1}^{n}b_kA_{kj},$$

其中 A_{kj}是系数行列式 D 中关于元素 a_{kj}的代数余子式. 把 $x_j=\dfrac{1}{D}\sum\limits_{k=1}^{n}b_kA_{kj}$ 代入方程组(1.5)左端第 i 个方程，得

$$\begin{aligned}\sum_{j=1}^{n}a_{ij}\left(\frac{1}{D}\sum_{k=1}^{n}b_kA_{kj}\right)&=\frac{1}{D}\sum_{j=1}^{n}a_{ij}\left(\sum_{k=1}^{n}b_kA_{kj}\right)=\frac{1}{D}\sum_{j=1}^{n}\sum_{k=1}^{n}a_{ij}b_kA_{kj}\\&=\frac{1}{D}\sum_{k=1}^{n}\sum_{j=1}^{n}a_{ij}b_kA_{kj}\\&=\frac{1}{D}\sum_{k=1}^{n}b_k\left(\sum_{j=1}^{n}a_{ij}A_{kj}\right).\end{aligned}$$

根据展开定理及其推论，只有当 $k=i$ 时，$\sum\limits_{j=1}^{n}a_{ij}A_{kj}$ 等于 D；而当 $k\neq i$ 时，$\sum\limits_{j=1}^{n}a_{ij}A_{kj}=0$. 因此

$$\frac{1}{D}\sum_{k=1}^{n}b_k\left(\sum_{j=1}^{n}a_{ij}A_{kj}\right)=\frac{1}{D}b_i\cdot D=b_i,\ i=1,\cdots,n,$$

即 $x_j=\dfrac{D_j}{D}$是方程组(1.5)的解.

下面证明(2)，即方程组(1.5)的解是唯一的. 设 $x_1=c_1,x_2=c_2,\cdots,x_n=c_n$ 是方程组(1.5)的任意一组解，代入方程组(1.5)，得

$$\begin{cases}a_{11}c_1+a_{12}c_2+\cdots+a_{1n}c_n=b_1\\a_{21}c_1+a_{22}c_2+\cdots+a_{2n}c_n=b_2\\\qquad\vdots\\a_{n1}c_1+a_{n2}c_2+\cdots+a_{nn}c_n=b_n\end{cases}.$$

在上面 n 个等式的两端分别依次乘 $A_{1j},A_{2j},\cdots,A_{nj}$，然后把这 n 个等式的两端相加，得

$$\left(\sum_{i=1}^{n}a_{i1}A_{ij}\right)c_1+\cdots+\left(\sum_{i=1}^{n}a_{ij}A_{ij}\right)c_j+\cdots+\left(\sum_{i=1}^{n}a_{in}A_{ij}\right)c_n=\sum_{i=1}^{n}b_iA_{ij}.$$

由展开定理及其推论，上式左端只有 c_j 的系数 $\sum\limits_{i=1}^{n}a_{ij}A_{ij}=D$，其余项的系数都为 0，而右端 $\sum\limits_{i=1}^{n}b_iA_{ij}=D_j$，于是成立

$$Dc_j=D_j.$$

因为 $D\neq0$，故 $c_j=\dfrac{D_j}{D}$，$j=1,\cdots,n$，即方程组的解唯一.

【例 14】 利用克莱姆法则，求下列方程组的解：

$$\begin{cases}2x_1+x_2-5x_3+x_4=8\\x_1-3x_2-6x_4=9\\2x_2-x_3+2x_4=-5\\x_1+4x_2-7x_3+6x_4=0\end{cases}.$$

解　系数行列式

$$D=\begin{vmatrix}2&1&-5&1\\1&-3&0&-6\\0&2&-1&2\\1&4&-7&6\end{vmatrix}\xlongequal[-r_2+r_4]{-2r_2+r_1}\begin{vmatrix}0&7&-5&13\\1&-3&0&-6\\0&2&-1&2\\0&7&-7&12\end{vmatrix}=(-1)^{2+1}\begin{vmatrix}7&-5&13\\2&-1&2\\7&-7&12\end{vmatrix}$$

$$\xlongequal[2c_2+c_3]{2c_2+c_1}-\begin{vmatrix}-3&-5&3\\0&-1&0\\-7&-7&-2\end{vmatrix}=\begin{vmatrix}-3&3\\-7&-2\end{vmatrix}=27\neq0,$$

由克莱姆法则，方程组的解存在且唯一. 又

$$D_1=\begin{vmatrix}8&1&-5&1\\9&-3&0&-6\\-5&2&-1&2\\3&4&-7&6\end{vmatrix}=81,D_2=\begin{vmatrix}2&8&-5&1\\1&9&0&-6\\0&-5&-1&2\\1&0&-7&6\end{vmatrix}=-108,$$

$$D_3=\begin{vmatrix}2&1&8&1\\1&-3&9&-6\\0&2&-5&2\\1&4&0&6\end{vmatrix}=-27,D_4=\begin{vmatrix}2&1&-5&8\\1&-3&0&9\\0&2&-1&-5\\1&4&-7&0\end{vmatrix}=27,$$

于是方程组的解为

$$x_1=\frac{D_1}{D}=3,x_2=\frac{D_2}{D}=-4,x_3=\frac{D_3}{D}=-1,x_4=\frac{D_4}{D}=1.$$

齐次线性方程组　在方程组（1.5）中，若右端项都为 0，即

$$\begin{cases} a_{11}x_1+a_{12}x_2+\cdots+a_{1n}x_n=0 \\ a_{21}x_1+a_{22}x_2+\cdots+a_{2n}x_n=0 \\ \qquad\vdots \\ a_{n1}x_1+a_{n2}x_2+\cdots+a_{nn}x_n=0 \end{cases}, \tag{1.15}$$

则称方程组（1.15）为 n 元**齐次线性方程组**；若右端项不全为 0，则称方程组为 n 元**非齐次线性方程组**.

显然，方程组（1.15）的解无条件地存在，因为 $x_1=x_2=\cdots=x_n=0$ 满足方程组（1.15），称其为方程组（1.15）的零解. 现在感兴趣的是方程组（1.15）是否存在非零解. 根据克莱姆法则，可得到下列结论.

定理 1.4　若方程组(1.15)有非零解，则系数行列式 $D=0$.

等价地说，若齐次线性方程组(1.15)的系数行列式 $D\neq0$，则齐次线性方程组只有零解. 那么如果系数行列式 $D=0$，齐次线性方程组是否一定有非零解呢？答案是肯定的，详见第四章的讨论.

【例 15】　已知下列齐次线性方程组有非零解，则参数 λ 应取何值，

$$\begin{cases} (5-\lambda)x_1+2x_2+2x_3=0 \\ 2x_1+(6-\lambda)x_2=0 \\ 2x_1+(4-\lambda)x_3=0 \end{cases}.$$

解　系数行列式

$$D=\begin{vmatrix} 5-\lambda & 2 & 2 \\ 2 & 6-\lambda & 0 \\ 2 & 0 & 4-\lambda \end{vmatrix}=(5-\lambda)(6-\lambda)(4-\lambda)-4(6-\lambda)-4(4-\lambda)$$

$$=(5-\lambda)(6-\lambda)(4-\lambda)-40+8\lambda$$

$$=(5-\lambda)[(6-\lambda)(4-\lambda)-8]$$

$$=(5-\lambda)(2-\lambda)(8-\lambda).$$

因为方程组有非零解，由定理 1.4 可知 $D=0$，则 $\lambda=5$，或 $\lambda=2$，或 $\lambda=8$.

习题 1-5

1. 用克莱姆法则计算下列方程组的解.

（1）$\begin{cases} 2x_1+5x_2=1 \\ 3x_1+7x_2=2 \end{cases}$；　　（2）$\begin{cases} 4x_1+5x_2=0 \\ 3x_1-7x_2=0 \end{cases}$；

（3）$\begin{cases} x_1+x_2-2x_3=-3 \\ 5x_1-2x_2+7x_3=22 \\ 2x_1-5x_2+4x_3=4 \end{cases}$；　　（4）$\begin{cases} 2x_1+3x_2+x_3-x_4=3 \\ x_1+2x_2+5x_3+3x_4=-2 \\ -x_1+3x_3+x_4=-2 \\ x_1-x_2+x_3=1 \end{cases}$.

2. 当 λ 取何值时，下列方程组能运用克莱姆法则求解，并写出此解.

$$\begin{cases}4x_1+\lambda x_2=b_1\\2x_1-x_2=b_2\end{cases}.$$

3. 当参数 λ 满足什么条件时，下列方程组有唯一解.

$$\begin{cases}x_1+\lambda x_2+x_3=1\\x_1-x_2+x_3=0\\\lambda x_1+x_2+2x_3=1\end{cases}.$$

本章小结

排列	了解 排列的概念 了解 排列逆序数的计算方法 掌握 对换对排列奇偶性的影响
行列式	掌握 二、三阶行列式的计算方法 掌握 一般行列式的定义 掌握 特殊行列式的特征(对角行列式、三角行列式等) 熟悉 行列式的基本性质 掌握 行列式的展开法则
克莱姆法则	掌握 克莱姆法则 熟练 使用克莱姆法则求解线性方程组

数学通识：线性变换的体积扩大率

在线性代数中，矩阵和行列式起着非常重要的作用. 对于给定的矩阵 $\boldsymbol{A}$，其行列式可以理解为 $\boldsymbol{A}$ 的行向量构成的平行多面体的体积(或者面积). 在矩阵 $\boldsymbol{A}$ 所定义的线性变换中，其行列式其实是该线性变换的体积(或者面积)扩大率.

考虑简单的二阶对角矩阵 $\boldsymbol{A}_1=\begin{pmatrix}0.5 & 0\\ 0 & 1.5\end{pmatrix}$，矩阵 $\boldsymbol{A}_1$ 所定义的线性变换 $\boldsymbol{X}\to\boldsymbol{A}_1\boldsymbol{X}$ 将面积为 1 的正方形变为面积为 0.75 的长方形(见图 1.3). 这里矩阵 $\boldsymbol{A}_1$ 的行列式 $|\boldsymbol{A}_1|=0.75$，即体积扩大率为 0.75.

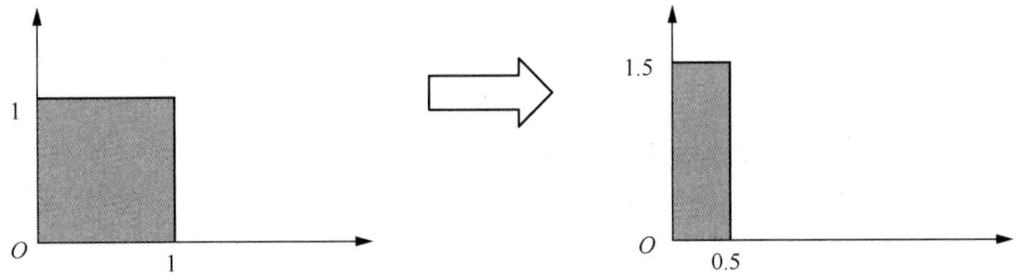

图 1.3

考虑另一矩阵 $\boldsymbol{A}_2=\begin{pmatrix}2 & 1\\ 1 & 1\end{pmatrix}$，矩阵 $\boldsymbol{A}_2$ 所对应的线性变换 $\boldsymbol{X}\to\boldsymbol{A}_2\boldsymbol{X}$ 可将面积为 1 的正方形变为面积仍为 1 的平行四边形. 由于矩阵 $\boldsymbol{A}_2$ 的行列式为 1，因此体积扩大率为 1. 观察图 1.4 可知，$\boldsymbol{A}_2$ 的行列式恰好是 $\boldsymbol{A}_2$ 的两个行向量(2,1)，(1,1)所确定的平行四边形的面积.

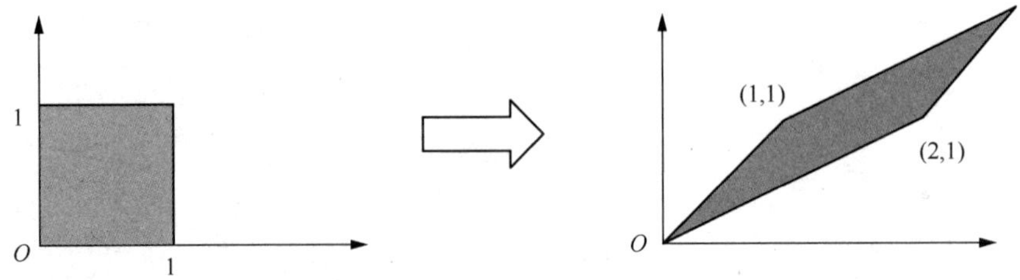

图 1.4

考虑矩阵 $\boldsymbol{A}_3=\begin{pmatrix}2 & 1\\ 1 & 0.5\end{pmatrix}$，此时它所对应的线性变换 $\boldsymbol{X}\to\boldsymbol{A}_3\boldsymbol{X}$ 会将所有图形的面积变为

0，见图 1.5，这是因为矩阵 $\boldsymbol{A}_3$ 的行列式为 0，因此体积扩大率为 0. 这也是在后续章节中讨论线性变换时我们要求变换矩阵可逆(行列式不等于 0)的原因.

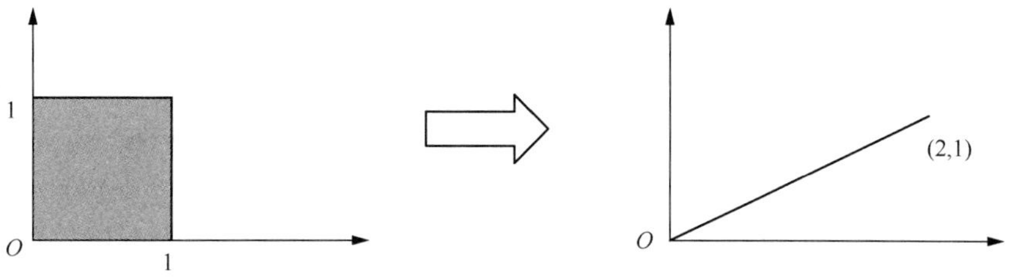

图 1.5

一般情况下，对于 n 阶矩阵和行列式，上述结论也成立. n 阶行列式的值可以理解为它的行向量在 n 维空间中构成的平行多面体的体积(或面积)，同时也是对应矩阵定义的线性变换的体积(或面积)扩大率. 此处一个容易让同学们疑惑的问题是：若行列式为负值，如何解释体积扩大率呢？如果行列式小于 0，往往对应于图形进行翻转变换的情形，行列式的绝对值仍为体积扩大率. 有兴趣的读者可查阅相关资料.

总复习题一

1. 计算以下排列的逆序数，并判别其奇偶性.

(1) $135\cdots(2n-1)(2n)(2n-2)\cdots42$；(2) $(2n)(2n-2)\cdots42135\cdots(2n-1)$.

2. 写出下列对换.

(1) $1356742\to4132567$；　(2) $1356742\to1234567$；　(3) $1234567\to76542321$.

3. 按例式的定义计算以下行列式.

(1) $\begin{vmatrix}3&0&0&0\\2&-1&0&0\\0&2&2&0\\2&-4&1&-5\end{vmatrix}$；　(2) $\begin{vmatrix}0&0&0&a_{14}\\0&0&a_{23}&a_{24}\\0&a_{32}&a_{33}&a_{34}\\a_{41}&a_{42}&a_{43}&a_{44}\end{vmatrix}$；　(3) $\begin{vmatrix}0&1&0&\cdots&0\\0&0&2&\cdots&0\\\vdots&\vdots&\vdots&&\vdots\\0&0&0&\cdots&n-1\\n&0&0&\cdots&0\end{vmatrix}$.

4. 按定义说明 n 阶行列式 $\begin{vmatrix}\lambda-a_{11}&-a_{12}&\cdots&-a_{1n}\\-a_{21}&\lambda-a_{22}&\cdots&-a_{2n}\\\vdots&\vdots&&\vdots\\-a_{n1}&-a_{n2}&\cdots&\lambda-a_{nn}\end{vmatrix}$ 是一个关于 λ 的 n 次多项式，且 λ^{n-1} 前的系数为 $-(a_{11}+a_{22}+\cdots+a_{nn})$.

5. 当 k 取何值时，下列式子成立.

(1) $\begin{vmatrix}k&3&4\\k&-2&1\\0&k&0\end{vmatrix}=0$；　(2) $\begin{vmatrix}1&3&-1\\k&2k&1\\-2&k&0\end{vmatrix}\neq0$；　(3) $\begin{vmatrix}k&1&1\\0&-1&0\\4&k&k\end{vmatrix}>0$.

6. 已知 n 阶行列式 D_n 的元素如下.

(1) $a_{ij}=\begin{cases}-1, & i>j\\1, & i\leqslant j\end{cases}$；　(2) $a_{ij}=\begin{cases}-1, & i>j\\j, & i\leqslant j\end{cases}$.

计算 $n=2,3,4$ 时的行列式值，并给出 n 阶行列式 D_n 的值.

7. 利用展开定理，计算下列行列式.

(1) $\begin{vmatrix}a_1&0&\cdots&0&1\\0&a_2&\cdots&0&0\\\vdots&\vdots&&\vdots&\vdots\\0&0&\cdots&a_{n-1}&0\\1&0&\cdots&0&a_n\end{vmatrix}$；　(2) $\begin{vmatrix}0&0&\cdots&0&a_{1n}\\0&0&\cdots&a_{2,n-1}&a_{1,n-1}\\\vdots&\vdots&&\vdots&\vdots\\0&a_{n-1,2}&\cdots&a_{n-1,n-1}&a_{n-1,n}\\a_{n1}&a_{n2}&\cdots&a_{n,n-1}&a_{nn}\end{vmatrix}$.

8. 能否将一个 $r(r>1)$ 阶行列式写成与其值相等的 $r+1$ 阶行列式？反之，能否将一个 r 阶行列式写成与其值相等的 $r-1$ 阶行列式？

9. (1) 设 $D=\begin{vmatrix}2&2&3\\1&1&2\\2&x&y\end{vmatrix}$，且 $A_{11}+A_{12}+A_{13}=1$，求 D 的值；

(2) 设 $D=\begin{vmatrix}1&1&1&2\\1&1&-2&0\\1&2&0&-1\\2&-3&4&3\end{vmatrix}$，求 $A_{41}+A_{42}+A_{43}+A_{44}$.

10. 利用范德蒙行列式的结论，计算下列行列式.

(1) $\begin{vmatrix}1&1&1&1\\a&b&c&d\\a^2&b^2&c^2&d^2\\a^3&b^3&c^3&d^3\end{vmatrix}$；　(2) $\begin{vmatrix}1&1&1&1\\16&9&49&25\\4&3&7&-5\\64&27&343&-125\end{vmatrix}$；

(3) $D_n=\begin{vmatrix}1&a-1&(a-1)^2&\cdots&(a-1)^{n-1}\\1&a-2&(a-2)^2&\cdots&(a-2)^{n-1}\\1&a-3&(a-3)^2&\cdots&(a-3)^{n-1}\\\vdots&\vdots&\vdots&&\vdots\\1&a-n&(a-n)^2&\cdots&(a-n)^{n-1}\end{vmatrix}$.

11. 计算下列行列式.

(1) $\begin{vmatrix}3&2&0&0\\2&-1&0&0\\0&2&2&1\\2&4&1&-5\end{vmatrix}$；　(2) $\begin{vmatrix}3&2&0&2\\2&-1&2&4\\0&0&2&1\\0&0&1&-5\end{vmatrix}$；

(3) $\begin{vmatrix}1+a&1&1&1\\1&1-a&1&1\\1&1&1+b&1\\1&1&1&1-b\end{vmatrix}$，$ab\neq 0$；

(4) $\begin{vmatrix}1&a_1&a_2&\cdots&a_n\\1&a_1+b_1&a_2&\cdots&a_n\\1&a_1&a_2+b_2&\cdots&a_n\\\vdots&\vdots&\vdots&&\vdots\\1&a_1&a_2&\cdots&a_n+b_n\end{vmatrix}$；

(5) $\begin{vmatrix}x&a_1&a_2&\cdots&a_n\\a_1&x&a_2&\cdots&a_n\\a_1&a_2&x&\cdots&a_n\\\vdots&\vdots&\vdots&&\vdots\\a_1&a_2&a_3&\cdots&x\end{vmatrix}$（提示：按例 13 的方法）.

12. 证明下列结论.

(1) $\begin{vmatrix} a^2 & (a+1)^2 & (a+2)^2 & (a+3)^2 \\ b^2 & (b+1)^2 & (b+2)^2 & (b+3)^2 \\ c^2 & (c+1)^2 & (c+2)^2 & (c+3)^2 \\ d^2 & (d+1)^2 & (d+2)^2 & (d+3)^2 \end{vmatrix}=0$;

(2) $\begin{vmatrix} ka_1+b_1 & lb_1+c_1 & mc_1+a_1 \\ ka_2+b_2 & lb_2+c_2 & mc_2+a_2 \\ ka_3+b_3 & lb_3+c_3 & mc_3+a_3 \end{vmatrix}=(klm+1)\times\begin{vmatrix} a_1 & b_1 & c_1 \\ a_2 & b_2 & c_2 \\ a_3 & b_3 & c_3 \end{vmatrix}$;

(3) $D_n=\begin{vmatrix} x & -1 & 0 & \cdots & 0 & 0 \\ 0 & x & -1 & \cdots & 0 & 0 \\ \vdots & \vdots & \vdots & & \vdots & \vdots \\ 0 & 0 & 0 & \cdots & x & -1 \\ a_n & a_{n-1} & a_{n-2} & \cdots & a_2 & x+a_1 \end{vmatrix}=x^n+a_1x^{n-1}+\cdots+a_{n-1}x+a_n$;

(4) $\begin{vmatrix} a_{11} & a_{12} & 0 & 0 \\ a_{21} & a_{22} & 0 & 0 \\ c_{11} & c_{12} & b_{11} & b_{12} \\ c_{21} & c_{22} & b_{21} & b_{22} \end{vmatrix}=\begin{vmatrix} a_{11} & a_{12} \\ a_{21} & a_{22} \end{vmatrix}\begin{vmatrix} b_{11} & b_{12} \\ b_{21} & b_{22} \end{vmatrix}$;

(5) $\begin{vmatrix} a_{11} & a_{12} & c_{11} & c_{12} \\ a_{21} & a_{22} & c_{21} & c_{22} \\ 0 & 0 & b_{11} & b_{12} \\ 0 & 0 & b_{21} & b_{22} \end{vmatrix}=\begin{vmatrix} a_{11} & a_{12} \\ a_{21} & a_{22} \end{vmatrix}\begin{vmatrix} b_{11} & b_{12} \\ b_{21} & b_{22} \end{vmatrix}$.

13. 用克莱姆法则计算下列方程组的解.

(1) $\begin{cases} 5x_1-7x_2=1 \\ x_1-2x_2=0 \end{cases}$;　　(2) $\begin{cases} 5x_1-x_2=9 \\ 3x_1-3x_2+x_3=20 \\ x_1+x_2+x_3=2 \end{cases}$;

(3) $\begin{cases} x+y+z=a+b+c \\ ax+by+cz=a^2+b^2+c^2 \\ bcx+acy+abz=3abc \end{cases}$，其中 a,b,c 是互不相等的数;

(4) $\begin{cases} x_1+x_2+x_3+x_4=4 \\ x_1+2x_2-x_3+4x_4=4 \\ 2x_1-3x_2-x_3-5x_4=0 \\ 3x_1+x_2+2x_3+11x_4=-2 \end{cases}$.

14. 当 λ 取何值时，下列齐次线性方程组仅有零解.

$$\begin{cases} (\lambda+1)x_1+x_2+x_3=0 \\ x_1+\lambda x_2-x_3=0 \\ 2x_1-x_2+x_3=0 \end{cases}.$$

15. 当参数 λ 或 a,b,c 满足什么条件时，下列方程组有唯一解.

$$\begin{cases} x_1+x_2+x_3=a+b+c \\ ax_1+bx_2+cx_3=a^2+b^2+c^2 \\ bcx_1+acx_2+abx_3=3abc \end{cases}.$$

16. 设下列齐次线性方程组有非零解，则 λ，μ 应满足什么条件？

(1) $\begin{cases} (\lambda+1)x_1+x_2+x_3=0 \\ x_1+(\lambda+1)x_2+x_3=0 \\ x_1+x_2+(\lambda+1)x_3=0 \end{cases}$；　(2) $\begin{cases} \lambda x_1+x_2+x_3=0 \\ x_1+\lambda x_2+x_3=0 \\ 3x_1-x_2+x_3=0 \end{cases}$；

(3) $\begin{cases} x_1+x_2+x_3+\lambda x_4=0 \\ x_1+2x_2+x_3+x_4=0 \\ x_1+x_2-3x_3+x_4=0 \\ x_1+x_2+\lambda x_3+\mu x_4=0 \end{cases}$.

第二章　矩　　阵

矩阵是代数学的重要研究对象之一，它在数学的很多分支和其他学科中有着广泛的应用，如数值分析、统计学、物理学、计算机科学、风险管理等. 在物理学中，矩阵在电路学、力学、光学和量子物理中都有应用；在计算机科学中，三维动画的制作也以矩阵为基本工具. 本章将主要介绍矩阵的基本概念、常用运算方法、分块矩阵和矩阵的初等变换等. 矩阵的基本概念和方法将贯穿本书后续章节，是讨论向量、线性方程组等内容的基础知识和重要工具.

第一节　矩阵的定义

一、矩阵的定义

首先来看几个引例.

引例 1　设有线性方程组

$$\begin{cases}x_1+3x_2-2x_3=5\\3x_1+2x_2-5x_3=14,\\x_1+4x_2-3x_3=6\end{cases}$$

这个方程组的未知量的系数和常数项按方程中的顺序组成一个 3 行 4 列的数阵，

$$\begin{pmatrix}1&3&-2&5\\3&2&-5&14\\1&4&-3&6\end{pmatrix},$$

这个数阵决定了这个方程组是否有解，如果有解，那么它的解是唯一解或者有无穷多组解等情况.

引例 2　某航空公司在 A、B、C、D 这 4 个城市之间开辟了若干航线，图 2.1 表示了 4 个城市间的航班图，如果从 A 到 B 有航班，则用带箭头的线连接 A 与 B. 4 个城市间的航线情况常用表格来表示，见表 2.1：

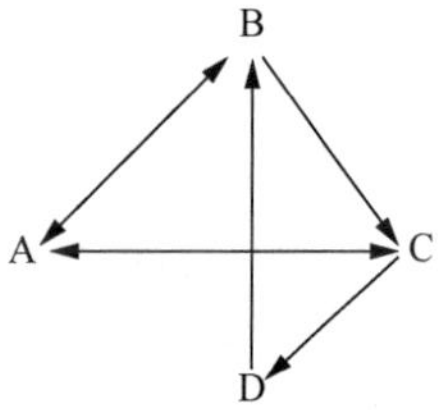

图 2.1

表 2.1

	A	B	C	D
A		√	√	
B	√		√	
C	√			√
D		√		

于是，我们可以用以下 0、1 数字阵列反映 4 个城市之间的交通连接情况，

$$\begin{pmatrix} 0 & 1 & 1 & 0 \\ 1 & 0 & 1 & 0 \\ 1 & 0 & 0 & 1 \\ 0 & 1 & 0 & 0 \end{pmatrix}.$$

定义 2.1　由 $m\times n$ 个数 $a_{ij}(i=1,2,\cdots,m;j=1,2,\cdots,n)$ 按一定次序所排列成的 m 行 n 列的矩形数表

$$\begin{pmatrix} a_{11} & a_{12} & \cdots & a_{1n} \\ a_{21} & a_{22} & \cdots & a_{2n} \\ \vdots & \vdots & & \vdots \\ a_{m1} & a_{m2} & \cdots & a_{mn} \end{pmatrix},$$

称为 m 行 n 列**矩阵**，简称 $m\times n$ 矩阵. 这 $m\times n$ 个数叫作矩阵 $\boldsymbol{A}$ 的元素，a_{ij}表示矩阵 $\boldsymbol{A}$ 的第 i 行第 j 列元素. 矩阵一般用大写英文字母 $\boldsymbol{A}$、$\boldsymbol{B}$、$\boldsymbol{C}$ 等表示. 一个 $m\times n$ 矩阵 $\boldsymbol{A}$ 可以简记为 $\boldsymbol{A}=(a_{ij})_{m\times n}$或 $\boldsymbol{A}_{m\times n}$.

特别地，当 $m=n$ 时，矩阵 $\boldsymbol{A}$ 称为 n 阶矩阵或 n 阶**方阵**. 当 $m=1$ 时，只有一行的矩阵

$$\boldsymbol{A}=(a_1,a_2,\cdots,a_n),$$

称为**行矩阵**(或**行向量**)，例如，$\boldsymbol{A}=(1,2,0)$. 当 $n=1$ 时，只有一列的矩阵

$$\boldsymbol{A}=\begin{pmatrix} a_1 \\ a_2 \\ \vdots \\ a_m \end{pmatrix},$$

称为**列矩阵**(或**列向量**)，例如，$\boldsymbol{A}=\begin{pmatrix} 1 \\ 0 \\ 1 \end{pmatrix}$. 而当 $m=n=1$ 时，矩阵便退化为一个数.

二、几种特殊的矩阵

所有元素都是数 0 的矩阵，称为**零矩阵**. $m\times n$ 零矩阵记为 $\boldsymbol{O}_{m\times n}$或简记为 $\boldsymbol{O}$，即

$$\boldsymbol{O}_{m\times n}=\begin{pmatrix} 0 & 0 & \cdots & 0 \\ 0 & 0 & \cdots & 0 \\ \vdots & \vdots & & \vdots \\ 0 & 0 & \cdots & 0 \end{pmatrix}.$$

主对角元素全为 1，其余元素全为 0 的 n 阶矩阵称为 n 阶**单位矩阵**(简称**单位阵**)，记作 $\boldsymbol{I}$、$\boldsymbol{I}_n$或 $\boldsymbol{E}$(本书中均采用 $\boldsymbol{I}$ 表示单位矩阵)；主对角元素全为非零数 k，其余元素全为 0 的 n 阶矩阵称为 n 阶**数量矩阵**，记作 $k\boldsymbol{I}$、$k\boldsymbol{I}_n$ 或 $k\boldsymbol{E}$，即

$$\boldsymbol{I}=\begin{pmatrix} 1 & & & \\ & 1 & & \\ & & \ddots & \\ & & & 1 \end{pmatrix},\quad k\boldsymbol{I}=\begin{pmatrix} k & & & \\ & k & & \\ & & \ddots & \\ & & & k \end{pmatrix}(k\neq 0).$$

主对角元素除外皆为 0 的矩阵，即 $\boldsymbol{A}=(a_{ij})$ 中 $a_{ij}=0(i\neq j)$，则称 $\boldsymbol{A}$ 为 n 阶**对角矩阵**，即

$$\boldsymbol{A}=\begin{pmatrix} a_{11} & 0 & \cdots & 0 \\ 0 & a_{22} & \cdots & 0 \\ \vdots & \vdots & & \vdots \\ 0 & 0 & \cdots & a_{nn} \end{pmatrix},$$

记为 $\boldsymbol{A}=\mathrm{diag}(a_{11},a_{22},\cdots,a_{nn})$.

如果 n 阶矩阵 $\boldsymbol{A}=(a_{ij})$ 中的元素满足条件 $a_{ij}=0\quad(i>j;i,j=1,2,\cdots,n)$，则称 $\boldsymbol{A}$ 为 n 阶**上三角矩阵**，即

$$\boldsymbol{A}=\begin{pmatrix} a_{11} & a_{12} & \cdots & a_{1n} \\ 0 & a_{22} & \cdots & a_{2n} \\ \vdots & \vdots & & \vdots \\ 0 & 0 & \cdots & a_{nn} \end{pmatrix}.$$

如果 n 阶矩阵 $\boldsymbol{A}=(a_{ij})$ 中的元素满足条件 $a_{ij}=0\quad(i<j;i,j=1,2,\cdots,n)$，则称 $\boldsymbol{A}$ 为 n 阶**下三角矩阵**，即

$$\boldsymbol{A}=\begin{pmatrix} a_{11} & 0 & \cdots & 0 \\ a_{21} & a_{22} & \cdots & 0 \\ \vdots & \vdots & & \vdots \\ a_{n1} & a_{n2} & \cdots & a_{nn} \end{pmatrix}.$$

如果两个矩阵行数相等，列数相等，则称它们是**同型矩阵**.

例如，$\begin{pmatrix} 1 & 2 & 3 \\ 1 & 3 & 2 \end{pmatrix}$与$\begin{pmatrix} 1 & 0 & 4 \\ 0 & 3 & 0 \end{pmatrix}$是同型矩阵，它们都是 2 行 3 列的矩阵，但与$\begin{pmatrix} 1 & 2 \\ 2 & 3 \\ 1 & 0 \end{pmatrix}$不是同型矩阵.

定义 2.2　两个 $m\times n$ 矩阵 $\boldsymbol{A}=(a_{ij})_{m\times n}$ 和 $\boldsymbol{B}=(b_{ij})_{m\times n}$，若它们对应的元素均相等，即

$$a_{ij}=b_{ij}(i=1,2,\cdots,m;j=1,2,\cdots,n),$$

则称矩阵 $\boldsymbol{A}$ 与矩阵 $\boldsymbol{B}$ **相等**，记作 $\boldsymbol{A}=\boldsymbol{B}$.

习题 2-1

1. 设矩阵 $\boldsymbol{A}=\begin{pmatrix} 0 & -2 & 3 \\ -4 & -8 & 6 \end{pmatrix}$，$\boldsymbol{B}=\begin{pmatrix} 0 & x & 3 \\ y & -8 & z \end{pmatrix}$，已知 $\boldsymbol{A}=\boldsymbol{B}$，求 x，y，z.

第二节　矩阵的基本运算

矩阵用途广泛是因为我们可以对它施行一些有实际意义的运算，从而使它成为进行理论研究和解决实际问题的有力工具.

一、矩阵的线性运算

1. 矩阵的加法

定义 2.3　两个 $m\times n$ 矩阵 $\boldsymbol{A}=(a_{ij})$、$\boldsymbol{B}=(b_{ij})$ 对应元素相加所得到的 $m\times n$ 矩阵，称为矩阵 $\boldsymbol{A}$ 与 $\boldsymbol{B}$ 的和，记作 $\boldsymbol{A}+\boldsymbol{B}$，即

$$\boldsymbol{A}+\boldsymbol{B}=(a_{ij})_{m\times n}+(b_{ij})_{m\times n}=(a_{ij}+b_{ij})_{m\times n}.$$

需要注意的是，只有同型矩阵才能进行加法运算.

例如：$\begin{pmatrix}12 & 3 & -5\\ 1 & -9 & 0\\ 3 & 6 & 8\end{pmatrix}+\begin{pmatrix}1 & 8 & 9\\ 6 & 5 & 4\\ 3 & 2 & 1\end{pmatrix}=\begin{pmatrix}12+1 & 3+8 & -5+9\\ 1+6 & -9+5 & 0+4\\ 3+3 & 6+2 & 8+1\end{pmatrix}=\begin{pmatrix}13 & 11 & 4\\ 7 & -4 & 4\\ 6 & 8 & 9\end{pmatrix}$.

定义 2.4　矩阵 $\boldsymbol{A}=(a_{ij})_{m\times n}$ 的各元素都变号后得到的矩阵，称为矩阵 $\boldsymbol{A}$ 的**负矩阵**，记作 $-\boldsymbol{A}$，即 $-\boldsymbol{A}=(-a_{ij})_{m\times n}$.

根据矩阵加法和负矩阵的概念，可以定义矩阵的减法：减去一个矩阵相当于加上这个矩阵的负矩阵. 即如果矩阵 $\boldsymbol{A}=(a_{ij})_{m\times n}$、$\boldsymbol{B}=(b_{ij})_{m\times n}$，则矩阵 $\boldsymbol{A}$ 与矩阵 $\boldsymbol{B}$ 的差为：

$$\boldsymbol{A}-\boldsymbol{B}=\boldsymbol{A}+(-\boldsymbol{B})=(a_{ij}-b_{ij})_{m\times n}.$$

2. 数与矩阵的数乘

定义 2.5　以数 k 乘矩阵 $\boldsymbol{A}=(a_{ij})_{m\times n}$ 的每一个元素所得到的矩阵，称为数 k 与矩阵 $\boldsymbol{A}$ 的数乘，记作 $k\boldsymbol{A}$ 或 $\boldsymbol{A}k$，即

$$k\boldsymbol{A}=k(a_{ij})_{m\times n}=(ka_{ij})_{m\times n}=\boldsymbol{A}k.$$

矩阵 $\boldsymbol{A}=(a_{ij})_{m\times n}$ 的负矩阵实质上是数 -1 与矩阵 $\boldsymbol{A}$ 的乘积，因此 $-\boldsymbol{A}=(-a_{ij})_{m\times n}$.

矩阵的加法以及数与矩阵的数乘满足以下运算规律：

(1) $\boldsymbol{A}+\boldsymbol{B}=\boldsymbol{B}+\boldsymbol{A}$;

(2) $(\boldsymbol{A}+\boldsymbol{B})+\boldsymbol{C}=\boldsymbol{A}+(\boldsymbol{B}+\boldsymbol{C})$;

(3) $\boldsymbol{A}+\boldsymbol{O}=\boldsymbol{A}$;

(4) $\boldsymbol{A}+(-\boldsymbol{A})=\boldsymbol{O}$;

(5) $k(\boldsymbol{A}+\boldsymbol{B})=k\boldsymbol{A}+k\boldsymbol{B}$;

(6) $(k+l)\boldsymbol{A}=k\boldsymbol{A}+l\boldsymbol{A}$;

(7) $kl\boldsymbol{A}=k(l\boldsymbol{A})=l(k\boldsymbol{A})$;

(8) $1\boldsymbol{A}=\boldsymbol{A}$.

其中 $\boldsymbol{A}$、$\boldsymbol{B}$、$\boldsymbol{C}$、$\boldsymbol{O}$ 均为 $m\times n$ 矩阵，k、l 是数.

二、矩阵的乘法

定义 2.6　设 $\boldsymbol{A}=(a_{ij})$ 是一个 $m\times s$ 矩阵，$\boldsymbol{B}=(b_{ij})$ 是一个 $s\times n$ 矩阵，则由以下 $m\times n$ 个元素

$$\begin{aligned}c_{ij}&=a_{i1}b_{1j}+a_{i2}b_{2j}+\cdots+a_{is}b_{sj}\\&=\sum_{k=1}^{s}a_{ik}b_{kj}\ (i=1,2,\cdots,m;j=1,2,\cdots,n)\end{aligned}$$

所构成的 $m\times n$ 矩阵 $\boldsymbol{C}=(c_{ij})_{m\times n}$，称为矩阵 $\boldsymbol{A}$ 与矩阵 $\boldsymbol{B}$ 的**乘积**，记作 $\boldsymbol{C}_{m\times n}=\boldsymbol{A}_{m\times s}\boldsymbol{B}_{s\times n}$.

根据定义可知，只有当左边矩阵的列数等于右边矩阵的行数时，两个矩阵才能相乘，否则不能相乘. 乘积矩阵的第 i 行第 j 列元素等于左边矩阵的第 i 行元素与右边矩阵的第 j 列对应元素的乘积之和.

两个矩阵相乘的规则可以直观地表示如下：

$$\begin{pmatrix} a_{11} & a_{12} & \cdots & a_{1s} \\ \vdots & \vdots & & \vdots \\ \boxed{a_{i1} \quad a_{i2} \quad \cdots \quad a_{is}} \\ \vdots & \vdots & & \vdots \\ a_{m1} & a_{m2} & \cdots & a_{ms} \end{pmatrix}\begin{pmatrix} b_{11} & \cdots & \boxed{\begin{matrix} b_{1j} \\ b_{2j} \\ \vdots \\ b_{sj}\end{matrix}} & \cdots & b_{1n} \\ b_{21} & \cdots & & \cdots & b_{2n} \\ \vdots & & & & \vdots \\ b_{s1} & \cdots & & \cdots & b_{sn} \end{pmatrix}=\begin{pmatrix} c_{11} & \cdots & c_{1j} & \cdots & c_{1n} \\ \vdots & & \vdots & & \vdots \\ c_{i1} & \cdots & \boxed{c_{ij}} & \cdots & c_{in} \\ \vdots & & \vdots & & \vdots \\ c_{m1} & \cdots & c_{mj} & \cdots & c_{mn} \end{pmatrix},$$

其中

$$c_{ij}=(a_{i1},a_{i2},\cdots,a_{is})\begin{pmatrix} b_{1j} \\ b_{2j} \\ \vdots \\ b_{sj} \end{pmatrix}=a_{i1}b_{1j}+a_{i2}b_{2j}+\cdots+a_{is}b_{sj}$$

$$=\sum_{k=1}^{s}a_{ik}b_{kj}\ (i=1,2,\cdots,m;j=1,2,\cdots,n).$$

【例 1】 设 $\boldsymbol{A}=\begin{pmatrix} 2 & 1 \\ -4 & -2 \end{pmatrix}$，$\boldsymbol{B}=\begin{pmatrix} 3 & -1 \\ -6 & 2 \end{pmatrix}$，求 $\boldsymbol{AB},\boldsymbol{BA},\boldsymbol{A}^2$.

解 $\boldsymbol{AB}=\begin{pmatrix} 2 & 1 \\ -4 & -2 \end{pmatrix}\begin{pmatrix} 3 & -1 \\ -6 & 2 \end{pmatrix}=\begin{pmatrix} 0 & 0 \\ 0 & 0 \end{pmatrix}$.

$\boldsymbol{BA}=\begin{pmatrix} 3 & -1 \\ -6 & 2 \end{pmatrix}\begin{pmatrix} 2 & 1 \\ -4 & -2 \end{pmatrix}=\begin{pmatrix} 10 & 5 \\ -20 & -10 \end{pmatrix}$.

$\boldsymbol{A}^2=\begin{pmatrix} 2 & 1 \\ -4 & -2 \end{pmatrix}\begin{pmatrix} 2 & 1 \\ -4 & -2 \end{pmatrix}=\begin{pmatrix} 0 & 0 \\ 0 & 0 \end{pmatrix}$.

注意 两个非零矩阵的乘积可能是零矩阵. 因此，当已知 $\boldsymbol{AB}=\boldsymbol{O}$ 时，一般不能推出 $\boldsymbol{A}=\boldsymbol{O}$ 或 $\boldsymbol{B}=\boldsymbol{O}$ 的结论.

【例 2】 设矩阵 $\boldsymbol{A}=\begin{pmatrix} 1 & 2 & 0 & 1 \\ 2 & 1 & 3 & 4 \end{pmatrix}$，$\boldsymbol{B}=\begin{pmatrix} 1 & 0 & -1 \\ 0 & 1 & 2 \\ 2 & -1 & 0 \\ -1 & 3 & -2 \end{pmatrix}$，求 $\boldsymbol{AB}$ 和 $\boldsymbol{BA}$.

解 $\boldsymbol{AB}=\begin{pmatrix} 1 & 2 & 0 & 1 \\ 2 & 1 & 3 & 4 \end{pmatrix}\begin{pmatrix} 1 & 0 & -1 \\ 0 & 1 & 2 \\ 2 & -1 & 0 \\ -1 & 3 & -2 \end{pmatrix}=\begin{pmatrix} 0 & 5 & 1 \\ 4 & 10 & -8 \end{pmatrix}$.

$\boldsymbol{BA}$ 无意义.

由以上两例可见，两个矩阵 $\boldsymbol{A}$、$\boldsymbol{B}$ 相乘，当 $\boldsymbol{AB}$ 有意义时，$\boldsymbol{BA}$ 不一定有意义；即使

$\boldsymbol{AB}$ 和 $\boldsymbol{BA}$ 都有意义，$\boldsymbol{AB}$ 与 $\boldsymbol{BA}$ 也不一定相等，因此，矩阵的乘法不满足交换律.

【例 3】 设 $\boldsymbol{A}=\begin{pmatrix} a_1 \\ a_2 \\ \vdots \\ a_n \end{pmatrix}$，$\boldsymbol{B}=(b_1,b_2,\cdots,b_n)$，计算 $\boldsymbol{AB}$ 和 $\boldsymbol{BA}$.

解

$$\boldsymbol{AB}=\begin{pmatrix} a_1 \\ a_2 \\ \vdots \\ a_n \end{pmatrix}(b_1,b_2,\cdots,b_n)=\begin{pmatrix} a_1b_1 & a_1b_2 & \cdots & a_1b_n \\ a_2b_1 & a_2b_2 & \cdots & a_2b_n \\ \vdots & \vdots & & \vdots \\ a_nb_1 & a_nb_2 & \cdots & a_nb_n \end{pmatrix}.$$

$$\boldsymbol{BA}=(b_1,b_2,\cdots,b_n)\begin{pmatrix} a_1 \\ a_2 \\ \vdots \\ a_n \end{pmatrix}=b_1a_1+b_2a_2+\cdots+b_na_n.$$

$\boldsymbol{AB}$ 是 n 阶方阵，$\boldsymbol{BA}$ 是一阶矩阵. 运算结果为一阶矩阵时，可以把它与数同等看待，不必加矩阵括号.

关于矩阵的乘法，有 3 个重要的结论.

(1)矩阵的乘法不满足交换律.

(2)已知 $\boldsymbol{AB}=\boldsymbol{O}$ 时，不能推出 $\boldsymbol{A}=\boldsymbol{O}$ 或 $\boldsymbol{B}=\boldsymbol{O}$. 也就是说，当 $\boldsymbol{A}\neq\boldsymbol{O},\boldsymbol{B}\neq\boldsymbol{O}$ 的时候有可能得到 $\boldsymbol{AB}=\boldsymbol{O}$.

(3)矩阵乘法不满足消去律. 即 $\boldsymbol{AB}=\boldsymbol{AC}$ 且 $\boldsymbol{A}\neq\boldsymbol{O}$ 无法推出 $\boldsymbol{B}=\boldsymbol{C}$.

但是读者以后(在第三节中)会理解当 $\boldsymbol{A}$ 为非奇异矩阵也就是行列式 $|\boldsymbol{A}|\neq 0$ 的时候，如果 $\boldsymbol{AB}=\boldsymbol{O}$，那么有 $\boldsymbol{B}=\boldsymbol{O}$，如果 $\boldsymbol{AB}=\boldsymbol{AC}$，那么必有 $\boldsymbol{B}=\boldsymbol{C}$. 也就是说，当 $\boldsymbol{A}$ 为非奇异矩阵的时候，矩阵乘法就没有上述结论(2)(3)的奇异现象. 而行列式等于 0 的奇异矩阵均有(2)(3)的奇异现象.

矩阵乘法满足以下运算规律：

(1)结合律：$\boldsymbol{A}(\boldsymbol{BC})=(\boldsymbol{AB})\boldsymbol{C}$；

(2)分配律：$\boldsymbol{A}(\boldsymbol{B}+\boldsymbol{C})=\boldsymbol{AB}+\boldsymbol{AC}$，$(\boldsymbol{B}+\boldsymbol{C})\boldsymbol{A}=\boldsymbol{BA}+\boldsymbol{CA}$；

(3)$k(\boldsymbol{AB})=(k\boldsymbol{A})\boldsymbol{B}=\boldsymbol{A}(k\boldsymbol{B})$；

(4)$\boldsymbol{IA}=\boldsymbol{A}$，$\boldsymbol{AI}=\boldsymbol{A}$.

其中有关矩阵均假定可以进行有关运算，k 为一个数.

下面介绍几种特殊矩阵的乘法运算规律.

(1)单位矩阵与矩阵相乘可交换.

因为 $\boldsymbol{I}_m\boldsymbol{A}_{m\times n}=\boldsymbol{A}_{m\times n}$，$\boldsymbol{A}_{m\times n}\boldsymbol{I}_n=\boldsymbol{A}_{m\times n}$，可见单位矩阵在矩阵乘法中的作用与数字 1 在数的乘法中的作用是类似的.

又因为

$$(k\boldsymbol{I})\boldsymbol{A}=k(\boldsymbol{IA})=k\boldsymbol{A},\boldsymbol{A}(k\boldsymbol{I})=k\boldsymbol{AI}=k\boldsymbol{A},$$

所以数量矩阵与任何矩阵相乘可交换.

(2)对角矩阵相乘可交换.

设 $\boldsymbol{A}=\mathrm{diag}(a_1,a_2,\cdots,a_n)$，$\boldsymbol{B}=\mathrm{diag}(b_1,b_2,\cdots,b_n)$，可以验证

$$\boldsymbol{AB}=\boldsymbol{BA}=\mathrm{diag}(a_1b_1,a_2b_2,\cdots,a_nb_n).$$

下面介绍几个矩阵乘法的应用.

【例 4】 若 2 组变量 x_1,x_2 和 y_1,y_2 的关系为

$$\begin{cases}y_1=a_{11}x_1+a_{12}x_2\\ y_2=a_{21}x_1+a_{22}x_2\end{cases},\tag{2.1}$$

而 y_1,y_2 与第 3 组变量 z_1,z_2 的关系为

$$\begin{cases}z_1=b_{11}y_1+b_{12}y_2\\ z_2=b_{21}y_1+b_{22}y_2\end{cases},\tag{2.2}$$

则将式(2.1)代入式(2.2)，可以得到变量 x_1,x_2 与 z_1,z_2 的关系为

$$\begin{cases}z_1=(b_{11}a_{11}+b_{12}a_{21})x_1+(b_{11}a_{12}+b_{12}a_{22})x_2\\ z_2=(b_{21}a_{11}+b_{22}a_{21})x_1+(b_{21}a_{12}+b_{22}a_{22})x_2\end{cases}.\tag{2.3}$$

设

$$\boldsymbol{A}=\begin{pmatrix}a_{11}&a_{12}\\a_{21}&a_{22}\end{pmatrix},\boldsymbol{B}=\begin{pmatrix}b_{11}&b_{12}\\b_{21}&b_{22}\end{pmatrix},\boldsymbol{C}=\begin{pmatrix}b_{11}a_{11}+b_{12}a_{21}&b_{11}a_{12}+b_{12}a_{22}\\b_{21}a_{11}+b_{22}a_{21}&b_{21}a_{12}+b_{22}a_{22}\end{pmatrix},$$

设 $\boldsymbol{X}=\begin{pmatrix}x_1\\x_2\end{pmatrix},\boldsymbol{Y}=\begin{pmatrix}y_1\\y_2\end{pmatrix},\boldsymbol{Z}=\begin{pmatrix}z_1\\z_2\end{pmatrix}$，有了矩阵相乘的定义后，式(2.1)、式(2.2)、式(2.3)可以用矩阵分别表示为

$$\boldsymbol{Y}=\boldsymbol{AX},\boldsymbol{Z}=\boldsymbol{BY},\boldsymbol{Z}=\boldsymbol{CX}.$$

因此 $\boldsymbol{Z}=\boldsymbol{BAX}$，这与乘法定义 $\boldsymbol{C}=\boldsymbol{BA}$ 吻合. 以上的关系称为线性变换.

若 $\boldsymbol{A}=\begin{pmatrix}\cos\theta&-\sin\theta\\\sin\theta&\cos\theta\end{pmatrix}$，则 $\boldsymbol{Y}=\boldsymbol{AX}$ 表示对 $\boldsymbol{X}$ 做逆时针旋转 θ 的线性变换. 如图 2.2 所示，$\boldsymbol{X}=\begin{pmatrix}1\\0\end{pmatrix}$，$\theta=\dfrac{\pi}{6}$，代入可得 $\boldsymbol{Y}=\begin{pmatrix}\dfrac{\sqrt3}{2}&-\dfrac12\\\dfrac12&\dfrac{\sqrt3}{2}\end{pmatrix}\begin{pmatrix}1\\0\end{pmatrix}=\begin{pmatrix}\dfrac{\sqrt3}{2}\\\dfrac12\end{pmatrix}$. 若 $\boldsymbol{B}=\begin{pmatrix}-1&0\\0&1\end{pmatrix}$，则 $\boldsymbol{Z}=\boldsymbol{BY}$ 表示对 $\boldsymbol{Y}$ 做

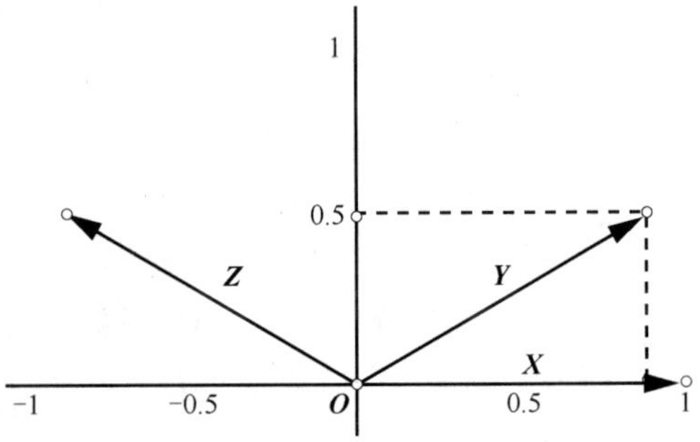

图 2.2

关于 y 轴对称的线性变换. 例如，$\boldsymbol{Y}=\begin{pmatrix}\dfrac{\sqrt3}{2}\\\dfrac12\end{pmatrix}$，代入可得 $\boldsymbol{Z}=\begin{pmatrix}-1&0\\0&1\end{pmatrix}\begin{pmatrix}\dfrac{\sqrt3}{2}\\\dfrac12\end{pmatrix}=\begin{pmatrix}-\dfrac{\sqrt3}{2}\\\dfrac12\end{pmatrix}$. 而$\boldsymbol{C}=$

$\boldsymbol{BA}=\begin{pmatrix}-1&0\\0&1\end{pmatrix}\begin{pmatrix}\frac{\sqrt{3}}{2}&-\frac{1}{2}\\\frac{1}{2}&\frac{\sqrt{3}}{2}\end{pmatrix}=\begin{pmatrix}-\frac{\sqrt{3}}{2}&\frac{1}{2}\\\frac{1}{2}&\frac{\sqrt{3}}{2}\end{pmatrix}$，则 $\boldsymbol{Z}=\boldsymbol{CX}$ 所表示的线性变换正是先逆时针旋转 $\frac{\pi}{6}$ 再做关于 y 轴对称的线性变换.

【例 5】 设 $\boldsymbol{A}=\begin{pmatrix}a_{11}&a_{12}&\cdots&a_{1n}\\a_{21}&a_{22}&\cdots&a_{2n}\\\vdots&\vdots&&\vdots\\a_{m1}&a_{m2}&\cdots&a_{mn}\end{pmatrix},\boldsymbol{X}=\begin{pmatrix}x_1\\x_2\\\vdots\\x_n\end{pmatrix},\boldsymbol{B}=\begin{pmatrix}b_1\\b_2\\\vdots\\b_m\end{pmatrix}$.

根据矩阵乘法，线性方程组

$$\begin{cases}a_{11}x_1+a_{12}x_2+\cdots+a_{1n}x_n=b_1\\a_{21}x_1+a_{22}x_2+\cdots+a_{2n}x_n=b_2\\\qquad\vdots\\a_{m1}x_1+a_{m2}x_2+\cdots+a_{mn}x_n=b_m\end{cases},\tag{2.4}$$

可用矩阵表示成

$$\boldsymbol{AX}=\boldsymbol{B}.\tag{2.4$'$}$$

【例 6】 已知 $\boldsymbol{A},\boldsymbol{B}$ 为 n 阶方阵，且满足 $\boldsymbol{A}^2=\boldsymbol{A}$，$\boldsymbol{B}^2=\boldsymbol{B}$，$(\boldsymbol{A}-\boldsymbol{B})^2=\boldsymbol{A}+\boldsymbol{B}$，证明：$\boldsymbol{AB}=\boldsymbol{BA}=0$.

证明 由 $(\boldsymbol{A}-\boldsymbol{B})^2=\boldsymbol{A}^2-\boldsymbol{AB}-\boldsymbol{BA}+\boldsymbol{B}^2=\boldsymbol{A}+\boldsymbol{B}$，得

$$\boldsymbol{AB}=-\boldsymbol{BA}.\tag{2.5}$$

在式(2.5)两边左乘 $\boldsymbol{A}$ 得 $\boldsymbol{A}^2\boldsymbol{B}=-\boldsymbol{ABA}$，即 $\boldsymbol{AB}=-\boldsymbol{ABA}$.

在式(2.5)两边右乘 $\boldsymbol{A}$ 得 $\boldsymbol{ABA}=-\boldsymbol{BA}^2$，即 $\boldsymbol{ABA}=-\boldsymbol{BA}$.

可得 $\boldsymbol{AB}=\boldsymbol{BA}$，代入式(2.5)，可得 $\boldsymbol{AB}=\boldsymbol{BA}=\boldsymbol{O}$.

三、方阵的幂与多项式

方阵的幂是方阵应用中最常见的计算之一. 在金融工程中较常用的马尔科夫过程，就需要研究矩阵的高阶求幂.

定义 2.7 设 $\boldsymbol{A}$ 是 n 阶方阵，k 是正整数，则 k 个 $\boldsymbol{A}$ 的连乘乘积，称为方阵 $\boldsymbol{A}$ 的 k 次**幂**，记作 $\boldsymbol{A}^k$，即

$$\boldsymbol{A}^k=\underbrace{\boldsymbol{AA}\cdots\boldsymbol{A}}_{k个}.$$

一般规定 $\boldsymbol{A}^0=\boldsymbol{I}(\boldsymbol{A}\neq\boldsymbol{O})$.

方阵的幂具有以下性质：

性质 1 $\boldsymbol{A}^k\boldsymbol{A}^l=\boldsymbol{A}^{k+l}$；

性质 2 $(\boldsymbol{A}^k)^l=\boldsymbol{A}^{kl}$.

其中 $\boldsymbol{A}$ 为 n 阶方阵，k,l 是正整数.

【例 7】　设矩阵 $\boldsymbol{A}=\begin{pmatrix}1 & 1\\-1 & 0\end{pmatrix}$，$\boldsymbol{B}=\begin{pmatrix}1 & -1\\-1 & 1\end{pmatrix}$，求 $(\boldsymbol{AB})^2$ 与 $\boldsymbol{A}^2\boldsymbol{B}^2$.

解　$\boldsymbol{AB}=\begin{pmatrix}1 & 1\\-1 & 0\end{pmatrix}\begin{pmatrix}1 & -1\\-1 & 1\end{pmatrix}=\begin{pmatrix}0 & 0\\-1 & 1\end{pmatrix}$，$(\boldsymbol{AB})^2=\begin{pmatrix}0 & 0\\-1 & 1\end{pmatrix}^2=\begin{pmatrix}0 & 0\\-1 & 1\end{pmatrix}$. $\boldsymbol{A}^2=\begin{pmatrix}1 & 1\\-1 & 0\end{pmatrix}^2$ $=\begin{pmatrix}0 & 1\\-1 & -1\end{pmatrix}$，$\boldsymbol{B}^2=\begin{pmatrix}1 & -1\\-1 & 1\end{pmatrix}^2=\begin{pmatrix}2 & -2\\-2 & 2\end{pmatrix}$，$\boldsymbol{A}^2\boldsymbol{B}^2=\begin{pmatrix}0 & 1\\-1 & -1\end{pmatrix}\begin{pmatrix}2 & -2\\-2 & 2\end{pmatrix}=\begin{pmatrix}-2 & 2\\0 & 0\end{pmatrix}$.
可见 $(\boldsymbol{AB})^2\neq\boldsymbol{A}^2\boldsymbol{B}^2$.

由于矩阵的乘法一般不满足交换律，所以对于两个 n 阶方阵 $\boldsymbol{A}$、$\boldsymbol{B}$，一般说来

$$(\boldsymbol{AB})^k\neq\boldsymbol{A}^k\boldsymbol{B}^k(k\text{ 为正整数}).$$

定义 2.8　如果 n 阶方阵 $\boldsymbol{A}$ 满足条件 $\boldsymbol{A}^2=\boldsymbol{A}$，则称 $\boldsymbol{A}$ 为 n 阶**幂等矩阵**.

例如，$\boldsymbol{A}=\begin{pmatrix}1 & 1\\0 & 0\end{pmatrix}$是一个二阶幂等矩阵. 如果 n 阶方阵 $\boldsymbol{A}$ 满足条件 $\boldsymbol{A}^k=\boldsymbol{O}$（$k$ 为正整数），则称 $\boldsymbol{A}$ 为 n 阶**幂零矩阵**.

例如，$\boldsymbol{A}=\begin{pmatrix}0 & 1 & 0\\0 & 0 & 1\\0 & 0 & 0\end{pmatrix}$是三阶幂零矩阵，计算可得 $\boldsymbol{A}^2=\begin{pmatrix}0 & 0 & 1\\0 & 0 & 0\\0 & 0 & 0\end{pmatrix}$，$\boldsymbol{A}^3=\begin{pmatrix}0 & 0 & 0\\0 & 0 & 0\\0 & 0 & 0\end{pmatrix}$.

下面举几个求解矩阵的高阶幂的例子.

【例 8】　设 $\boldsymbol{A}=\begin{pmatrix}\lambda & 1 & 0\\0 & \lambda & 1\\0 & 0 & \lambda\end{pmatrix}$，计算 $\boldsymbol{A}^n$.

解　$\boldsymbol{A}=\begin{pmatrix}\lambda & 1 & 0\\0 & \lambda & 1\\0 & 0 & \lambda\end{pmatrix}=\lambda\boldsymbol{I}+\begin{pmatrix}0 & 1 & 0\\0 & 0 & 1\\0 & 0 & 0\end{pmatrix}=\lambda\boldsymbol{I}+\boldsymbol{B}$. 利用二项式展开可得

$$\boldsymbol{A}^n=(\lambda\boldsymbol{I}+\boldsymbol{B})^n=(\lambda\boldsymbol{I})^n+n(\lambda\boldsymbol{I})^{n-1}\boldsymbol{B}+\mathrm{C}_n^2(\lambda\boldsymbol{I})^{n-2}\boldsymbol{B}^2=\lambda^n\boldsymbol{I}+n\lambda^{n-1}\boldsymbol{B}+\frac{n(n-1)}{2}\lambda^{n-2}\boldsymbol{B}^2$$

$$=\begin{pmatrix}\lambda^n & n\lambda^{n-1} & \dfrac{n(n-1)}{2}\lambda^{n-2}\\0 & \lambda^n & n\lambda^{n-1}\\0 & 0 & \lambda^n\end{pmatrix}.$$

【例 9】　设 $\boldsymbol{\alpha}=(1,2,3,4)$，$\boldsymbol{\beta}=\left(1,\frac{1}{2},\frac{1}{3},\frac{1}{4}\right)$，$\boldsymbol{A}=\boldsymbol{\alpha}^{\mathrm{T}}\boldsymbol{\beta}$，计算 $\boldsymbol{A}^n$.

解　$\boldsymbol{A}=\boldsymbol{\alpha}^{\mathrm{T}}\boldsymbol{\beta}=\begin{pmatrix}1\\2\\3\\4\end{pmatrix}\left(1,\frac{1}{2},\frac{1}{3},\frac{1}{4}\right)=\begin{pmatrix}1 & \frac{1}{2} & \frac{1}{3} & \frac{1}{4}\\2 & 1 & \frac{2}{3} & \frac{2}{4}\\3 & \frac{3}{2} & 1 & \frac{3}{4}\\4 & 2 & \frac{4}{3} & 1\end{pmatrix}$，而 $\boldsymbol{\beta\alpha}^{\mathrm{T}}=4$，从而

$$A^n=(\boldsymbol{\alpha}^{\mathrm{T}}\boldsymbol{\beta})^n=(\boldsymbol{\alpha}^{\mathrm{T}}\boldsymbol{\beta})(\boldsymbol{\alpha}^{\mathrm{T}}\boldsymbol{\beta})\cdots(\boldsymbol{\alpha}^{\mathrm{T}}\boldsymbol{\beta})=\boldsymbol{\alpha}^{\mathrm{T}}(\boldsymbol{\beta}\boldsymbol{\alpha}^{\mathrm{T}})(\boldsymbol{\beta}\boldsymbol{\alpha}^{\mathrm{T}})\cdots(\boldsymbol{\beta}\boldsymbol{\alpha}^{\mathrm{T}})\boldsymbol{\beta}$$
$$=\boldsymbol{\alpha}^{\mathrm{T}}4^{n-1}\boldsymbol{\beta}=4^{n-1}\boldsymbol{\alpha}^{\mathrm{T}}\boldsymbol{\beta}=4^{n-1}\boldsymbol{A}.$$

定义 2.9　设 $f(x)=a_mx^m+a_{m-1}x^{m-1}+\cdots+a_1x+a_0$ 是关于变量 x 的 m 次多项式，其中 m 为正整数，$a_1,a_2,\cdots,a_m$ 均为常系数. 若 $\boldsymbol{A}$ 为 n 阶矩阵，$\boldsymbol{I}$ 为 n 阶单位矩阵，则

$$f(\boldsymbol{A})=a_m\boldsymbol{A}^m+a_{m-1}\boldsymbol{A}^{m-1}+\cdots+a_1\boldsymbol{A}+a_0\boldsymbol{I},$$

称为矩阵 $\boldsymbol{A}$ 的 **m 次多项式**.

【例 10】　设多项式 $f(x)=x^3-6x^2+3x-2$，矩阵 $\boldsymbol{B}=\begin{pmatrix}1\\2\\3\end{pmatrix}$，$\boldsymbol{C}=(1,-2,3)$，若矩阵 $\boldsymbol{A}=\boldsymbol{BC}$，求矩阵 $\boldsymbol{A}$ 的多项式 $f(\boldsymbol{A})$.

例 10 步骤讲解

解　$\boldsymbol{A}=\boldsymbol{BC}=\begin{pmatrix}1\\2\\3\end{pmatrix}(1,-2,3)=\begin{pmatrix}1&-2&3\\2&-4&6\\3&-6&9\end{pmatrix}$，$\boldsymbol{CB}=(1,-2,3)\begin{pmatrix}1\\2\\3\end{pmatrix}=6$，

从而

$$\boldsymbol{A}^k=(\boldsymbol{BC})^k=\boldsymbol{B}(\boldsymbol{CB})^{k-1}\boldsymbol{C}=6^{k-1}\boldsymbol{BC}=6^{k-1}\boldsymbol{A}\ (k=1,2,3).$$

因为 $f(x)=x^3-6x^2+3x-2$，所以

$$f(\boldsymbol{A})=\boldsymbol{A}^3-6\boldsymbol{A}^2+3\boldsymbol{A}-2\boldsymbol{I}=6^2\boldsymbol{A}-6\times6\boldsymbol{A}+3\boldsymbol{A}-2\boldsymbol{I}=3\boldsymbol{A}-2\boldsymbol{I}$$
$$=3\begin{pmatrix}1&-2&3\\2&-4&6\\3&-6&9\end{pmatrix}-\begin{pmatrix}2&0&0\\0&2&0\\0&0&2\end{pmatrix}=\begin{pmatrix}1&-6&9\\6&-14&18\\9&-18&25\end{pmatrix}.$$

注意　由定义容易证明：设 $f(x),g(x)$ 为多项式，$\boldsymbol{A},\boldsymbol{B}$ 皆是 n 阶矩阵，若 $\boldsymbol{AB}=\boldsymbol{BA}$，则

$$f(\boldsymbol{A})g(\boldsymbol{B})=g(\boldsymbol{B})f(\boldsymbol{A}).$$

例如，$(\boldsymbol{A}^2+\boldsymbol{A}-2\boldsymbol{I})(\boldsymbol{A}-\boldsymbol{I})=(\boldsymbol{A}-\boldsymbol{I})(\boldsymbol{A}^2+\boldsymbol{A}-2\boldsymbol{I})=\boldsymbol{A}^3-3\boldsymbol{A}+2\boldsymbol{I}$.

但当 $\boldsymbol{AB}$ 不可交换时，一般情况下 $f(\boldsymbol{A})g(\boldsymbol{B})\neq g(\boldsymbol{B})f(\boldsymbol{A})$. 例如，

$$(\boldsymbol{A}+\boldsymbol{B})(\boldsymbol{A}-\boldsymbol{B})=\boldsymbol{A}^2-\boldsymbol{AB}+\boldsymbol{BA}-\boldsymbol{B}^2(\neq\boldsymbol{A}^2-\boldsymbol{B}^2)\neq\boldsymbol{A}^2-\boldsymbol{BA}+\boldsymbol{AB}-\boldsymbol{B}^2=(\boldsymbol{A}-\boldsymbol{B})(\boldsymbol{A}+\boldsymbol{B}),$$
$$(\boldsymbol{A}+\boldsymbol{B})^2=(\boldsymbol{A}+\boldsymbol{B})(\boldsymbol{A}+\boldsymbol{B})=\boldsymbol{A}^2+\boldsymbol{AB}+\boldsymbol{BA}+\boldsymbol{B}^2\neq\boldsymbol{A}^2+2\boldsymbol{AB}+\boldsymbol{B}^2.$$

由于数量矩阵 $\lambda\boldsymbol{I}$ 与任意方阵可交换，所以下式可按二项式定理展开，

$$(\boldsymbol{A}+\lambda\boldsymbol{I})^n=\boldsymbol{A}^n+\mathrm{C}_n^1\lambda\boldsymbol{A}^{n-1}+\mathrm{C}_n^2\lambda^2\boldsymbol{A}^{n-2}+\cdots+\mathrm{C}_n^{n-1}\lambda^{n-1}\boldsymbol{A}+\lambda^n\boldsymbol{I}.$$

还要注意，对于 $m\times n$ 矩阵 $\boldsymbol{A}$，当 $m\neq n$ 时，$\boldsymbol{A}^2$ 没有意义.

四、矩阵的转置

定义 2.10　把一个 $m\times n$ 矩阵 $\boldsymbol{A}$ 的行换成同序数的列而得到的 $n\times m$ 矩阵，称为矩阵 $\boldsymbol{A}$ 的**转置矩阵**，记作 $\boldsymbol{A}^{\mathrm{T}}$ 或 $\boldsymbol{A}'$，即若

$$\boldsymbol{A}=\begin{pmatrix}a_{11}&a_{12}&\cdots&a_{1n}\\a_{21}&a_{22}&\cdots&a_{2n}\\\vdots&\vdots&&\vdots\\a_{m1}&a_{m2}&\cdots&a_{mn}\end{pmatrix}，则\ \boldsymbol{A}^{\mathrm{T}}=\begin{pmatrix}a_{11}&a_{21}&\cdots&a_{m1}\\a_{12}&a_{22}&\cdots&a_{m2}\\\vdots&\vdots&&\vdots\\a_{1n}&a_{2n}&\cdots&a_{mn}\end{pmatrix}.$$

例如，矩阵 $A=\begin{pmatrix}1&2&3\\4&5&6\end{pmatrix}$ 的转置矩阵就是 $A^{T}=\begin{pmatrix}1&4\\2&5\\3&6\end{pmatrix}$.

矩阵的转置具有以下性质：

性质 1　$(A^{T})^{T}=A$；

性质 2　$(A+B)^{T}=A^{T}+B^{T}$；

性质 3　$(kA)^{T}=kA^{T}$；

性质 4　$(AB)^{T}=B^{T}A^{T}$.

其中有关矩阵均假定可以进行有关运算，k 是数.

证明　这里我们仅证明性质 4，其余由读者自己证明.

设 $A=(a_{ij})_{m\times s},B=(b_{ij})_{s\times n}$，则 AB 是 $m\times n$ 矩阵，B^{T} 是 $n\times s$ 矩阵，A^{T} 是 $s\times m$ 矩阵，所以 $(AB)^{T}$ 与 $B^{T}A^{T}$ 均为 $n\times m$ 矩阵. 若记 $(AB)^{T}=C=(c_{ij})_{n\times m}$，$B^{T}A^{T}=D=(d_{ij})_{n\times m}$，则矩阵 C 的第 i 行第 j 列元素 c_{ij} 就是矩阵 AB 的第 j 行第 i 列元素，也就是矩阵 A 的第 j 行元素与矩阵 B 的第 i 列对应元素的乘积之和，即

$$c_{ij}=a_{j1}b_{1i}+a_{j2}b_{2i}+\cdots+a_{js}b_{si}=\sum_{k=1}^{s}a_{jk}b_{ki}.$$

矩阵 D 的第 i 行第 j 列元素 d_{ij} 就是矩阵 B^{T} 的第 i 行元素与矩阵 A^{T} 的第 j 列对应元素的乘积之和，也就是矩阵 B 的第 i 列元素与矩阵 A 的第 j 行对应元素的乘积之和，即

$$d_{ij}=b_{1i}a_{j1}+b_{2i}a_{j2}+\cdots+b_{si}a_{js}=\sum_{k=1}^{s}b_{ki}a_{jk}=\sum_{k=1}^{s}a_{jk}b_{ki}.$$

可见 $c_{ij}=d_{ij}(i=1,2,\cdots,n;j=1,2,\cdots,m)$. 所以 $C=D$，即 $(AB)^{T}=B^{T}A^{T}$.

【例 11】　已知矩阵 $A=\begin{pmatrix}2&0&-1\\1&3&2\end{pmatrix},B=\begin{pmatrix}1&7&-1\\4&2&3\\2&0&1\end{pmatrix}$，

求 $(AB)^{T}$.

解法一　因为

$$AB=\begin{pmatrix}2&0&-1\\1&3&2\end{pmatrix}\begin{pmatrix}1&7&-1\\4&2&3\\2&0&1\end{pmatrix}=\begin{pmatrix}0&14&-3\\17&13&10\end{pmatrix},$$

所以

$$(AB)^{T}=\begin{pmatrix}0&17\\14&13\\-3&10\end{pmatrix}.$$

解法二

$$(AB)^{T}=B^{T}A^{T}=\begin{pmatrix}1&4&2\\7&2&0\\-1&3&1\end{pmatrix}\begin{pmatrix}2&1\\0&3\\-1&2\end{pmatrix}=\begin{pmatrix}0&17\\14&13\\-3&10\end{pmatrix}.$$

性质 4 可以推广到有限个矩阵相乘的情况，即

$$(A_1A_2\cdots A_k)^{T}=A_k^{T}\cdots A_2^{T}A_1^{T}.$$

定义 2.11　n 阶方阵 $\boldsymbol{A}=(a_{ij})_{n\times n}$ 的主对角元素 $a_{ii}(i=1,2,\cdots,n)$ 之和，称为方阵 $\boldsymbol{A}$ 的**迹**，记作 $\mathrm{tr}(\boldsymbol{A})$，即

$$\mathrm{tr}(\boldsymbol{A})=a_{11}+a_{22}+\cdots+a_{nn}=\sum_{i=1}^{n}a_{ii}.$$

【例 12】　证明：如果 n 阶实矩阵 $\boldsymbol{A}$ 对于任意的 n 阶实矩阵 $\boldsymbol{B}$，都有 $\mathrm{tr}(\boldsymbol{AB})=0$，则 $\boldsymbol{A}=\boldsymbol{O}$.

证明　设 n 阶实矩阵 $\boldsymbol{A}=(a_{ij})_{n\times n}$，令 $\boldsymbol{B}=\boldsymbol{A}^{\mathrm{T}}$，且记 $\boldsymbol{AB}=\boldsymbol{AA}^{\mathrm{T}}=\boldsymbol{C}=(c_{ij})_{n\times n}$，则

$$c_{ij}=\sum_{k=1}^{n}a_{ik}a_{jk}\ (i,j=1,2\cdots,n),$$

于是

$$\mathrm{tr}(\boldsymbol{AB})=\mathrm{tr}(\boldsymbol{AA}^{\mathrm{T}})=\mathrm{tr}(\boldsymbol{C})=\sum_{i=1}^{n}c_{ii}=\sum_{i=1}^{n}\sum_{k=1}^{n}a_{ik}a_{ik}=\sum_{i=1}^{n}\sum_{k=1}^{n}a_{ik}^{2}.$$

若 $\mathrm{tr}(\boldsymbol{AB})=0$，则

$$\sum_{i=1}^{n}\sum_{k=1}^{n}a_{ik}^{2}=0,$$

所以实数 $a_{ik}=0(i,k=1,2,\cdots,n)$，即 $\boldsymbol{A}=\boldsymbol{O}$.

定义 2.12　如果 n 阶矩阵 $\boldsymbol{A}$ 满足条件 $\boldsymbol{A}^{\mathrm{T}}=\boldsymbol{A}$，则称 $\boldsymbol{A}$ 为 n 阶**对称矩阵**. 如果 n 阶矩阵 $\boldsymbol{A}$ 满足条件 $\boldsymbol{A}^{\mathrm{T}}=-\boldsymbol{A}$，则称 $\boldsymbol{A}$ 为 n 阶**反对称矩阵**.

根据定义可知：

方阵 $\boldsymbol{A}=(a_{ij})_{n\times n}$ 是对称矩阵的充分必要条件是 $a_{ij}=a_{ji}(i,j=1,2,\cdots,n)$；

方阵 $\boldsymbol{A}=(a_{ij})_{n\times n}$ 是反对称矩阵的充分必要条件是 $a_{ij}=-a_{ji}(i,j=1,2,\cdots,n)$；因此，反对称矩阵的主对角元素均为 0.

例如，$\boldsymbol{A}=\begin{pmatrix}1&0&2\\0&4&3\\2&3&5\end{pmatrix}$ 是一个三阶对称矩阵，其元素关于 $\boldsymbol{A}$ 的主对角线对称；而 $\boldsymbol{A}=\begin{pmatrix}0&1&2\\-1&0&-3\\-2&3&0\end{pmatrix}$ 是一个三阶反对称矩阵.

【例 13】　设 $\boldsymbol{B}$ 是一个 $m\times n$ 矩阵，证明：$\boldsymbol{B}^{\mathrm{T}}\boldsymbol{B}$ 和 $\boldsymbol{BB}^{\mathrm{T}}$ 都是对称矩阵.

证明　因为 $\boldsymbol{B}^{\mathrm{T}}\boldsymbol{B}$ 是 n 阶矩阵，且 $(\boldsymbol{B}^{\mathrm{T}}\boldsymbol{B})^{\mathrm{T}}=\boldsymbol{B}^{\mathrm{T}}(\boldsymbol{B}^{\mathrm{T}})^{\mathrm{T}}=\boldsymbol{B}^{\mathrm{T}}\boldsymbol{B}$，所以 $\boldsymbol{B}^{\mathrm{T}}\boldsymbol{B}$ 是对称矩阵. 同理，$\boldsymbol{BB}^{\mathrm{T}}$ 是 m 阶对称矩阵.

【例 14】　设 $\boldsymbol{A}$ 是 n 阶反对称矩阵，$\boldsymbol{B}$ 是 n 阶对称矩阵，证明：$\boldsymbol{AB}+\boldsymbol{BA}$ 是 n 阶反对称矩阵.

证明　因为

$$\begin{aligned}(\boldsymbol{AB}+\boldsymbol{BA})^{\mathrm{T}}&=(\boldsymbol{AB})^{\mathrm{T}}+(\boldsymbol{BA})^{\mathrm{T}}=\boldsymbol{B}^{\mathrm{T}}\boldsymbol{A}^{\mathrm{T}}+\boldsymbol{A}^{\mathrm{T}}\boldsymbol{B}^{\mathrm{T}}\\&=\boldsymbol{B}(-\boldsymbol{A})+(-\boldsymbol{A})\boldsymbol{B}=-(\boldsymbol{AB}+\boldsymbol{BA}),\end{aligned}$$

所以 $\boldsymbol{AB}+\boldsymbol{BA}$ 是 n 阶反对称矩阵.

注意　如果 $\boldsymbol{A}$、$\boldsymbol{B}$ 是同阶对称(反对称)矩阵，k 是常数，则可以验证 $\boldsymbol{A}+\boldsymbol{B}$、$k\boldsymbol{A}$ 仍是对称(反对称)矩阵，而 $\boldsymbol{AB}$ 不一定是对称(反对称)矩阵. 容易证明：若 $\boldsymbol{A}$ 与 $\boldsymbol{B}$ 均为对称矩阵，则 $\boldsymbol{AB}$ 是对称矩阵的充分必要条件是 $\boldsymbol{AB}$ 可交换.

五、方阵的行列式

定义 2.13　由 n 阶方阵 $\boldsymbol{A}$ 的元素按原来的位置所构成的行列式，称为**方阵 $\boldsymbol{A}$ 的行列式**，记作 $|\boldsymbol{A}|$ 或 $\det\boldsymbol{A}$，即若

$$\boldsymbol{A}=\begin{pmatrix} a_{11} & a_{12} & \cdots & a_{1n} \\ a_{21} & a_{22} & \cdots & a_{2n} \\ \vdots & \vdots & & \vdots \\ a_{n1} & a_{n1} & \cdots & a_{nn} \end{pmatrix}，则 |\boldsymbol{A}|=\begin{vmatrix} a_{11} & a_{12} & \cdots & a_{1n} \\ a_{21} & a_{22} & \cdots & a_{2n} \\ \vdots & \vdots & & \vdots \\ a_{n1} & a_{n1} & \cdots & a_{nn} \end{vmatrix}.$$

注意　n 阶方阵 $\boldsymbol{A}$ 和它的行列式 $|\boldsymbol{A}|$ 是完全不同的两个概念，n 阶方阵 $\boldsymbol{A}$ 是 n^2 个数排列成的一个正方形数表，而 $|\boldsymbol{A}|$ 是 $n!$ 个项的代数和，代表一个与 $\boldsymbol{A}$ 对应的数.

方阵的行列式具有以下性质：

性质 1　$|\boldsymbol{A}^{\mathrm{T}}|=|\boldsymbol{A}|$；

性质 2　$|k\boldsymbol{A}|=k^n|\boldsymbol{A}|$；

性质 3　$|\boldsymbol{AB}|=|\boldsymbol{A}||\boldsymbol{B}|$.

其中 $\boldsymbol{A}$、$\boldsymbol{B}$ 均为 n 阶方阵，k 为常数.

注意　性质 3 的适用前提是 $\boldsymbol{A},\boldsymbol{B}$ 均为方阵.

【例 15】　已知矩阵 $\boldsymbol{A}=\begin{pmatrix} 1 & 2 \\ 3 & 4 \end{pmatrix}$，$\boldsymbol{B}=\begin{pmatrix} 2 & -5 \\ 3 & 4 \end{pmatrix}$，求 $|\boldsymbol{AB}|$.

解法一　因为 $\boldsymbol{AB}=\begin{pmatrix} 1 & 2 \\ 3 & 4 \end{pmatrix}\begin{pmatrix} 2 & -5 \\ 3 & 4 \end{pmatrix}=\begin{pmatrix} 8 & 3 \\ 18 & 1 \end{pmatrix}$，

所以 $|\boldsymbol{AB}|=\begin{vmatrix} 8 & 3 \\ 18 & 1 \end{vmatrix}=-46$.

解法二　$|\boldsymbol{AB}|=|\boldsymbol{A}||\boldsymbol{B}|=\begin{vmatrix} 1 & 2 \\ 3 & 4 \end{vmatrix}\begin{vmatrix} 2 & -5 \\ 3 & 4 \end{vmatrix}=-2\times 23=-46$.

由性质 3 可知，对于 n 阶方阵 $\boldsymbol{A}$、$\boldsymbol{B}$，一般说来 $\boldsymbol{AB}\neq\boldsymbol{BA}$，但是 $|\boldsymbol{AB}|=|\boldsymbol{BA}|$ 总成立. 性质 3 可以推广到有限个 n 阶方阵相乘的情况，即

$$|\boldsymbol{A}_1\boldsymbol{A}_2\cdots\boldsymbol{A}_k|=|\boldsymbol{A}_1||\boldsymbol{A}_2|\cdots|\boldsymbol{A}_k|.$$

【例 16】　设 $\boldsymbol{A},\boldsymbol{B}$ 均为 n 阶方阵，且满足 $\boldsymbol{A}^2=\boldsymbol{I}$，$\boldsymbol{B}^2=\boldsymbol{I}$，$|\boldsymbol{A}|+|\boldsymbol{B}|=0$，证明：$|\boldsymbol{A}+\boldsymbol{B}|=0$.

证明　由 $\boldsymbol{A}^2=\boldsymbol{I}$ 两端取行列式得 $|\boldsymbol{A}|=\pm1$，同理 $|\boldsymbol{B}|=\pm1$，又 $|\boldsymbol{A}|=-|\boldsymbol{B}|$，故有 $|\boldsymbol{A}||\boldsymbol{B}|=-1$. 因为 $\boldsymbol{A}^2=\boldsymbol{I}$，$\boldsymbol{B}^2=\boldsymbol{I}$，所以有

$$\begin{aligned} |\boldsymbol{A}+\boldsymbol{B}| &= |\boldsymbol{AI}+\boldsymbol{IB}|=|\boldsymbol{AB}^2+\boldsymbol{A}^2\boldsymbol{B}|=|\boldsymbol{A}(\boldsymbol{B}+\boldsymbol{A})\boldsymbol{B}| \\ &= |\boldsymbol{A}||\boldsymbol{B}+\boldsymbol{A}||\boldsymbol{B}|=-|\boldsymbol{A}+\boldsymbol{B}|. \end{aligned}$$

于是得 $|\boldsymbol{A}+\boldsymbol{B}|=0$.

注意　行列式的值是一个数，要证明 $|\boldsymbol{A}+\boldsymbol{B}|=0$，只需证明 $|\boldsymbol{A}+\boldsymbol{B}|=-|\boldsymbol{A}+\boldsymbol{B}|$，这是一个重要的思想方法.

习题 2-2

1. 设矩阵 $\boldsymbol{A}=\begin{pmatrix}1&-2&3\\-4&5&-6\end{pmatrix}$，$\boldsymbol{B}=\begin{pmatrix}0&3&5\\7&-8&-2\end{pmatrix}$，求 $\boldsymbol{A}+\boldsymbol{B}$，$\boldsymbol{A}-\boldsymbol{B}$，$3\boldsymbol{A}-2\boldsymbol{B}$，$\boldsymbol{AB}$，$\boldsymbol{AB}^{\mathrm{T}}$.

2. 计算下列矩阵的乘积.

(1) $(1\quad 2\quad 3)\begin{pmatrix}3\\2\\1\end{pmatrix}$；　　(2) $\begin{pmatrix}3\\2\\1\end{pmatrix}(1\quad 2\quad 3)$；　　(3) $\begin{pmatrix}1&3&-2\\3&2&-5\\1&4&-3\end{pmatrix}\begin{pmatrix}x_1\\x_2\\x_3\end{pmatrix}=\begin{pmatrix}5\\14\\6\end{pmatrix}$.

3. 设 $\boldsymbol{A}$，$\boldsymbol{B}$ 为同阶方阵，且满足 $\boldsymbol{A}=\frac{1}{2}(\boldsymbol{B}+\boldsymbol{I})$，证明 $\boldsymbol{A}^2=\boldsymbol{A}$ 的充分必要条件是 $\boldsymbol{B}^2=\boldsymbol{I}$.

4. 已知 $\boldsymbol{A}$，$\boldsymbol{B}$ 为 n 阶方阵，且满足 $\boldsymbol{A}^2=\boldsymbol{A}$，$\boldsymbol{B}^2=\boldsymbol{B}$，如果 $\boldsymbol{AB}=\boldsymbol{BA}$，证明

$$(\boldsymbol{A}+\boldsymbol{B}-\boldsymbol{AB})^2=\boldsymbol{A}+\boldsymbol{B}-\boldsymbol{AB}.$$

5. 设 $\boldsymbol{A}$，$\boldsymbol{B}$ 为 n 阶矩阵，证明如下等式.

(1) $\mathrm{tr}(\boldsymbol{A}+\boldsymbol{B})=\mathrm{tr}(\boldsymbol{A})+\mathrm{tr}(\boldsymbol{B})$；

(2) $\mathrm{tr}(k\boldsymbol{A})=k\,\mathrm{tr}(\boldsymbol{A})$；

(3) $\mathrm{tr}(\boldsymbol{A}^{\mathrm{T}})=\mathrm{tr}(\boldsymbol{A})$；

(4) $\mathrm{tr}(\boldsymbol{AB})=\mathrm{tr}(\boldsymbol{BA})$；

(5) $\boldsymbol{AB}-\boldsymbol{BA}\neq\boldsymbol{I}$.

6. 设 $\boldsymbol{\alpha}=(1,2,-1)$，$\boldsymbol{\beta}=(1,3,1)$，$\boldsymbol{A}=\boldsymbol{\alpha}^{\mathrm{T}}\boldsymbol{\beta}$，$\boldsymbol{B}=\boldsymbol{\beta}^{\mathrm{T}}\boldsymbol{\alpha}$，计算 $\boldsymbol{A}$，$\boldsymbol{B}$，$\boldsymbol{A}^n$.

第三节　可逆矩阵

矩阵的运算中定义了加法和负矩阵就可以定义矩阵的减法，那么定义了矩阵的乘法，是否可以定义矩阵的除法呢？由于矩阵的乘法不满足交换律，因此我们不能定义矩阵的除法. 在数的运算中，当 $a\neq 0$ 时，$a^{-1}a=aa^{-1}=1$. 这里称 a^{-1} 为 a 的倒数或者称 a^{-1} 为 a 的逆. 在矩阵的乘法运算当中，单位矩阵 $\boldsymbol{I}$ 相当于数的乘法运算中的 1. 那么对于一个矩阵 $\boldsymbol{A}$，是否存在一个矩阵 $\boldsymbol{A}^{-1}$，使得 $\boldsymbol{AA}^{-1}=\boldsymbol{A}^{-1}\boldsymbol{A}=\boldsymbol{I}$ 呢？如果存在这样的矩阵 $\boldsymbol{A}^{-1}$，那么称 $\boldsymbol{A}$ 是可逆矩阵，并称 $\boldsymbol{A}^{-1}$ 是 $\boldsymbol{A}$ 的逆矩阵. 如果 $\boldsymbol{A}$ 是可逆矩阵，那么线性方程组 $\boldsymbol{AX}=\boldsymbol{B}$，可以在两边同时左乘 $\boldsymbol{A}^{-1}$，求得 $\boldsymbol{X}=\boldsymbol{A}^{-1}\boldsymbol{B}$. 这成为我们求解线性方程组的主要方法之一.

下面给出可逆矩阵及其逆矩阵的定义，并讨论矩阵可逆的条件以及求逆矩阵的方法.

一、逆矩阵的定义

定义 2.14　设 $\boldsymbol{A}$ 是一个 n 阶方阵，$\boldsymbol{I}$ 是一个 n 阶单位矩阵，如果存在一个 n 阶方阵 $\boldsymbol{B}$，使得

$$AB=BA=I,$$

则称方阵 A **可逆**，并且称方阵 B 是方阵 A 的**逆矩阵**；否则称方阵 A 不可逆.

例如，$A=\begin{pmatrix}1&-1\\1&1\end{pmatrix}$，$B=\begin{pmatrix}\frac{1}{2}&\frac{1}{2}\\-\frac{1}{2}&\frac{1}{2}\end{pmatrix}$，可以验证 $AB=BA=I$，所以 A 可逆，B 可逆，A,B 互为可逆矩阵.

而对于矩阵 $A=\begin{pmatrix}1&2\\2&4\end{pmatrix}$，则不存在这样的矩阵 B，使得 $AB=BA=I$，所以矩阵 A 是不可逆的.

性质 1　如果方阵 A 可逆，则 A 的逆矩阵是唯一的.

证明　设 B、C 都是 A 的逆矩阵，则有 $AB=BA=I$，$AC=CA=I$.

于是 $B=BI=B(AC)=(BA)C=IC=C$. 所以方阵 A 的逆矩阵是唯一的.

我们常用记号 A^{-1} 表示方阵 A 的逆矩阵，所以对可逆矩阵 A 必有

$$AA^{-1}=A^{-1}A=I.$$

方阵的逆矩阵还有以下性质：

性质 2　若方阵 A 可逆，则 A^{-1} 也可逆，且 $(A^{-1})^{-1}=A$；

性质 3　若方阵 A 可逆，数 $k\neq0$，则 kA 也可逆，且 $(kA)^{-1}=\frac{1}{k}A^{-1}$；

性质 4　若方阵 A 可逆，则 A^{T} 也可逆，且 $(A^{\mathrm{T}})^{-1}=(A^{-1})^{\mathrm{T}}$；

性质 5　若两个同阶方阵 A、B 均可逆，则 AB 也可逆，且 $(AB)^{-1}=B^{-1}A^{-1}$.

这里我们只证明性质 4、5，其余两个性质由读者自己证明.

证明　性质 4　设方阵 A 可逆，则有

$$AA^{-1}=A^{-1}A=I.$$

上式两边取转置得

$$(A^{-1})^{\mathrm{T}}A^{\mathrm{T}}=A^{\mathrm{T}}(A^{-1})^{\mathrm{T}}=I.$$

由逆矩阵的定义可知，A^{T} 可逆，且 A^{-1} 是 A^{T} 的逆矩阵，即 $(A^{\mathrm{T}})^{-1}=(A^{-1})^{\mathrm{T}}$.

证明　性质 5　设 A、B 是两个同阶可逆矩阵，则有

$$AA^{-1}=A^{-1}A=I,\ BB^{-1}=B^{-1}B=I.$$

于是

$$(AB)(B^{-1}A^{-1})=A(BB^{-1})A^{-1}=AIA^{-1}=AA^{-1}=I,$$
$$(B^{-1}A^{-1})(AB)=B^{-1}(A^{-1}A)B=B^{-1}IB=B^{-1}B=I.$$

又因为

$$(AB)(B^{-1}A^{-1})=(B^{-1}A^{-1})(AB)=I,$$

由逆矩阵的定义可知，AB 可逆，且 $B^{-1}A^{-1}$ 是 AB 的逆矩阵，即

$$(AB)^{-1}=B^{-1}A^{-1}.$$

性质 5 可以推广到有限个同阶可逆矩阵相乘的情况，即如果 $A_1,A_2,\cdots,A_k$ 是 k 个同阶可逆矩阵，则

$$(A_1A_2\cdots A_k)^{-1}=A_k^{-1}\cdots A_2^{-1}A_1^{-1}.$$

注意 $\boldsymbol{A},\boldsymbol{B}$ 皆可逆，$\boldsymbol{A}+\boldsymbol{B}$ 不一定可逆. 即使 $\boldsymbol{A}+\boldsymbol{B}$ 可逆，$(\boldsymbol{A}+\boldsymbol{B})^{-1}\neq\boldsymbol{A}^{-1}+\boldsymbol{B}^{-1}$. 例如，对角矩阵 $\boldsymbol{A}=\begin{pmatrix}2&\\&-1\end{pmatrix},\boldsymbol{B}=\begin{pmatrix}1&\\&1\end{pmatrix},\boldsymbol{C}=\begin{pmatrix}1&\\&2\end{pmatrix}$ 均可逆，但 $\boldsymbol{A}+\boldsymbol{B}=\begin{pmatrix}3&\\&0\end{pmatrix}$ 不可逆，而 $\boldsymbol{A}+\boldsymbol{C}=\begin{pmatrix}3&\\&1\end{pmatrix}$ 可逆，

$$(\boldsymbol{A}+\boldsymbol{C})^{-1}=\begin{pmatrix}\frac{1}{3}&\\&1\end{pmatrix},\boldsymbol{A}^{-1}+\boldsymbol{C}^{-1}=\begin{pmatrix}\frac{3}{2}&\\&-\frac{1}{2}\end{pmatrix},\ (\boldsymbol{A}+\boldsymbol{C})^{-1}\neq\boldsymbol{A}^{-1}+\boldsymbol{C}^{-1}.$$

【例 17】 设 $\boldsymbol{A},\boldsymbol{B},\boldsymbol{C}$ 均为 n 阶方阵，$\boldsymbol{C}=\boldsymbol{A}+\boldsymbol{C}\boldsymbol{A},\boldsymbol{B}=\boldsymbol{I}+\boldsymbol{A}\boldsymbol{B}$，证明 $\boldsymbol{B}-\boldsymbol{C}=\boldsymbol{I}$.

证明 由 $\boldsymbol{C}=\boldsymbol{A}+\boldsymbol{C}\boldsymbol{A}$ 和 $\boldsymbol{B}=\boldsymbol{I}+\boldsymbol{A}\boldsymbol{B}$，可得 $\boldsymbol{C}(\boldsymbol{I}-\boldsymbol{A})=\boldsymbol{A},(\boldsymbol{I}-\boldsymbol{A})\boldsymbol{B}=\boldsymbol{I}$. 因此 $\boldsymbol{I}-\boldsymbol{A}$ 可逆.
又可得 $\boldsymbol{C}=\boldsymbol{A}(\boldsymbol{I}-\boldsymbol{A})^{-1},\boldsymbol{B}=(\boldsymbol{I}-\boldsymbol{A})^{-1}$. 从而

$$\boldsymbol{B}-\boldsymbol{C}=(\boldsymbol{I}-\boldsymbol{A})^{-1}-\boldsymbol{A}(\boldsymbol{I}-\boldsymbol{A})^{-1}=(\boldsymbol{I}-\boldsymbol{A})^{-1}(\boldsymbol{I}-\boldsymbol{A})=\boldsymbol{I}.$$

【例 18】 设方阵 $\boldsymbol{A}$ 满足 $\boldsymbol{A}^2-\boldsymbol{A}-2\boldsymbol{I}=\boldsymbol{O}$，证明 $\boldsymbol{A}$ 及 $\boldsymbol{A}+2\boldsymbol{I}$ 都可逆，并求 $\boldsymbol{A}^{-1}$ 及 $(\boldsymbol{A}+2\boldsymbol{I})^{-1}$.

证明 由 $\boldsymbol{A}^2-\boldsymbol{A}-2\boldsymbol{I}=\boldsymbol{O}$，得 $\boldsymbol{A}^2-\boldsymbol{A}=2\boldsymbol{I}$，即 $\boldsymbol{A}(\boldsymbol{A}-\boldsymbol{I})=2\boldsymbol{I}$，故 $\boldsymbol{A}$ 可逆，且

$$\boldsymbol{A}^{-1}=\frac{1}{2}(\boldsymbol{A}-\boldsymbol{I}).$$

由 $\boldsymbol{A}^2-\boldsymbol{A}-2\boldsymbol{I}=\boldsymbol{O}$，得 $\boldsymbol{A}^2-\boldsymbol{A}-6\boldsymbol{I}=-4\boldsymbol{I}$，即 $(\boldsymbol{A}+2\boldsymbol{I})(\boldsymbol{A}-3\boldsymbol{I})=-4\boldsymbol{I}$，故 $\boldsymbol{A}+2\boldsymbol{I}$ 可逆，且

$$(\boldsymbol{A}+2\boldsymbol{I})^{-1}=\frac{1}{4}(3\boldsymbol{I}-\boldsymbol{A}).$$

二、可逆矩阵的判别及求解

前面我们提到，有的矩阵是可逆的，有的矩阵是不可逆的，下面要讨论的问题是如何判断矩阵 $\boldsymbol{A}$ 是否可逆. 若矩阵 $\boldsymbol{A}$ 可逆，则如何求出 $\boldsymbol{A}^{-1}$？

定义 2.15 设 n 阶矩阵 $\boldsymbol{A}=(a_{ij})_{n\times n}$，$\boldsymbol{A}_{ij}$ 是 $|\boldsymbol{A}|$ 中元素 $a_{ij}(i,j=1,2,\cdots,n)$ 的代数余子式，则矩阵

$$\boldsymbol{A}^*=\begin{pmatrix}\boldsymbol{A}_{11}&\boldsymbol{A}_{21}&\cdots&\boldsymbol{A}_{n1}\\\boldsymbol{A}_{12}&\boldsymbol{A}_{22}&\cdots&\boldsymbol{A}_{n2}\\\vdots&\vdots&&\vdots\\\boldsymbol{A}_{1n}&\boldsymbol{A}_{2n}&\cdots&\boldsymbol{A}_{nn}\end{pmatrix}$$

称为矩阵 $\boldsymbol{A}$ 的**伴随矩阵**. 即 $(\boldsymbol{A}^*)_{ij}=\boldsymbol{A}_{ji}$.

性质 任意一个 n 阶矩阵 $\boldsymbol{A}$ 与其伴随矩阵 $\boldsymbol{A}^*$ 的乘积等于数量矩阵 $|\boldsymbol{A}|\boldsymbol{I}$，即

$$\boldsymbol{A}\boldsymbol{A}^*=\boldsymbol{A}^*\boldsymbol{A}=|\boldsymbol{A}|\boldsymbol{I}.$$

证明 设 n 阶矩阵 $\boldsymbol{A}=(a_{ij})_{n\times n}$，$\boldsymbol{A}_{ij}$ 是 $|\boldsymbol{A}|$ 中元素 $a_{ij}(i,j=1,2,\cdots,n)$ 的代数余子式，则

$$\boldsymbol{A}\boldsymbol{A}^*=\begin{pmatrix}a_{11}&a_{12}&\cdots&a_{1n}\\a_{21}&a_{22}&\cdots&a_{2n}\\\vdots&\vdots&&\vdots\\a_{n1}&a_{n2}&\cdots&a_{nn}\end{pmatrix}\begin{pmatrix}\boldsymbol{A}_{11}&\boldsymbol{A}_{21}&\cdots&\boldsymbol{A}_{n1}\\\boldsymbol{A}_{12}&\boldsymbol{A}_{22}&\cdots&\boldsymbol{A}_{n2}\\\vdots&\vdots&&\vdots\\\boldsymbol{A}_{1n}&\boldsymbol{A}_{2n}&\cdots&\boldsymbol{A}_{nn}\end{pmatrix}=\begin{pmatrix}|\boldsymbol{A}|&0&\cdots&0\\0&|\boldsymbol{A}|&\cdots&0\\\vdots&\vdots&&\vdots\\0&0&\cdots&|\boldsymbol{A}|\end{pmatrix}=|\boldsymbol{A}|\boldsymbol{I}.$$

同理可证 $A^*A=|A|I$. 于是得 $AA^*=A^*A=|A|I$.

定理 2.1　n 阶方阵 $A=(a_{ij})$ 可逆的充分必要条件是 A 的行列式 $|A|\neq0$，且当 A 可逆时，

$$A^{-1}=\frac{1}{|A|}A^*. \tag{2.6}$$

证明　**必要性**　设方阵 A 可逆，则有 A^{-1}，使得

$$AA^{-1}=I.$$

对上式两边取行列式，得

$$|A||A^{-1}|=|I|=1.$$

所以
$$|A|\neq0.$$

充分性　若 $|A|\neq0$，则由 $AA^*=A^*A=|A|I$，可得

$$A\left(\frac{1}{|A|}A^*\right)=\left(\frac{1}{|A|}A^*\right)A=I.$$

由逆矩阵的定义可知，方阵 A 可逆，且 $\frac{1}{|A|}A^*$ 是 A 的逆矩阵，即 $A^{-1}=\frac{1}{|A|}A^*$.

上述定理不但给出了判断一个矩阵是否可逆的条件，同时也给出了求可逆矩阵的逆矩阵的一种方法.

【例 19】　求二阶矩阵 $A=\begin{pmatrix}a&b\\c&d\end{pmatrix}$ 的逆矩阵.

解　因为 $|A|=ad-bc$，且余子式分别为 $M_{11}=d,M_{12}=c,M_{21}=b,M_{22}=a$，所以

$$A^*=\begin{pmatrix}d&-b\\-c&a\end{pmatrix}.$$

所以，当 $|A|=ad-bc\neq0$ 时，$A^{-1}=\frac{1}{ad-bc}\begin{pmatrix}d&-b\\-c&a\end{pmatrix}$.

【例 20】　求矩阵 $A=\begin{pmatrix}1&2&3\\2&2&1\\3&4&3\end{pmatrix}$ 的逆矩阵.

解　因为 $A=\begin{vmatrix}1&2&3\\2&2&1\\3&4&3\end{vmatrix}=2$，所以 A^{-1} 存在. 又因为 $A_{11}=\begin{vmatrix}2&1\\4&3\end{vmatrix}=2$，$A_{12}=-\begin{vmatrix}2&1\\3&3\end{vmatrix}=-3$，同理可得：$A_{13}=2,A_{21}=6,A_{22}=-6,A_{23}=2,A_{31}=-4,A_{32}=5,A_{33}=-2$. 因此

$$A^*=\begin{pmatrix}2&6&-4\\-3&-6&5\\2&2&-2\end{pmatrix}.$$

所以
$$A^{-1}=\frac{1}{|A|}A^*=\frac{1}{2}\begin{pmatrix}2&6&-4\\-3&-6&5\\2&2&-2\end{pmatrix}.$$

利用式(2.6)求逆矩阵时，计算量比较大，对于一个 n 阶可逆矩阵 A，求 A^{-1} 时就要计算 n^2+1 个行列式. 因此，在求阶数较高的矩阵的逆矩阵时，一般不采用式(2.6)的求逆

方法，而采用一种更为简便的求逆方法，这种方法称为初等变换法，我们将在第五节讲解.

推论 设 $\boldsymbol{A}$、$\boldsymbol{B}$ 均为 n 阶方阵，且 $\boldsymbol{AB}=\boldsymbol{I}$ 或 $\boldsymbol{BA}=\boldsymbol{I}$，则 $\boldsymbol{A}$、$\boldsymbol{B}$ 均可逆，且

$$\boldsymbol{A}^{-1}=\boldsymbol{B},\ \boldsymbol{B}^{-1}=\boldsymbol{A}.$$

证明 由 $\boldsymbol{AB}=\boldsymbol{I}$ 可得

$$|\boldsymbol{AB}|=|\boldsymbol{A}||\boldsymbol{B}|=|\boldsymbol{I}|=1,$$

所以 $|\boldsymbol{A}|\neq 0$，$|\boldsymbol{B}|\neq 0$.

由定理 2.1 可知，$\boldsymbol{A}$、$\boldsymbol{B}$ 均可逆. 在 $\boldsymbol{AB}=\boldsymbol{I}$ 的两边左乘 $\boldsymbol{A}^{-1}$，得

$$\boldsymbol{A}^{-1}=\boldsymbol{B}.$$

在 $\boldsymbol{AB}=\boldsymbol{I}$ 的两边右乘 $\boldsymbol{B}^{-1}$，得

$$\boldsymbol{B}^{-1}=\boldsymbol{A}.$$

注意 证明矩阵 $\boldsymbol{B}$ 是 $\boldsymbol{A}$ 的逆矩阵，只需验证 $\boldsymbol{AB}=\boldsymbol{I}$ 或 $\boldsymbol{BA}=\boldsymbol{I}$ 即可；求矩阵 $\boldsymbol{A}$ 的逆矩阵时，如果能找到矩阵 $\boldsymbol{B}$，使得 $\boldsymbol{AB}=\boldsymbol{I}$ 或 $\boldsymbol{BA}=\boldsymbol{I}$，则 $\boldsymbol{B}=\boldsymbol{A}^{-1}$.

定义 2.16 设 $\boldsymbol{A}$ 为 n 阶矩阵，若 $|\boldsymbol{A}|\neq 0$，则称 $\boldsymbol{A}$ 为**非奇异矩阵**，否则称 $\boldsymbol{A}$ 为**奇异矩阵**.

因此，可逆矩阵就是非奇异矩阵，不可逆矩阵就是奇异矩阵. 当线性方程组 $\boldsymbol{AX}=\boldsymbol{B}$ 系数矩阵 $\boldsymbol{A}$ 为非奇异矩阵时，线性方程组有唯一解 $\boldsymbol{X}=\boldsymbol{A}^{-1}\boldsymbol{B}$；而当 $\boldsymbol{A}$ 为奇异矩阵时，线性方程组就遇到了无解或者无穷多组解的情况(参见第四章).

【例 21】 当矩阵 $\boldsymbol{A}$ 满足 $\boldsymbol{A}^3+5\boldsymbol{A}-3\boldsymbol{I}=\boldsymbol{O}$ 时，试证明 $\boldsymbol{A}-\boldsymbol{I}$ 是可逆的，并求 $\boldsymbol{A}-\boldsymbol{I}$ 的逆矩阵.

证明 因为 $(\boldsymbol{A}-\boldsymbol{I})(\boldsymbol{A}^2+\boldsymbol{A}+6\boldsymbol{I})+3\boldsymbol{I}=\boldsymbol{A}^3+5\boldsymbol{A}-3\boldsymbol{I}$，由 $\boldsymbol{A}^3+5\boldsymbol{A}-3\boldsymbol{I}=\boldsymbol{O}$，得

$$(\boldsymbol{A}-\boldsymbol{I})\left[-\frac{1}{3}(\boldsymbol{A}^2+\boldsymbol{A}+6\boldsymbol{I})\right]=\boldsymbol{I},$$

所以 $\boldsymbol{A}-\boldsymbol{I}$ 可逆，且 $(\boldsymbol{A}-\boldsymbol{I})^{-1}=-\dfrac{1}{3}(\boldsymbol{A}^2+\boldsymbol{A}+6\boldsymbol{I})$.

【例 22】 设 $\boldsymbol{A}=\begin{pmatrix}1&0&0\\2&2&0\\3&4&5\end{pmatrix}$，$\boldsymbol{A}^*$ 是 $\boldsymbol{A}$ 的伴随矩阵，求 $(\boldsymbol{A}^*)^{-1}$.

解 由于 $\boldsymbol{AA}^*=|\boldsymbol{A}|\boldsymbol{I}$，有 $\dfrac{\boldsymbol{A}}{|\boldsymbol{A}|}\boldsymbol{A}^*=\boldsymbol{I}$，故 $(\boldsymbol{A}^*)^{-1}=\dfrac{\boldsymbol{A}}{|\boldsymbol{A}|}$. 现有 $|\boldsymbol{A}|=10$，所以

$$(\boldsymbol{A}^*)^{-1}=\frac{\boldsymbol{A}}{|\boldsymbol{A}|}=\frac{1}{10}\begin{pmatrix}1&0&0\\2&2&0\\3&4&5\end{pmatrix}.$$

【例 23】 设 $\boldsymbol{A}$ 为三阶矩阵，且 $|\boldsymbol{A}|=-2$，求 $\left|\left(\dfrac{1}{12}\boldsymbol{A}\right)^{-1}+(3\boldsymbol{A})^*\right|$.

解 因为 $\boldsymbol{AA}^*=|\boldsymbol{A}|\boldsymbol{I}$，所以 $\boldsymbol{A}^*=|\boldsymbol{A}|\boldsymbol{A}^{-1}$. 从而

$$(3\boldsymbol{A})^*=|3\boldsymbol{A}|(3\boldsymbol{A})^{-1}=3^3|\boldsymbol{A}|\frac{1}{3}\boldsymbol{A}^{-1}=-18\boldsymbol{A}^{-1}.$$

从而

$$\left|\left(\frac{1}{12}\boldsymbol{A}\right)^{-1}+(3\boldsymbol{A})^*\right|=|12\boldsymbol{A}^{-1}-18\boldsymbol{A}^{-1}|=|-6\boldsymbol{A}^{-1}|=(-6)^3|\boldsymbol{A}^{-1}|=108.$$

三、用逆矩阵解矩阵方程及线性方程组

在本节一开始我们就提到求 n 元线性方程组(2.4)的解，相当于求解方程 $\boldsymbol{AX}=\boldsymbol{B}$ 的未知矩阵 $\boldsymbol{X}$. 若方阵 $\boldsymbol{A}$ 可逆，则 $\boldsymbol{X}=\boldsymbol{A}^{-1}\boldsymbol{B}$ 是方程的唯一解.

【例 24】 求解线性方程组

$$\begin{cases}x_1+2x_2-x_3=1\\2x_1+x_2+3x_3=0\\3x_1+x_2+2x_3=1\end{cases}.$$

解 因为 $\boldsymbol{A}=\begin{pmatrix}1&2&-1\\2&1&3\\3&1&2\end{pmatrix}$, $|\boldsymbol{A}|=10$，所以 $\boldsymbol{A}$ 可逆. 又因为 $\boldsymbol{A}_{11}=-1,\boldsymbol{A}_{12}=5,\boldsymbol{A}_{13}=-1$, $\boldsymbol{A}_{21}=-5,\boldsymbol{A}_{22}=5,\boldsymbol{A}_{23}=5,\boldsymbol{A}_{31}=7,\boldsymbol{A}_{32}=-5,\boldsymbol{A}_{33}=-3$，所以

$$\boldsymbol{A}^*=\begin{pmatrix}-1&-5&7\\5&5&-5\\-1&5&-3\end{pmatrix}.$$

从而 $\boldsymbol{X}=\boldsymbol{A}^{-1}\boldsymbol{B}=\dfrac{\boldsymbol{A}^*}{|\boldsymbol{A}|}\boldsymbol{B}=\dfrac{1}{10}\begin{pmatrix}-1&-5&7\\5&5&-5\\-1&5&-3\end{pmatrix}\begin{pmatrix}1\\0\\1\end{pmatrix}=\dfrac{1}{10}\begin{pmatrix}6\\0\\-4\end{pmatrix}$.

所以 $x_1=\dfrac{3}{5},x_2=0,x_3=-\dfrac{2}{5}$.

【例 25】 设矩阵 $\boldsymbol{A}=\begin{pmatrix}1&2&-1\\2&1&3\\3&1&2\end{pmatrix},\boldsymbol{B}=\begin{pmatrix}1&3\\2&5\end{pmatrix},\boldsymbol{C}=\begin{pmatrix}1&0\\-1&2\\0&3\end{pmatrix}$,

求矩阵 $\boldsymbol{X}$，使它满足 $\boldsymbol{AXB}=\boldsymbol{C}$.

解 若方阵 $\boldsymbol{A}$、$\boldsymbol{B}$ 均可逆，则在矩阵方程 $\boldsymbol{AXB}=\boldsymbol{C}$ 的两边左乘 $\boldsymbol{A}^{-1}$同时右乘 $\boldsymbol{B}^{-1}$，即得

$$\boldsymbol{X}=\boldsymbol{A}^{-1}\boldsymbol{C}\boldsymbol{B}^{-1}.$$

而由上例可知 $\boldsymbol{A}$ 可逆，又因为 $|\boldsymbol{B}|\neq0$，$\boldsymbol{B}$ 也可逆，并且 $\boldsymbol{B}^{-1}=\begin{pmatrix}-5&3\\2&-1\end{pmatrix}$，所以

$$\begin{aligned}\boldsymbol{X}&=\frac{1}{10}\begin{pmatrix}-1&-5&7\\5&5&-5\\-1&5&-3\end{pmatrix}\begin{pmatrix}1&0\\-1&2\\0&3\end{pmatrix}\begin{pmatrix}-5&3\\2&-1\end{pmatrix}\\&=\frac{1}{10}\begin{pmatrix}4&11\\0&-5\\-6&1\end{pmatrix}\begin{pmatrix}-5&3\\2&-1\end{pmatrix}\\&=\frac{1}{10}\begin{pmatrix}2&1\\-10&5\\32&-19\end{pmatrix}.\end{aligned}$$

【例 26】　设 $\boldsymbol{A},\boldsymbol{B}$ 满足 $\boldsymbol{A}^*\boldsymbol{B}\boldsymbol{A}=2\boldsymbol{B}\boldsymbol{A}-4\boldsymbol{I}$，其中 $\boldsymbol{A}=\begin{pmatrix}1&&\\&1&\\&&-2\end{pmatrix}$，求矩阵 $\boldsymbol{B}$.

解　将等式 $\boldsymbol{A}^*\boldsymbol{B}\boldsymbol{A}=2\boldsymbol{B}\boldsymbol{A}-4\boldsymbol{I}$ 的两边同时左乘 $\boldsymbol{A}$，右乘 $\boldsymbol{A}^{-1}$，得 $(\boldsymbol{A}\boldsymbol{A}^*)\boldsymbol{B}(\boldsymbol{A}\boldsymbol{A}^{-1})=2\boldsymbol{A}\boldsymbol{B}(\boldsymbol{A}\boldsymbol{A}^{-1})-4\boldsymbol{I}$，可得 $|\boldsymbol{A}|\boldsymbol{I}\boldsymbol{B}\boldsymbol{I}=2\boldsymbol{A}\boldsymbol{B}-4\boldsymbol{I}$. 又 $|\boldsymbol{A}|=-2$，因此 $-2\boldsymbol{B}=2\boldsymbol{A}\boldsymbol{B}-4\boldsymbol{I}$. 所以有 $(\boldsymbol{A}+\boldsymbol{I})\boldsymbol{B}=2\boldsymbol{I}$，从而 $\boldsymbol{B}=2(\boldsymbol{A}+\boldsymbol{I})^{-1}=2\begin{pmatrix}2&&\\&2&\\&&-1\end{pmatrix}^{-1}=\begin{pmatrix}1&&\\&1&\\&&-2\end{pmatrix}$.

习题 2-3

1. 求下列矩阵的逆矩阵.

(1) $\begin{pmatrix}1&3\\2&4\end{pmatrix}$；　　(2) $\begin{pmatrix}a&b\\c&d\end{pmatrix}(ad\neq bc)$；

(3) $\begin{pmatrix}2&-2&3\\1&1&1\\1&3&-1\end{pmatrix}$；　　(4) $\begin{pmatrix}1&0&2\\0&3&2\\1&-2&0\end{pmatrix}$.

2. 设 $\boldsymbol{A}$ 为行和相等的可逆矩阵，证明 $\boldsymbol{A}^{-1}$，$\boldsymbol{A}^*$ 也是行和相等的矩阵.

3. 设 $\boldsymbol{A}$、$\boldsymbol{B}$ 均为 n 阶方阵，若 $|\boldsymbol{A}+\boldsymbol{B}|\neq 0$，且 $\boldsymbol{A}\boldsymbol{B}=\boldsymbol{B}\boldsymbol{A}$，证明

$$(\boldsymbol{A}-\boldsymbol{B})(\boldsymbol{A}+\boldsymbol{B})^*=(\boldsymbol{A}+\boldsymbol{B})^*(\boldsymbol{A}-\boldsymbol{B}).$$

4. 设 $\boldsymbol{A}$ 为 n 阶方阵，$\boldsymbol{I}$ 为 n 阶单位矩阵，若 $\boldsymbol{A}^2=\boldsymbol{A}$ 且 $\boldsymbol{A}\neq\boldsymbol{I}$，证明 $\boldsymbol{A}$ 必为奇异矩阵.

5. 设 $\boldsymbol{A}$ 为 n 阶方阵，$\boldsymbol{I}$ 为 n 阶单位矩阵，若满足条件 $\boldsymbol{A}^2+2\boldsymbol{A}-6\boldsymbol{I}=\boldsymbol{O}$，证明 $\boldsymbol{A}+4\boldsymbol{I}$ 可逆，并求 $(\boldsymbol{A}+4\boldsymbol{I})^{-1}$.

第四节　分块矩阵

把一个大型矩阵分成若干小块，构成一个分块矩阵，这是矩阵运算中的一个重要技巧，它可以把大型矩阵的运算化为若干小型矩阵的运算，使运算更为简便. 下面通过例子说明如何分块以及分块矩阵的运算方法.

一、分块矩阵的定义

在矩阵 $\boldsymbol{A}$ 的行间或列间分别用一些水平线和垂直线将它分割成若干个小矩阵，每一个小矩阵称为 $\boldsymbol{A}$ 的子块或子矩阵，这种以子块为元素的矩阵称为**分块矩阵**.

例如，把一个五阶矩阵

$$A=\left(\begin{array}{cc:ccc}2&1&1&0&-1\\1&2&2&-3&0\\ \hdashline 0&0&1&0&0\\0&0&0&1&0\\0&0&0&0&1\end{array}\right),$$

用水平和垂直的虚线分成 4 块，如果记

$$\begin{pmatrix}2&1\\1&2\end{pmatrix}=\boldsymbol{A}_1,\begin{pmatrix}1&0&-1\\2&-3&0\end{pmatrix}=\boldsymbol{A}_2,\begin{pmatrix}0&0\\0&0\\0&0\end{pmatrix}=\boldsymbol{O},\begin{pmatrix}1&&\\&1&\\&&1\end{pmatrix}=\boldsymbol{I}_3,$$

就可以把 $\boldsymbol{A}$ 看成由上面 4 个小矩阵所组成的矩阵，写作

$$\boldsymbol{A}=\begin{pmatrix}\boldsymbol{A}_1&\boldsymbol{A}_2\\\boldsymbol{O}&\boldsymbol{I}_3\end{pmatrix}.$$

二、分块矩阵的运算

把矩阵 $\boldsymbol{A}=(a_{ij})$ 写成分块矩阵 $\boldsymbol{A}=(\boldsymbol{A}_{ij})$ 后，一方面可以将 $\boldsymbol{A}$ 看作以数 a_{ij} 为元素的矩阵，另一方面可以将 $\boldsymbol{A}$ 看作以 $\boldsymbol{A}_{ij}$ 为子块的分块矩阵. 只要对矩阵按适当的方式分块，那么在对分块矩阵进行运算时，就可以将子块当作一般矩阵中的一个元素来看待，并按一般矩阵的运算规则进行运算.

1. 分块矩阵的加法

设 $\boldsymbol{A}=(a_{ij})$、$\boldsymbol{B}=(b_{ij})$ 都是 $m\times n$ 矩阵，如果对 $\boldsymbol{A}$、$\boldsymbol{B}$ 做同样方式的分块，即

$$\boldsymbol{A}=\begin{pmatrix}\boldsymbol{A}_{11}&\boldsymbol{A}_{12}&\cdots&\boldsymbol{A}_{1q}\\\boldsymbol{A}_{21}&\boldsymbol{A}_{22}&\cdots&\boldsymbol{A}_{2q}\\\vdots&\vdots&&\vdots\\\boldsymbol{A}_{p1}&\boldsymbol{A}_{p2}&\cdots&\boldsymbol{A}_{pq}\end{pmatrix},\boldsymbol{B}=\begin{pmatrix}\boldsymbol{B}_{11}&\boldsymbol{B}_{12}&\cdots&\boldsymbol{B}_{1q}\\\boldsymbol{B}_{21}&\boldsymbol{B}_{22}&\cdots&\boldsymbol{B}_{2q}\\\vdots&\vdots&&\vdots\\\boldsymbol{B}_{p1}&\boldsymbol{B}_{p2}&\cdots&\boldsymbol{B}_{pq}\end{pmatrix},$$

其中对应的子块 $\boldsymbol{A}_{rs}$ 与 $\boldsymbol{B}_{rs}(r=1,2,\cdots,p;s=1,2,\cdots,q)$ 有相同的行数和相同的列数，则

$$\boldsymbol{A}+\boldsymbol{B}=\begin{pmatrix}\boldsymbol{A}_{11}+\boldsymbol{B}_{11}&\boldsymbol{A}_{12}+\boldsymbol{B}_{12}&\cdots&\boldsymbol{A}_{1q}+\boldsymbol{B}_{1q}\\\boldsymbol{A}_{21}+\boldsymbol{B}_{21}&\boldsymbol{A}_{22}+\boldsymbol{B}_{22}&\cdots&\boldsymbol{A}_{2q}+\boldsymbol{B}_{2q}\\\vdots&\vdots&&\vdots\\\boldsymbol{A}_{p1}+\boldsymbol{B}_{p1}&\boldsymbol{A}_{p2}+\boldsymbol{B}_{p2}&\cdots&\boldsymbol{A}_{pq}+\boldsymbol{B}_{pq}\end{pmatrix}.$$

2. 数与分块矩阵的乘法

设 $\boldsymbol{A}=(a_{ij})$ 是 $m\times n$ 矩阵，k 是一个数，则

$$k\boldsymbol{A}=\begin{pmatrix}k\boldsymbol{A}_{11}&k\boldsymbol{A}_{12}&\cdots&k\boldsymbol{A}_{1q}\\k\boldsymbol{A}_{21}&k\boldsymbol{A}_{22}&\cdots&k\boldsymbol{A}_{2q}\\\vdots&\vdots&&\vdots\\k\boldsymbol{A}_{p1}&k\boldsymbol{A}_{p2}&\cdots&k\boldsymbol{A}_{pq}\end{pmatrix}.$$

3. 分块矩阵的乘法

设 $\boldsymbol{A}$ 是一个 $m\times s$ 矩阵，$\boldsymbol{B}$ 是一个 $s\times n$ 矩阵，如果 $\boldsymbol{A}$、$\boldsymbol{B}$ 分块如下：

$$\boldsymbol{A}=(\boldsymbol{A}_{ik})_{p\times t}=\begin{pmatrix}\boldsymbol{A}_{11} & \boldsymbol{A}_{12} & \cdots & \boldsymbol{A}_{1t}\\ \boldsymbol{A}_{21} & \boldsymbol{A}_{22} & \cdots & \boldsymbol{A}_{2t}\\ \vdots & \vdots & & \vdots\\ \boldsymbol{A}_{p1} & \boldsymbol{A}_{p2} & \cdots & \boldsymbol{A}_{pt}\end{pmatrix}\begin{matrix}m_1\\ m_2\\ \vdots\\ m_p\end{matrix},$$
$$\begin{matrix}s_1 & s_2 & \cdots & s_t\end{matrix}$$

$$\boldsymbol{B}=(\boldsymbol{B}_{kj})_{t\times q}=\begin{pmatrix}\boldsymbol{B}_{11} & \boldsymbol{B}_{12} & \cdots & \boldsymbol{B}_{1q}\\ \boldsymbol{B}_{21} & \boldsymbol{B}_{22} & \cdots & \boldsymbol{B}_{2q}\\ \vdots & \vdots & & \vdots\\ \boldsymbol{B}_{t1} & \boldsymbol{B}_{t2} & \cdots & \boldsymbol{B}_{tq}\end{pmatrix}\begin{matrix}s_1\\ s_2\\ \vdots\\ s_t\end{matrix},$$
$$\begin{matrix}n_1 & n_2 & \cdots & n_q\end{matrix}$$

其中 $\boldsymbol{A}_{ik}$ 是 $m_i\times s_k$ 子矩阵，$\boldsymbol{B}_{kj}$ 是 $s_k\times n_j$ 子矩阵，且 $n_1+n_2+\cdots+n_q=n$，$m_1+m_2+\cdots+m_p=m$，$s_1+s_2+\cdots+s_t=s$. 则

$$\boldsymbol{AB}=(\boldsymbol{C}_{ij})_{p\times q}=\begin{pmatrix}\boldsymbol{C}_{11} & \boldsymbol{C}_{12} & \cdots & \boldsymbol{C}_{1q}\\ \boldsymbol{C}_{21} & \boldsymbol{C}_{22} & \cdots & \boldsymbol{C}_{2q}\\ \vdots & \vdots & & \vdots\\ \boldsymbol{C}_{p1} & \boldsymbol{C}_{p2} & \cdots & \boldsymbol{C}_{pq}\end{pmatrix}\begin{matrix}m_1\\ m_2\\ \vdots\\ m_p\end{matrix},$$
$$\begin{matrix}n_1 & n_2 & \cdots & n_q\end{matrix}$$

其中

$$\begin{aligned}\boldsymbol{C}_{ij}&=\boldsymbol{A}_{i1}\boldsymbol{B}_{1j}+\boldsymbol{A}_{i2}\boldsymbol{B}_{2j}+\cdots+\boldsymbol{A}_{it}\boldsymbol{B}_{tj}\\ &=\sum_{k=1}^{t}\boldsymbol{A}_{ik}\boldsymbol{B}_{kj}\ (i=1,2,\cdots,p;j=1,2,\cdots,q).\end{aligned}$$

由分块矩阵的乘法规则可知，在矩阵 $\boldsymbol{A}$、$\boldsymbol{B}$ 分块相乘时，不仅要求 $\boldsymbol{A}$、$\boldsymbol{B}$ 按普通矩阵的乘法是能相乘的(左边矩阵 $\boldsymbol{A}$ 的列数与右边矩阵 $\boldsymbol{B}$ 的行数相同)，而且要求分块矩阵中的子块当作单个元素按普通矩阵的乘法相乘是可行的. 总之，对应矩阵乘法的矩阵分块原则：一是使运算可行；二是使运算简便.

注意　设 $\boldsymbol{A}$ 是 $m\times n$ 矩阵，$\boldsymbol{B}$ 是 $n\times s$ 矩阵，$\boldsymbol{B}$ 按列分块成 $1\times s$ 分块矩阵，记 $\boldsymbol{B}=(b_1,b_2,\cdots,b_s)$，将 $\boldsymbol{A}$ 看成 1×1 分块矩阵，从而

$$\boldsymbol{AB}=\boldsymbol{A}(b_1,b_2,\cdots,b_s)=(\boldsymbol{A}b_1,\ \boldsymbol{A}b_2,\cdots,\boldsymbol{A}b_s).$$

若 $\boldsymbol{AB}=\boldsymbol{O}$($m\times s$ 零矩阵)，则显然有 $\boldsymbol{A}b_j=\boldsymbol{O}$($n\times1$ 零矩阵)，$j=1,2,\cdots,s$. 因此，$\boldsymbol{B}$ 的每一列 b_j 都是线性方程组 $\boldsymbol{A}x=\boldsymbol{O}$ 的解.

【例 27】　设矩阵 $\boldsymbol{A}=\begin{pmatrix}1&0&0&0\\0&1&0&0\\-1&2&1&0\\1&1&0&1\end{pmatrix}$，$\boldsymbol{B}=\begin{pmatrix}1&0&1&0\\-1&2&0&1\\1&0&4&1\\-1&-1&2&0\end{pmatrix}$，用分块矩阵求 $\boldsymbol{AB}$.

解　若对矩阵 $\boldsymbol{A}$、$\boldsymbol{B}$ 做如下分块：

$$\boldsymbol{A}=\begin{pmatrix}1&0&0&0\\0&1&0&0\\-1&2&1&0\\1&1&0&1\end{pmatrix}=\begin{pmatrix}\boldsymbol{I}&\boldsymbol{O}\\\boldsymbol{A}_1&\boldsymbol{I}\end{pmatrix},\boldsymbol{B}=\begin{pmatrix}1&0&1&0\\-1&2&0&1\\1&0&4&1\\-1&-1&2&0\end{pmatrix}=\begin{pmatrix}\boldsymbol{B}_{11}&\boldsymbol{I}\\\boldsymbol{B}_{21}&\boldsymbol{B}_{22}\end{pmatrix}.$$

那么

$$\boldsymbol{AB}=\begin{pmatrix}\boldsymbol{I}&\boldsymbol{O}\\\boldsymbol{A}_1&\boldsymbol{I}\end{pmatrix}\begin{pmatrix}\boldsymbol{B}_{11}&\boldsymbol{I}\\\boldsymbol{B}_{21}&\boldsymbol{B}_{22}\end{pmatrix}=\begin{pmatrix}\boldsymbol{B}_{11}&\boldsymbol{I}\\\boldsymbol{A}_1\boldsymbol{B}_{11}+\boldsymbol{B}_{21}&\boldsymbol{A}_1+\boldsymbol{B}_{22}\end{pmatrix}.$$

又因为

$$\boldsymbol{A}_1\boldsymbol{B}_{11}+\boldsymbol{B}_{21}=\begin{pmatrix}-1&2\\1&1\end{pmatrix}\begin{pmatrix}1&0\\-1&2\end{pmatrix}+\begin{pmatrix}1&0\\-1&-1\end{pmatrix}=\begin{pmatrix}-2&4\\-1&1\end{pmatrix},$$

$$\boldsymbol{A}_1+\boldsymbol{B}_{22}=\begin{pmatrix}-1&2\\1&1\end{pmatrix}+\begin{pmatrix}4&1\\2&0\end{pmatrix}=\begin{pmatrix}3&3\\3&1\end{pmatrix}.$$

于是

$$\boldsymbol{AB}=\begin{pmatrix}\boldsymbol{B}_{11}&\boldsymbol{I}\\\boldsymbol{A}_1\boldsymbol{B}_{11}+\boldsymbol{B}_{21}&\boldsymbol{A}_1+\boldsymbol{B}_{22}\end{pmatrix}=\begin{pmatrix}1&0&1&0\\-1&2&0&1\\-2&4&3&3\\-1&1&3&1\end{pmatrix}.$$

4. 分块矩阵的转置

设 $\boldsymbol{A}$ 是 $m\times n$ 矩阵，若将 $\boldsymbol{A}$ 分块为 $\boldsymbol{A}=(\boldsymbol{A}_{rs})_{p\times q}$，则分块矩阵 $\boldsymbol{A}$ 的转置矩阵为

$$\boldsymbol{A}^{\mathrm{T}}=(\boldsymbol{A}_{sr}^{\mathrm{T}})_{q\times p}.$$

例如，设分块矩阵

$$\boldsymbol{A}=\left(\begin{array}{c:cc:c}1&2&3&4\\\hdashline 5&6&7&8\\9&10&11&12\end{array}\right)=\begin{pmatrix}\boldsymbol{A}_{11}&\boldsymbol{A}_{12}&\boldsymbol{A}_{13}\\\boldsymbol{A}_{21}&\boldsymbol{A}_{22}&\boldsymbol{A}_{23}\end{pmatrix},$$

则

$$\boldsymbol{A}^{\mathrm{T}}=\begin{pmatrix}\boldsymbol{A}_{11}^{\mathrm{T}}&\boldsymbol{A}_{21}^{\mathrm{T}}\\\boldsymbol{A}_{12}^{\mathrm{T}}&\boldsymbol{A}_{22}^{\mathrm{T}}\\\boldsymbol{A}_{13}^{\mathrm{T}}&\boldsymbol{A}_{23}^{\mathrm{T}}\end{pmatrix}=\left(\begin{array}{c:cc}1&5&9\\\hdashline 2&6&10\\3&7&11\\\hdashline 4&8&12\end{array}\right).$$

5. 分块矩阵的行列式

对于具有某些特殊结构的分块矩阵，其行列式的计算有十分简单的性质.

例如，设分块矩阵

$$\boldsymbol{P}=\begin{pmatrix}\boldsymbol{A}&\boldsymbol{C}\\\boldsymbol{O}&\boldsymbol{B}\end{pmatrix},$$

其中 $\boldsymbol{A}$、$\boldsymbol{B}$ 分别为 r、s 阶方阵，$\boldsymbol{C}$ 是 $r\times s$ 矩阵，$\boldsymbol{O}$ 是 $s\times r$ 零矩阵，则由第一章中的结论即可证

$$|\boldsymbol{P}|=\begin{vmatrix}\boldsymbol{A}&\boldsymbol{C}\\\boldsymbol{O}&\boldsymbol{B}\end{vmatrix}=|\boldsymbol{A}||\boldsymbol{B}|.$$

例如，**上三角分块矩阵**

$$A=\begin{pmatrix} A_{11} & A_{12} & \cdots & A_{1p} \\ O & A_{22} & \cdots & A_{2p} \\ \vdots & \vdots & & \vdots \\ O & O & \cdots & A_{pp} \end{pmatrix},$$

其中 $A_{ii}(i=1,2,\cdots,p)$ 均为方阵，其余 O 均为零子块，则

$$|A|=\begin{vmatrix} A_{11} & A_{12} & \cdots & A_{1p} \\ O & A_{22} & \cdots & A_{2p} \\ \vdots & \vdots & & \vdots \\ O & O & \cdots & A_{pp} \end{vmatrix}=|A_{11}||A_{22}|\cdots|A_{pp}|.$$

该性质对于对角分块矩阵、下三角分块矩阵也成立.

对角分块矩阵 设 A 为 n 阶方阵，若 A 的分块矩阵只有主对角线上有非零子块，其余子块都是零矩阵，并且非零子块都是方阵，即

$$A=\begin{pmatrix} A_1 & O & O & O \\ O & A_2 & O & O \\ \vdots & \vdots & \vdots & \vdots \\ O & O & O & A_s \end{pmatrix},$$

其中 $A_i(i=1,2,\cdots,s)$ 均为方阵，其余 O 均为零子块. 那么 A 称为对角分块矩阵. 此时

$$|A|=|A_1||A_2|\cdots|A_s|.$$

三、分块矩阵求逆

对于某些阶数较高的矩阵的求逆问题，可以运用分块矩阵的方法，将其转化为阶数较低的矩阵的求逆问题.

设 A 为对角分块矩阵，

$$A=\begin{pmatrix} A_1 & O & O & O \\ O & A_2 & O & O \\ \vdots & \vdots & \vdots & \vdots \\ O & O & O & A_s \end{pmatrix},$$

则 A 可逆的充分必要条件是$A_i(i=1,2,\cdots,s)$可逆，且

$$A=\begin{pmatrix} A_1^{-1} & O & O & O \\ O & A_2^{-1} & O & O \\ \vdots & \vdots & \vdots & \vdots \\ O & O & O & A_s^{-1} \end{pmatrix}.$$

【例 28】 设矩阵

$$A=\begin{pmatrix}2&1&0&0&0\\5&3&0&0&0\\0&0&1&-1&0\\0&0&1&-2&0\\0&0&0&0&6\end{pmatrix},$$

用分块矩阵求 A^{-1}.

解 将矩阵 A 分块如下：

$$A=\left(\begin{array}{cc|cc|c}2&1&0&0&0\\5&3&0&0&0\\\hline 0&0&1&-1&0\\0&0&1&-2&0\\\hline 0&0&0&0&6\end{array}\right)=\begin{pmatrix}A_1&O&O\\O&A_2&O\\O&O&A_3\end{pmatrix}.$$

其中

$$A_1=\begin{pmatrix}2&1\\5&3\end{pmatrix},\ A_2=\begin{pmatrix}1&-1\\1&-2\end{pmatrix},\ A_3=6.$$

容易求得

$$A_1^{-1}=\begin{pmatrix}3&-1\\-5&2\end{pmatrix},\ A_2^{-1}=\begin{pmatrix}2&-1\\1&-1\end{pmatrix},\ A_3^{-1}=\frac{1}{6}.$$

所以

$$A^{-1}=\left(\begin{array}{cc|cc|c}3&-1&0&0&0\\-5&2&0&0&0\\\hline 0&0&2&-1&0\\0&0&1&-1&0\\\hline 0&0&0&0&\frac{1}{6}\end{array}\right).$$

【例 29】 求分块矩阵 $D=\begin{pmatrix}C&A\\B&O\end{pmatrix}$ 的逆矩阵，其中子块 A,B 分别是 m,n 阶可逆方阵.

例 29 步骤讲解

解 由子块 A,B 分别是 m,n 阶可逆方阵知 D 可逆，

设 $D^{-1}=\begin{pmatrix}X&Y\\Z&W\end{pmatrix}$，则 $DD^{-1}=I=\begin{pmatrix}I_1&O\\O&I_2\end{pmatrix}$，

即 $\begin{pmatrix}C&A\\B&O\end{pmatrix}\begin{pmatrix}X&Y\\Z&W\end{pmatrix}=\begin{pmatrix}CX+AZ&CY+AW\\BX&BY\end{pmatrix}=\begin{pmatrix}I_1&O\\O&I_2\end{pmatrix}$，

故有

$$\begin{cases}CX+AZ=I_1\\CY+AW=O\\BX=O\\BY=I_2\end{cases}.$$

从而 $\boldsymbol{Y}=\boldsymbol{B}^{-1},\boldsymbol{X}=\boldsymbol{O},\boldsymbol{Z}=\boldsymbol{A}^{-1},\boldsymbol{W}=-\boldsymbol{A}^{-1}\boldsymbol{C}\boldsymbol{B}^{-1}$，因此 $\boldsymbol{D}^{-1}=\begin{pmatrix}\boldsymbol{O} & \boldsymbol{B}^{-1}\\ \boldsymbol{A}^{-1} & -\boldsymbol{A}^{-1}\boldsymbol{C}\boldsymbol{B}^{-1}\end{pmatrix}$.

注意　如果 $\boldsymbol{C}=\boldsymbol{O}$，可得 $\begin{pmatrix}\boldsymbol{O} & \boldsymbol{A}\\ \boldsymbol{B} & \boldsymbol{O}\end{pmatrix}^{-1}=\begin{pmatrix}\boldsymbol{O} & \boldsymbol{B}^{-1}\\ \boldsymbol{A}^{-1} & \boldsymbol{O}\end{pmatrix}$.

习题2-4

1. 设 $\boldsymbol{A}$ 为三阶矩阵，且 $|\boldsymbol{A}|=2$，若把 $\boldsymbol{A}$ 按列分块为 $\boldsymbol{A}=(\boldsymbol{\alpha}_1,\boldsymbol{\alpha}_2,\boldsymbol{\alpha}_3)$，求

（1）$|\boldsymbol{\alpha}_1,-3\boldsymbol{\alpha}_3,\boldsymbol{\alpha}_2|$；　　（2）$|\boldsymbol{\alpha}_3-3\boldsymbol{\alpha}_1,2\boldsymbol{\alpha}_2,\boldsymbol{\alpha}_1|$.

2. 求分块矩阵 $\boldsymbol{D}=\begin{pmatrix}\boldsymbol{A} & \boldsymbol{O}\\ \boldsymbol{C} & \boldsymbol{B}\end{pmatrix}$ 的逆矩阵，其中子块 $\boldsymbol{A},\boldsymbol{B}$ 分别是 m,n 阶可逆方阵.

3. 利用分块矩阵求下列矩阵的逆矩阵.

（1）$\begin{pmatrix}1 & 0 & 0 & 0\\ 1 & 2 & 0 & 0\\ 1 & 2 & 3 & 0\\ 1 & 2 & 3 & 4\end{pmatrix}$；　　（2）$\begin{pmatrix}2 & 1 & 0 & 0\\ 0 & 1 & 0 & 0\\ -1 & 2 & 2 & 0\\ 1 & -1 & 1 & 3\end{pmatrix}$；

4. 设 $\boldsymbol{A},\boldsymbol{B},\boldsymbol{C},\boldsymbol{D}$ 都是 n 阶方阵，且 $\boldsymbol{A}$ 可逆，$\boldsymbol{I}$ 是 n 阶单位矩阵，$\boldsymbol{X}=\begin{pmatrix}\boldsymbol{I} & \boldsymbol{O}\\ -\boldsymbol{C}\boldsymbol{A}^{-1} & \boldsymbol{I}\end{pmatrix}$，$\boldsymbol{Y}=\begin{pmatrix}\boldsymbol{A} & \boldsymbol{B}\\ \boldsymbol{C} & \boldsymbol{D}\end{pmatrix}$，$\boldsymbol{Z}=\begin{pmatrix}\boldsymbol{I} & -\boldsymbol{A}^{-1}\boldsymbol{B}\\ \boldsymbol{O} & \boldsymbol{I}\end{pmatrix}$，求 $\boldsymbol{XYZ}$.

第五节　矩阵的初等变换

本节中我们介绍矩阵的初等变换，并在此基础上给出用初等变换求逆矩阵及解一般多元线性方程组的方法.

一、初等变换和初等矩阵

在中学代数中，我们已经学过用消元法解二元、三元线性方程组，实际上，这一方法也适用于解更为一般的多元线性方程组.

引例　解线性方程组

$$\begin{cases} x_1+3x_2-2x_3=5\\ 3x_1+2x_2-5x_3=14\\ x_1+4x_2-3x_3=6\end{cases}\tag{2.7}$$

解　方程组(2.7)中第 2 个方程和第 3 个方程分别加上第 1 个方程的 -3 倍和 -1 倍，得

$$\begin{cases}x_1+3x_2-2x_3=5\\ -7x_2+x_3=-1\\ x_2-x_3=1\end{cases}.\tag{2.8}$$

将方程组(2.8)中第 2 个方程和第 3 个方程交换，得

$$\begin{cases}x_1+3x_2-2x_3=5\\ x_2-x_3=1\\ -7x_2+x_3=-1\end{cases}.\tag{2.9}$$

方程组(2.9)中第 3 个方程加上第 2 个方程的 7 倍，得

$$\begin{cases}x_1+3x_2-2x_3=5\\ x_2-x_3=1\\ -6x_3=6\end{cases}.\tag{2.10}$$

方程组(2.10)称为**阶梯形方程组**，其特点是自上而下的各个方程所含未知量个数依次减少. 显然方程组(2.7)与方程组(2.10)等价.

从阶梯形方程组(2.10)的第 3 个方程可得 x_3 的值，将 x_3 的值代入阶梯形方程组(2.10)的第 2 个方程，求得 x_2 的值，最后将 x_2、x_3 的值同时代入阶梯形方程组(2.10)的第 1 个方程，求得 x_1 的值，则得到原方程组(2.7)的解. 下面我们把这一过程叙述如下.

方程组(2.10)中第 3 个方程乘$-\dfrac{1}{6}$，得

$$\begin{cases}x_1+3x_2-2x_3=5\\ x_2-x_3=1\\ x_3=-1\end{cases}.\tag{2.11}$$

方程组(2.11)中第 1 个方程和第 2 个方程分别加上第 3 个方程的 2 倍和 1 倍，得

$$\begin{cases}x_1+3x_2=3\\ x_2=0\\ x_3=-1\end{cases}.\tag{2.12}$$

方程组(2.12)中第 1 个方程加上第 2 个方程的-3 倍，得

$$\begin{cases}x_1=3\\ x_2=0\\ x_3=-1\end{cases}.\tag{2.13}$$

显然方程组(2.7)到方程组(2.13)都是同解方程组，所以原方程组(2.7)的解为

$$x_1=3,x_2=0,x_3=-1.$$

以上解线性方程组的方法称为**高斯消元法**(简称**消元法**). 由原方程组(2.7)到阶梯形方程组(2.10)称为**消元**过程，由方程组(2.11)到方程组(2.13)称为**回代**过程.

由消元法的求解过程可以看到，我们对方程组反复进行如下 3 种变换：

(1)对调两个方程的位置；

(2)用一个不等于 0 的数乘某一个方程；

(3)把某一个方程的若干倍加到另一个方程上.

以上 3 种变换的每一种都称为方程组的**初等变换**.

由引例的求解过程可知，对方程组(2.7)进行初等变换，相当于对它的系数和右端项所构成的增广矩阵

$$(\boldsymbol{A},\boldsymbol{B})=\begin{pmatrix}1&3&-2&5\\3&2&-5&14\\1&4&-3&6\end{pmatrix}$$

的各行进行相应的变换，这种变换称为矩阵的**初等行变换**. 对矩阵的变换除了初等行变换外，还有**初等列变换**. 下面我们引入矩阵初等变换的定义.

定义 2.17　以下 3 种变换称为矩阵的**初等变换**：

(1)对调矩阵的两行(列)(对调第 i、j 两行，记作 $r_i\leftrightarrow r_j$，对调第 i、j 两列，记作 $c_i\leftrightarrow c_j$)；

(2)用一个不等于 0 的数乘矩阵的某一行(列)(用数 $k\neq0$ 乘第 i 行，记作 $r_i\times k$，用数 $k\neq0$乘第 i 列，记作 $c_i\times k$)；

(3)把矩阵的某一行(列)的 k 倍加到另一行(列)上(第 j 行的 k 倍加到第 i 行上，记作 r_i+kr_j，第 j 列的 k 倍加到第 i 列上，记作 c_i+kc_j).

定义 2.18　由单位矩阵经过一次初等变换所得到的矩阵，称为**初等矩阵**.

因为初等变换有 3 种，所以初等矩阵也有 3 类，以下是与上述 3 种初等变换相对应的 3 类初等矩阵.

(1)对调单位矩阵的第 i、j 两行(列)，得初等矩阵 $\boldsymbol{E}(i,j)$，例如，三阶矩阵

$$\boldsymbol{E}(1,2)=\begin{pmatrix}0&1&0\\1&0&0\\0&0&1\end{pmatrix}.$$

(2)用数 $k\neq0$ 乘单位矩阵的第 i 行(列)，得初等矩阵 $\boldsymbol{E}(i(k))$，例如，三阶矩阵

$$\boldsymbol{E}(2(3))=\begin{pmatrix}1&0&0\\0&3&0\\0&0&1\end{pmatrix}.$$

(3)把单位矩阵的第 j 行(第 i 列)的 k 倍加到第 i 行(第 j 列)上，得初等矩阵 $\boldsymbol{E}(j(k),i)$ ($\boldsymbol{E}(j,i(k))$)，例如，三阶矩阵

$$\boldsymbol{E}(1(2),3)=\begin{pmatrix}1&0&0\\0&1&0\\2&0&1\end{pmatrix}.$$

对以上 3 类初等矩阵分别求行列式，可得

$$|\boldsymbol{E}(i,j)|=-1\neq0,\ |\boldsymbol{E}(i(k))|=k\neq0,\ |\boldsymbol{E}(j(k),i)|=|\boldsymbol{E}(j,i(k))|=1\neq0.$$

所以 3 类初等矩阵都是可逆矩阵，而且可以验证：

$$\boldsymbol{E}(i,j)^{-1}=\boldsymbol{E}(i,j),\ \boldsymbol{E}(i(k))^{-1}=\boldsymbol{E}\left(i\left(\frac{1}{k}\right)\right),$$

$$\boldsymbol{E}(j(k),i)^{-1}=\boldsymbol{E}(j,i(k))^{-1}=\boldsymbol{E}(j(-k),i)=\boldsymbol{E}(j,i(-k)).$$

由此可见，初等矩阵的逆矩阵仍然是同类初等矩阵.

矩阵的初等变换与初等矩阵有着非常密切的关系，这种关系可以由以下定理给出.

定理 2.2　设 $\boldsymbol{A}$ 为 $m\times n$ 矩阵，若对 $\boldsymbol{A}$ 做一次初等行变换，则相当于在 $\boldsymbol{A}$ 的左边乘一

个相应的 m 阶初等矩阵；若对 A 做一次初等列变换，则相当于在 A 的右边乘一个相应的 n 阶初等矩阵.

若要证明，只需要理解初等变换的意义，然后用矩阵乘法直接验证即可.

【例 30】 设 $A=\begin{pmatrix}3&0&1\\1&-1&2\\0&1&1\end{pmatrix}$.

若对 A 施以第(1)种初等行变换，例如，交换 A 的第 1 行与第 2 行，有

$$A=\begin{pmatrix}3&0&1\\1&-1&2\\0&1&1\end{pmatrix}\to\begin{pmatrix}1&-1&2\\3&0&1\\0&1&1\end{pmatrix}=A_{(1)}.$$

$E(1,2)=\begin{pmatrix}0&1&0\\1&0&0\\0&0&1\end{pmatrix}$表示交换 I_3 的第 1 行与第 2 行得出的第(1)种初等矩阵，则用 $E(1,2)$ 左乘 A，有

$$E(1,2)A=\begin{pmatrix}0&1&0\\1&0&0\\0&0&1\end{pmatrix}\begin{pmatrix}3&0&1\\1&-1&2\\0&1&1\end{pmatrix}=\begin{pmatrix}1&-1&2\\3&0&1\\0&1&1\end{pmatrix}.$$

可以验证 $E(1,2)A=A_{(1)}$. 同样可以验证，对第(2)、(3)种初等行变换，均有“对 A 施以某种初等行变换，等于用同种初等矩阵左乘 A”.

若对 A 施以第(3)种初等列变换，例如，将 A 的第 3 列乘 2 并加于第 1 列，有

$$A=\begin{pmatrix}3&0&1\\1&-1&2\\0&1&1\end{pmatrix}\to\begin{pmatrix}5&0&1\\5&-1&2\\2&1&1\end{pmatrix}=A_{(3)}.$$

$E(1,3(2))=\begin{pmatrix}1&0&0\\0&1&0\\2&0&1\end{pmatrix}$表示将 I_3 的第 3 列乘 2 并加于第 1 列得出的第(3)种初等矩阵，则用 $E(1,3(2))$ 右乘 A，有

$$AE(1,3(2))=\begin{pmatrix}3&0&1\\1&-1&2\\0&1&1\end{pmatrix}\begin{pmatrix}1&0&0\\0&1&0\\2&0&1\end{pmatrix}=\begin{pmatrix}5&0&1\\5&-1&2\\2&1&1\end{pmatrix}.$$

可以验证 $AE(1,3(2))=A_{(3)}$. 同样可以验证，对第(1)、(2)种初等列变换，均有“对 A 施以某种初等列变换，等于用同种初等矩阵右乘 A”.

二、矩阵的等价

定义 2.19 若矩阵 A 经有限次初等变换化为矩阵 B，则称矩阵 A 与 B 等价，记作 $A\to B$.

矩阵的等价具有以下性质.

性质 1 反身性： $A\to A$.

性质 2 对称性： 若 $A\to B$，则 $B\to A$.

性质 3　传递性：若 $\boldsymbol{A}\to\boldsymbol{B}$，$\boldsymbol{B}\to\boldsymbol{C}$，则 $\boldsymbol{A}\to\boldsymbol{C}$.

其中 $\boldsymbol{A}$、$\boldsymbol{B}$、$\boldsymbol{C}$ 均为 $m\times n$ 矩阵.

这里我们只证明性质 2、3，性质 1 由读者自己证明.

证明　性质 2　由初等变换与初等矩阵之间的关系(定理 2.2)及矩阵的等价定义可知，若 $\boldsymbol{A}\to\boldsymbol{B}$，则必存在有限个初等矩阵 $\boldsymbol{P}_1,\boldsymbol{P}_2,\cdots,\boldsymbol{P}_s$ 和 $\boldsymbol{Q}_1,\boldsymbol{Q}_2,\cdots,\boldsymbol{Q}_t$，使得

$$\boldsymbol{P}_s\cdots\boldsymbol{P}_2\boldsymbol{P}_1\boldsymbol{A}\boldsymbol{Q}_1\boldsymbol{Q}_2\cdots\boldsymbol{Q}_t=\boldsymbol{B}. \tag{2.14}$$

由于初等矩阵均为可逆矩阵，且有限个可逆矩阵的乘积仍然是可逆的，所以在式(2.14)的两边同时左乘$(\boldsymbol{P}_s\cdots\boldsymbol{P}_2\boldsymbol{P}_1)^{-1}$，右乘$(\boldsymbol{Q}_1\boldsymbol{Q}_2\cdots\boldsymbol{Q}_t)^{-1}$，即得

$$\boldsymbol{P}_1^{-1}\boldsymbol{P}_2^{-1}\cdots\boldsymbol{P}_s^{-1}\boldsymbol{B}\boldsymbol{Q}_t^{-1}\cdots\boldsymbol{Q}_2^{-1}\boldsymbol{Q}_1^{-1}=\boldsymbol{A}. \tag{2.15}$$

由于初等矩阵 $\boldsymbol{P}_1,\boldsymbol{P}_2,\cdots,\boldsymbol{P}_s$ 和 $\boldsymbol{Q}_1,\boldsymbol{Q}_2,\cdots,\boldsymbol{Q}_t$ 的逆矩阵 $\boldsymbol{P}_1^{-1},\boldsymbol{P}_2^{-1},\cdots,\boldsymbol{P}_s^{-1}$ 和 $\boldsymbol{Q}_1^{-1},\boldsymbol{Q}_2^{-1},\cdots,\boldsymbol{Q}_t^{-1}$ 仍然是初等矩阵，所以式(2.15)表示矩阵 $\boldsymbol{B}$ 经有限次初等变换化为矩阵 $\boldsymbol{A}$，即矩阵 $\boldsymbol{B}$ 等价于矩阵 $\boldsymbol{A}$，即 $\boldsymbol{B}\to\boldsymbol{A}$.

证明　性质 3　若 $\boldsymbol{A}\to\boldsymbol{B}$，$\boldsymbol{B}\to\boldsymbol{C}$，则必存在有限个初等矩阵 $\boldsymbol{P}_1,\boldsymbol{P}_2,\cdots,\boldsymbol{P}_k$，$\boldsymbol{Q}_1,\boldsymbol{Q}_2,\cdots,\boldsymbol{Q}_t$，$\boldsymbol{R}_1,\boldsymbol{R}_2,\cdots,\boldsymbol{R}_m$ 和 $\boldsymbol{S}_1,\boldsymbol{S}_2,\cdots,\boldsymbol{S}_n$，使得

$$\boldsymbol{P}_k\cdots\boldsymbol{P}_2\boldsymbol{P}_1\boldsymbol{A}\boldsymbol{Q}_1\boldsymbol{Q}_2\cdots\boldsymbol{Q}_t=\boldsymbol{B}, \tag{2.16}$$

$$\boldsymbol{R}_m\cdots\boldsymbol{R}_2\boldsymbol{R}_1\boldsymbol{B}\boldsymbol{S}_1\boldsymbol{S}_2\cdots\boldsymbol{S}_n=\boldsymbol{C}. \tag{2.17}$$

将式(2.16)代入式(2.17)，得

$$\boldsymbol{R}_m\cdots\boldsymbol{R}_2\boldsymbol{R}_1\boldsymbol{P}_k\cdots\boldsymbol{P}_2\boldsymbol{P}_1\boldsymbol{A}\boldsymbol{Q}_1\boldsymbol{Q}_2\cdots\boldsymbol{Q}_t\boldsymbol{S}_1\boldsymbol{S}_2\cdots\boldsymbol{S}_n=\boldsymbol{C}.$$

上式表示矩阵 $\boldsymbol{A}$ 经过有限次初等变换化为矩阵 $\boldsymbol{C}$，所以矩阵 $\boldsymbol{A}$ 与矩阵 $\boldsymbol{C}$ 等价，即 $\boldsymbol{A}\to\boldsymbol{C}$.

性质 4　矩阵 $\boldsymbol{A}$ 与 $\boldsymbol{B}$ 等价的充分必要条件：存在可逆矩阵 $\boldsymbol{P}$ 与 $\boldsymbol{Q}$，使得 $\boldsymbol{PAQ}=\boldsymbol{B}$.

证明　若 $\boldsymbol{A}\to\boldsymbol{B}$，则必存在有限个初等矩阵 $\boldsymbol{P}_1,\boldsymbol{P}_2,\cdots,\boldsymbol{P}_s$ 和 $\boldsymbol{Q}_1,\boldsymbol{Q}_2,\cdots,\boldsymbol{Q}_t$，使得

$$\boldsymbol{P}_s\cdots\boldsymbol{P}_2\boldsymbol{P}_1\boldsymbol{A}\boldsymbol{Q}_1\boldsymbol{Q}_2\cdots\boldsymbol{Q}_t=\boldsymbol{B}\Longleftrightarrow\boldsymbol{PAQ}=\boldsymbol{B},$$

其中 $\boldsymbol{P}=\boldsymbol{P}_s\cdots\boldsymbol{P}_2\boldsymbol{P}_1$，$\boldsymbol{Q}=\boldsymbol{Q}_1\boldsymbol{Q}_2\cdots\boldsymbol{Q}_t$.

【例 31】　已知

$$\boldsymbol{A}=\begin{pmatrix}1&-1&8&-5&2\\0&1&-3&0&1\\3&3&6&-7&4\\2&4&-2&1&-1\end{pmatrix},$$

对矩阵 $\boldsymbol{A}$ 进行初等行变换，

$$\boldsymbol{A}\xrightarrow[r_4-2r_1]{r_3-3r_1}\begin{pmatrix}1&-1&8&-5&2\\0&1&-3&0&1\\0&6&-18&8&-2\\0&6&-18&11&-5\end{pmatrix}\xrightarrow[r_3-6r_2]{r_4-r_3}\begin{pmatrix}1&-1&8&-5&2\\0&1&-3&0&1\\0&0&0&8&-8\\0&0&0&3&-3\end{pmatrix}$$

$$\xrightarrow{r_4-\frac{3}{8}r_3}\begin{pmatrix}1&-1&8&-5&2\\0&1&-3&0&1\\0&0&0&8&-8\\0&0&0&0&0\end{pmatrix}=\boldsymbol{B},$$

则 $\boldsymbol{A}$ 等价于 $\boldsymbol{B}$.

上面的矩阵 $\boldsymbol{B}$ 称为**行阶梯形矩阵**，其特点是：

(1) 自上而下的各行中，第一个非零元素左边 0 的个数依次增加，使非零行呈阶梯形，且每个阶梯仅有一行；

(2) 元素全为 0 的行(若有的话)都位于矩阵的最下面.

继续对上面的行阶梯形矩阵 $\boldsymbol{B}$ 进行初等行变换，

$$\boldsymbol{B}\xrightarrow[r_1+5r_3']{r_3'=r_3\times\frac{1}{8}}\begin{pmatrix}1&-1&8&0&-3\\0&1&-3&0&1\\0&0&0&1&-1\\0&0&0&0&0\end{pmatrix}\xrightarrow{r_1+r_2}\begin{pmatrix}1&0&5&0&-2\\0&1&-3&0&1\\0&0&0&1&-1\\0&0&0&0&0\end{pmatrix}=\boldsymbol{C}.$$

上面的矩阵 $\boldsymbol{C}$ 称为**行最简形矩阵**，其特点是：

(1) 具有行阶梯形矩阵的特点；

(2) 每一行第一个非零元素都为 1，且该元素所在列的其余元素都为 0.

继续对上面的行最简形矩阵 $\boldsymbol{C}$ 进行初等列变换，

$$\boldsymbol{C}\xrightarrow{c_3\leftrightarrow c_4}\begin{pmatrix}1&0&0&5&-2\\0&1&0&-3&1\\0&0&1&0&-1\\0&0&0&0&0\end{pmatrix}\xrightarrow[c_5+2c_1-c_2+c_3]{c_4-5c_1+3c_2}\begin{pmatrix}1&0&0&0&0\\0&1&0&0&0\\0&0&1&0&0\\0&0&0&0&0\end{pmatrix}=\begin{pmatrix}\boldsymbol{I}_3&\boldsymbol{O}\\\boldsymbol{O}&\boldsymbol{O}\end{pmatrix}=\boldsymbol{D}.$$

上面的矩阵 $\boldsymbol{D}$ 称为 $\boldsymbol{A}$ 的**等价标准形**(简称**标准形**)，其特点是左上角是一个单位矩阵，其余元素都为 0.

事实上有下面的结论.

定理 2.3　任何一个矩阵 $\boldsymbol{A}$ 总可以经过有限次初等行变换化为行阶梯形矩阵，并进一步化为行最简形矩阵.

定理 2.4　任何一个矩阵 $\boldsymbol{A}$ 都有等价标准形；矩阵 $\boldsymbol{A}$ 与矩阵 $\boldsymbol{B}$ 等价，当且仅当它们有相同的等价标准形.

【例 32】　设 $\boldsymbol{A}=\begin{pmatrix}1&3&0&-1\\-2&-6&0&-2\\1&1&0&-1\end{pmatrix}$.

(1) 试用初等变换化 $\boldsymbol{A}$ 为标准形.

(2) 试求初等矩阵 $\boldsymbol{P}_1,\cdots,\boldsymbol{P}_l$ 和 $\boldsymbol{Q}_1,\cdots,\boldsymbol{Q}_r$，使 $\boldsymbol{P}_l\cdots\boldsymbol{P}_1\boldsymbol{A}\boldsymbol{Q}_1\cdots\boldsymbol{Q}_r$ 为标准形.

例 32 步骤讲解

解　(1)

$$\boldsymbol{A}=\begin{pmatrix}1&3&0&-1\\-2&-6&0&-2\\1&1&0&-1\end{pmatrix}\xrightarrow[r_3-r_1]{r_2+2r_1}\begin{pmatrix}1&3&0&-1\\0&0&0&-4\\0&-2&0&0\end{pmatrix}\xrightarrow{r_2\leftrightarrow r_3}\begin{pmatrix}1&3&0&-1\\0&-2&0&0\\0&0&0&-4\end{pmatrix}$$

$$\xrightarrow[r_1+r_3]{-\frac{1}{4}r_3}\begin{pmatrix}1&3&0&0\\0&-2&0&0\\0&0&0&1\end{pmatrix}\xrightarrow[r_1-3r_2]{-\frac{1}{2}r_2}\begin{pmatrix}1&0&0&0\\0&1&0&0\\0&0&0&1\end{pmatrix}\xrightarrow{c_3\leftrightarrow c_4}\begin{pmatrix}1&0&0&0\\0&1&0&0\\0&0&1&0\end{pmatrix}=\boldsymbol{D},$$

$\boldsymbol{D}$ 为 $\boldsymbol{A}$ 的标准形.

(2)根据(1)中利用初等变换化 $\boldsymbol{A}$ 为标准形 $\boldsymbol{D}$ 的过程，有

$$\boldsymbol{P}_1=\begin{pmatrix}1&0&0\\2&1&0\\0&0&1\end{pmatrix},\boldsymbol{P}_2=\begin{pmatrix}1&0&0\\0&1&0\\-1&0&1\end{pmatrix},\boldsymbol{P}_3=\begin{pmatrix}1&0&0\\0&0&1\\0&1&0\end{pmatrix},\boldsymbol{P}_4=\begin{pmatrix}1&0&0\\0&1&0\\0&0&-\frac{1}{4}\end{pmatrix},\boldsymbol{P}_5=\begin{pmatrix}1&0&1\\0&1&0\\0&0&1\end{pmatrix},$$

$$\boldsymbol{P}_6=\begin{pmatrix}1&0&0\\0&-\frac{1}{2}&0\\0&0&1\end{pmatrix},\boldsymbol{P}_7=\begin{pmatrix}1&-3&0\\0&1&0\\0&0&1\end{pmatrix},\boldsymbol{Q}_1=\begin{pmatrix}1&0&0&0\\0&1&0&0\\0&0&0&1\\0&0&1&0\end{pmatrix},$$

则 $\boldsymbol{P}_7\boldsymbol{P}_6\boldsymbol{P}_5\boldsymbol{P}_4\boldsymbol{P}_3\boldsymbol{P}_2\boldsymbol{P}_1\boldsymbol{A}\boldsymbol{Q}_1=\boldsymbol{D}$.

定理 2.5 n 阶方阵 $\boldsymbol{A}$ 可逆的充分必要条件是 $\boldsymbol{A}\to\boldsymbol{I}$.

证明 必要性 设 n 阶方阵 $\boldsymbol{A}$ 可逆，则由定理 2.3 可知，$\boldsymbol{A}$ 一定等价于 n 阶标准形矩阵 $\boldsymbol{D}$，即 $\boldsymbol{A}\to\boldsymbol{D}$. 所以必存在有限个初等矩阵 $\boldsymbol{P}_1,\boldsymbol{P}_2,\cdots,\boldsymbol{P}_s$ 和 $\boldsymbol{Q}_1,\boldsymbol{Q}_2,\cdots,\boldsymbol{Q}_t$，使得

$$\boldsymbol{P}_s\cdots\boldsymbol{P}_2\boldsymbol{P}_1\boldsymbol{A}\boldsymbol{Q}_1\boldsymbol{Q}_2\cdots\boldsymbol{Q}_t=\boldsymbol{D}.$$

由于方阵 $\boldsymbol{A}$ 及这些初等矩阵均可逆，所以上式左边的乘积仍是可逆的，从而矩阵 $\boldsymbol{D}$ 可逆，所以 $|\boldsymbol{D}|\neq 0$，这说明 $\boldsymbol{D}$ 中没有任何一行、任何一列的元素全为 0，即 $\boldsymbol{D}$ 的主对角元素全为 1，故 $\boldsymbol{D}=\boldsymbol{I}$，所以 $\boldsymbol{A}$ 与 $\boldsymbol{I}$ 等价，即 $\boldsymbol{A}\to\boldsymbol{I}$.

充分性 设 $\boldsymbol{A}\to\boldsymbol{I}$，则必存在有限个初等矩阵 $\boldsymbol{P}_1,\boldsymbol{P}_2,\cdots,\boldsymbol{P}_s$ 和 $\boldsymbol{Q}_1,\boldsymbol{Q}_2,\cdots,\boldsymbol{Q}_t$，使得

$$\boldsymbol{P}_s\cdots\boldsymbol{P}_2\boldsymbol{P}_1\boldsymbol{A}\boldsymbol{Q}_1\boldsymbol{Q}_2\cdots\boldsymbol{Q}_t=\boldsymbol{I}.$$

对上式两边取行列式，得

$$|\boldsymbol{P}_s|\cdots|\boldsymbol{P}_2||\boldsymbol{P}_1||\boldsymbol{A}||\boldsymbol{Q}_1||\boldsymbol{Q}_2|\cdots|\boldsymbol{Q}_t|=1.$$

所以 $|\boldsymbol{A}|\neq 0$，即 $\boldsymbol{A}$ 为可逆矩阵.

定理 2.6 n 阶方阵 $\boldsymbol{A}$ 可逆的充分必要条件是它可以表示成若干个初等矩阵的乘积.

证明 必要性 设 $\boldsymbol{A}$ 为 n 阶可逆矩阵，则由定理 2.4 可知，$\boldsymbol{A}\to\boldsymbol{I}$，从而 $\boldsymbol{I}\to\boldsymbol{A}$，因此存在有限个初等矩阵 $\boldsymbol{P}_1,\boldsymbol{P}_2,\cdots,\boldsymbol{P}_s$ 和 $\boldsymbol{Q}_1,\boldsymbol{Q}_2,\cdots,\boldsymbol{Q}_t$，使得

$$\boldsymbol{P}_s\cdots\boldsymbol{P}_2\boldsymbol{P}_1\boldsymbol{I}\boldsymbol{Q}_1\boldsymbol{Q}_2\cdots\boldsymbol{Q}_t=\boldsymbol{A},$$

即

$$\boldsymbol{A}=\boldsymbol{P}_s\cdots\boldsymbol{P}_2\boldsymbol{P}_1\boldsymbol{Q}_1\boldsymbol{Q}_2\cdots\boldsymbol{Q}_t.$$

所以 $\boldsymbol{A}$ 可以表示成若干个初等矩阵的乘积.

充分性 设 $\boldsymbol{A}$ 可以表示成若干个初等矩阵的乘积，而初等矩阵是可逆的，且可逆矩阵的乘积仍是可逆的，所以 $\boldsymbol{A}$ 是可逆矩阵.

三、用初等变换求逆矩阵

利用上面的定理我们可以推出用初等变换求逆矩阵的方法. 事实上，如果 $\boldsymbol{A}$ 可逆，则 $\boldsymbol{A}^{-1}$ 也可逆，根据定理 2.6，$\boldsymbol{A}^{-1}$ 可以表示成若干个初等矩阵的乘积，不妨假定存在 m 个初等矩阵 $\boldsymbol{P}_1,\boldsymbol{P}_2,\cdots,\boldsymbol{P}_m$，使得

$$\boldsymbol{P}_m\cdots\boldsymbol{P}_2\boldsymbol{P}_1=\boldsymbol{A}^{-1}.$$

上式两边同时右乘 $\boldsymbol{A}$，得

$$P_m\cdots P_2P_1A=I,\ P_m\cdots P_2P_1I=A^{-1}.$$

利用分块矩阵把以上两式合并为

$$P_m\cdots P_2P_1(A\quad I)=(I\quad A^{-1}).$$

这说明，若方阵 A 可逆，则分块矩阵 $(A\quad I)$ 经有限次初等行变换一定可以化为分块矩阵 $(I\quad A^{-1})$，于是我们就得到用初等行变换求 n 阶可逆矩阵 A 的逆矩阵的方法.

先构造一个 $n\times 2n$ 矩阵 $(A\quad I)$，然后对矩阵 $(A\quad I)$ 进行初等行变换，当左侧矩阵 A 化为单位矩阵 I 时，右侧单位矩阵 I 就化为 A 的逆矩阵 A^{-1}，即

$$(A\quad I)\xrightarrow{\text{初等行变换}}(I\quad A^{-1}).$$

类似地，我们可以推出用初等列变换求 n 阶可逆矩阵 A 的逆矩阵的方法.

$$\begin{pmatrix}A\\I\end{pmatrix}\xrightarrow{\text{初等列变换}}\begin{pmatrix}I\\A^{-1}\end{pmatrix}.$$

【例 33】 设 $A=\begin{pmatrix}1&2&3\\2&2&1\\3&4&3\end{pmatrix}$，求 A^{-1}.

解 $(A\quad I)=\left(\begin{array}{ccc|ccc}1&2&3&1&0&0\\2&2&1&0&1&0\\3&4&3&0&0&1\end{array}\right)\xrightarrow[r_3+(-3)r_1]{r_2+(-2)r_1}\left(\begin{array}{ccc|ccc}1&2&3&1&0&0\\0&-2&-5&-2&1&0\\0&-2&-6&-3&0&1\end{array}\right)$

$\xrightarrow[r_3-r_2]{r_1+r_2}\left(\begin{array}{ccc|ccc}1&0&-2&-1&1&0\\0&-2&-5&-2&1&0\\0&0&-1&-1&-1&1\end{array}\right)\xrightarrow[r_2-5r_3]{r_1-2r_3}\left(\begin{array}{ccc|ccc}1&0&0&1&3&-2\\0&-2&0&3&6&-5\\0&0&-1&-1&-1&1\end{array}\right)$

$\xrightarrow[r_3\div(-1)]{r_2\div(-2)}\left(\begin{array}{ccc|ccc}1&0&0&1&3&-2\\0&1&0&-\frac{3}{2}&-3&\frac{5}{2}\\0&0&1&1&1&-1\end{array}\right).$

所以 $A^{-1}=\begin{pmatrix}1&3&-2\\-\frac{3}{2}&-3&\frac{5}{2}\\1&1&-1\end{pmatrix}.$

用初等变换求已知矩阵 A 的逆矩阵时，不必事先通过计算行列式 $|A|$ 的值来检验矩阵 A 是否可逆. 如果不知道矩阵 A 是否可逆，仍可按上述方法去做，在对矩阵 $(A\quad I)$ 进行初等行变换的过程中，当左侧子块中有一行(列)的元素全为 0 时，矩阵 A 不可逆(因为矩阵 A 不等价于单位矩阵 I).

【例 34】 判断下列矩阵是否可逆，若可逆，求其逆矩阵.

$$A=\begin{pmatrix}1&1&-2\\2&-1&-1\\3&6&-9\end{pmatrix}.$$

解 $(A\quad I)=\left(\begin{array}{ccc|ccc}1&1&-2&1&0&0\\2&-1&-1&0&1&0\\3&6&-9&0&0&1\end{array}\right)\xrightarrow[r_3+(-3)r_1]{r_2+(-2)r_1}\left(\begin{array}{ccc|ccc}1&1&-2&1&0&0\\0&-3&3&-2&1&0\\0&3&-3&-3&0&1\end{array}\right)$

$$\xrightarrow{r_3+r_2}\left(\begin{array}{ccc|ccc}1&1&-2&1&0&0\\0&-3&3&-2&1&0\\0&0&0&-5&1&1\end{array}\right),$$

由于左边的方阵最后一行为全零行，所以矩阵 $\boldsymbol{A}$ 不可逆.

【例 35】 设 $\boldsymbol{A}=\begin{pmatrix}2&-1&-1\\1&1&-2\\4&-6&2\end{pmatrix}$的行最简形矩阵为 $\boldsymbol{F}$，求 $\boldsymbol{F}$，并求一个可逆矩阵 $\boldsymbol{P}$，使 $\boldsymbol{PA}=\boldsymbol{F}$.

解 把 $\boldsymbol{A}$ 用初等行变换化成行最简形矩阵，即 $\boldsymbol{F}$. 但需求出 $\boldsymbol{P}$，故按上面所述，对 $(\boldsymbol{A}\quad\boldsymbol{I})$ 做初等行变换把 $\boldsymbol{A}$ 化成行最简形矩阵，便同时得到 $\boldsymbol{F}$ 和 $\boldsymbol{P}$.

$$(\boldsymbol{A}\quad\boldsymbol{I})=\left(\begin{array}{ccc|ccc}2&-1&-1&1&0&0\\1&1&-2&0&1&0\\4&-6&2&0&0&1\end{array}\right)\xrightarrow[r_2-2r_1]{\substack{r_1\leftrightarrow r_2\\ r_3-2r_2}}\left(\begin{array}{ccc|ccc}1&1&-2&0&1&0\\0&-3&3&1&-2&0\\0&-4&4&-2&0&1\end{array}\right)$$

$$\xrightarrow[r_1-r_2]{\substack{r_2-r_3\\ r_3+4r_2}}\left(\begin{array}{ccc|ccc}1&0&-1&-3&3&1\\0&1&-1&3&-2&-1\\0&0&0&10&-8&-3\end{array}\right).$$

故 $\boldsymbol{F}=\begin{pmatrix}1&0&-1\\0&1&-1\\0&0&0\end{pmatrix}$为 $\boldsymbol{A}$ 的行最简形矩阵，而可逆矩阵 $\boldsymbol{P}=\begin{pmatrix}-3&3&1\\3&-2&-1\\10&-8&-3\end{pmatrix}$.

注意 上述解中所得$(\boldsymbol{F}\quad\boldsymbol{P})$可继续做初等行变换 $r_3\times k, r_1+kr_3, r_2+kr_3$，则 $\boldsymbol{F}$ 不变而 $\boldsymbol{P}$ 变化. 由此可知本例中使 $\boldsymbol{PA}=\boldsymbol{F}$ 成立的可逆矩阵 $\boldsymbol{P}$ 不是唯一的.

四、用初等变换求解矩阵方程及线性方程组

设矩阵方程

$$\boldsymbol{AX}=\boldsymbol{B},$$

其中 $\boldsymbol{A}$ 是 n 阶方阵，$\boldsymbol{X}$ 是 $n\times l$ 矩阵(未知)，$\boldsymbol{B}$ 是 $n\times l$ 矩阵，若 $\boldsymbol{A}$ 可逆，则 $\boldsymbol{X}=\boldsymbol{A}^{-1}\boldsymbol{B}$. 因此我们可以先求 $\boldsymbol{A}^{-1}$，再计算 $\boldsymbol{A}^{-1}\boldsymbol{B}$，即可求得方程的解 $\boldsymbol{X}=\boldsymbol{A}^{-1}\boldsymbol{B}$. 这种方法的关键是求 $\boldsymbol{A}$ 的逆矩阵，有关求逆问题我们已在前文详细讨论过. 下面我们介绍另一种更为简便的求解矩阵方程的方法，此方法是利用初等行变换直接求出 $\boldsymbol{A}^{-1}\boldsymbol{B}$.

若方阵 $\boldsymbol{A}$ 可逆，则矩阵$(\boldsymbol{A}\quad\boldsymbol{B})$经有限次初等行变换一定可以化为矩阵$(\boldsymbol{I}\quad\boldsymbol{A}^{-1}\boldsymbol{B})$，于是我们就得到用初等行变换求解矩阵方程的方法.

先构造 $n\times(n+l)$ 矩阵$(\boldsymbol{A}\quad\boldsymbol{B})$，然后对矩阵$(\boldsymbol{A}\quad\boldsymbol{B})$进行初等行变换，当左侧矩阵 $\boldsymbol{A}$ 化为单位矩阵 $\boldsymbol{I}$ 时，右侧矩阵 $\boldsymbol{B}$ 就化为 $\boldsymbol{A}^{-1}\boldsymbol{B}$，即

$$(\boldsymbol{A}\quad\boldsymbol{B})\xrightarrow{\text{初等行变换}}(\boldsymbol{I}\quad\boldsymbol{A}^{-1}\boldsymbol{B}).$$

【例 36】 求矩阵 $\boldsymbol{X}$，使 $\boldsymbol{AX}=\boldsymbol{B}$，其中 $\boldsymbol{A}=\begin{pmatrix}1&2&3\\2&2&1\\3&4&3\end{pmatrix},\boldsymbol{B}=\begin{pmatrix}2&5\\3&1\\4&3\end{pmatrix}$.

解 $(\boldsymbol{A}\ \boldsymbol{B})=\left(\begin{array}{ccc|cc}1&2&3&2&5\\2&2&1&3&1\\3&4&3&4&3\end{array}\right)\xrightarrow[r_3+(-3)r_1]{r_2+(-2)r_1}\left(\begin{array}{ccc|cc}1&2&3&2&5\\0&-2&-5&-1&-9\\0&-2&-6&-2&-12\end{array}\right)$

$\xrightarrow[r_3-r_2]{r_1+r_2}\left(\begin{array}{ccc|cc}1&0&-2&1&-4\\0&-2&-5&-1&-9\\0&0&-1&-1&-3\end{array}\right)\xrightarrow[r_2-5r_3]{r_1-2r_3}\left(\begin{array}{ccc|cc}1&0&0&3&2\\0&-2&0&4&6\\0&0&-1&-1&-3\end{array}\right)$

$\xrightarrow[r_3\div(-1)]{r_2\div(-2)}\left(\begin{array}{ccc|cc}1&0&0&3&2\\0&1&0&-2&-3\\0&0&1&1&3\end{array}\right)$，所以 $\boldsymbol{X}=\begin{pmatrix}3&2\\-2&-3\\1&3\end{pmatrix}$.

设 $\boldsymbol{A}$ 是 n 阶方阵，$\boldsymbol{X}$ 是 $n\times1$ 矩阵(未知)，$\boldsymbol{B}$ 是 $n\times1$ 矩阵，则 $\boldsymbol{AX}=\boldsymbol{B}$ 就是含有 n 个方程的 n 元线性方程组的矩阵形式，因此用初等行变换也可求解线性方程组. 运用矩阵的初等行变换方法求解线性方程组，不但比用克莱姆法则和求逆矩阵方法求解线性方程组更简便，而且能够求解那些不适合用克莱姆法则和求逆矩阵方法求解的线性方程组. 实际上，对方程组的增广矩阵进行初等行变换就相当于对方程组进行同解变形. 下面我们给出用初等行变换实现用消元法解线性方程组的方法. 而有关理论将在第四章中介绍.

【例 37】 求解线性方程组

$$\begin{cases}x_1-x_2-x_3=2\\2x_1-x_2-3x_3=1\\3x_1+2x_2-5x_3=0\end{cases}.$$

解 设此方程组为 $\boldsymbol{AX}=\boldsymbol{B}$，则增广矩阵

$$(\boldsymbol{A},\boldsymbol{B})=\left(\begin{array}{ccc|c}1&-1&-1&2\\2&-1&-3&1\\3&2&-5&0\end{array}\right)\xrightarrow[r_3-3r_1]{r_2-2r_1}\left(\begin{array}{ccc|c}1&-1&-1&2\\0&1&-1&-3\\0&5&-2&-6\end{array}\right)\xrightarrow[r_3\times\frac{1}{3}]{r_3-5r_2}\left(\begin{array}{ccc|c}1&-1&-1&2\\0&1&-1&-3\\0&0&1&3\end{array}\right)\xrightarrow[r_1+r_2,\ r_1-r_3]{r_1+2r_3,\ r_2+r_3}\left(\begin{array}{ccc|c}1&0&0&5\\0&1&0&0\\0&0&1&3\end{array}\right).$$

故 $\boldsymbol{A}$ 可逆，于是方程组有解，且解为 $\boldsymbol{X}=\boldsymbol{A}^{-1}\boldsymbol{B}=(5,0,3)^{\mathrm{T}}$，即 $x_1=5,x_2=0,x_3=3$.

【例 38】 已知 $\boldsymbol{A},\boldsymbol{B}$ 为三阶矩阵，且满足 $2\boldsymbol{A}^{-1}\boldsymbol{B}=\boldsymbol{B}-4\boldsymbol{I}$.

(1)证明 $\boldsymbol{A}-2\boldsymbol{I}$ 可逆；

(2)若 $\boldsymbol{B}=\begin{pmatrix}1&-2&0\\1&2&0\\0&0&2\end{pmatrix}$，求 $\boldsymbol{A}$.

证明 (1)将 $2\boldsymbol{A}^{-1}\boldsymbol{B}=\boldsymbol{B}-4\boldsymbol{I}$ 的两边同时左乘 $\boldsymbol{A}$，整理得 $\boldsymbol{AB}-2\boldsymbol{B}-4\boldsymbol{A}=\boldsymbol{O}$，从而$(\boldsymbol{A}-2\boldsymbol{I})(\boldsymbol{B}-4\boldsymbol{I})=8\boldsymbol{I}$，即$(\boldsymbol{A}-2\boldsymbol{I})\left[\frac{1}{8}(\boldsymbol{B}-4\boldsymbol{I})\right]=\boldsymbol{I}$，因此 $\boldsymbol{A}-2\boldsymbol{I}$ 可逆，且

$$(\boldsymbol{A}-2\boldsymbol{I})^{-1}=\frac{1}{8}(\boldsymbol{B}-4\boldsymbol{I}).$$

(2)由(1)中$(\boldsymbol{A}-2\boldsymbol{I})(\boldsymbol{B}-4\boldsymbol{I})=8\boldsymbol{I}$ 可知 $\boldsymbol{A}=2\boldsymbol{I}+8(\boldsymbol{B}-4\boldsymbol{I})^{-1}$，计算可得

$$(\boldsymbol{B}-4\boldsymbol{I})^{-1}=\begin{pmatrix}-\frac{1}{4} & \frac{1}{4} & 0\\ -\frac{1}{8} & -\frac{3}{8} & 0\\ 0 & 0 & -\frac{1}{2}\end{pmatrix},$$

从而

$$\boldsymbol{A}=2\boldsymbol{I}+8(\boldsymbol{B}-4\boldsymbol{I})^{-1}=\begin{pmatrix}0 & 2 & 0\\ -1 & -1 & 0\\ 0 & 0 & -2\end{pmatrix}.$$

注意　(1)求解矩阵方程，需要先化简，再求解，这样可以使计算极大地简化；

(2)如果求解的方程形如 $\boldsymbol{YA}=\boldsymbol{B}$，且 $\boldsymbol{A}$ 可逆，则 $\boldsymbol{Y}=\boldsymbol{B}\boldsymbol{A}^{-1}$，用初等变换的方法，通过初等列变换求得

$$\begin{pmatrix}\boldsymbol{A}\\ \hline \boldsymbol{B}\end{pmatrix}\xrightarrow{\text{初等列变换}}\begin{pmatrix}\boldsymbol{I}\\ \hline \boldsymbol{BA}^{-1}\end{pmatrix},$$

或者利用$(\boldsymbol{YA})^{\mathrm{T}}=\boldsymbol{B}^{\mathrm{T}}$，即 $\boldsymbol{A}^{\mathrm{T}}\boldsymbol{Y}^{\mathrm{T}}=\boldsymbol{B}^{\mathrm{T}}$，从而用(1)的初等行变换的方法，求出 $\boldsymbol{Y}^{\mathrm{T}}$，再转置即可.

习题 2-5

1. 把下列矩阵化为标准形.

(1) $\begin{pmatrix}0 & 1\\ 2 & 3\end{pmatrix}$；　　(2) $\begin{pmatrix}2 & -3 & 5\\ -4 & 5 & 3\end{pmatrix}$.

2. 设矩阵

$$\boldsymbol{A}=\begin{pmatrix}1 & 0 & 2\\ 2 & 3 & 4\\ 3 & 0 & 6\end{pmatrix},\ \boldsymbol{B}=\begin{pmatrix}1 & & \\ & 0 & \\ & & 6\end{pmatrix},$$

求矩阵 $\boldsymbol{P}$、$\boldsymbol{Q}$，使 $\boldsymbol{PAQ}=\boldsymbol{B}$.

3. 用初等变换求下列矩阵的逆矩阵.

(1) $\begin{pmatrix}2 & 1 & -2\\ -7 & -3 & 8\\ 3 & 1 & -3\end{pmatrix}$；　　(2) $\begin{pmatrix}3 & 2 & 1\\ 2 & 1 & 2\\ 4 & 3 & 1\end{pmatrix}$.

4. 已知矩阵 $\boldsymbol{A}=\begin{pmatrix}1 & 0 & 0\\ 1 & 1 & 0\\ 1 & 1 & 1\end{pmatrix}$，$\boldsymbol{B}=\begin{pmatrix}0 & 1 & 1\\ 1 & 0 & 1\\ 1 & 1 & 0\end{pmatrix}$，解矩阵方程 $\boldsymbol{AXA}+\boldsymbol{BXB}=\boldsymbol{AXB}+\boldsymbol{BXA}+\boldsymbol{I}$.

5. 设 $\boldsymbol{A}=\begin{pmatrix}1 & 0 & 1\\ 0 & 2 & 0\\ 1 & 0 & 1\end{pmatrix}$，且 $\boldsymbol{AB}+\boldsymbol{I}=\boldsymbol{A}^2+\boldsymbol{B}$，求 $\boldsymbol{B}$.

本章小结

矩阵概念及运算	了解 矩阵的概念 了解 几类特殊矩阵的特征 掌握 矩阵的运算(加法、数乘、乘法、幂运算、转置、行列式等)
可逆矩阵	了解 可逆矩阵的定义 了解 伴随矩阵的定义以及基本性质 掌握 可逆矩阵的判别定理及求法 熟练 使用逆矩阵求解矩阵方程和线性方程组
分块矩阵	了解 分块矩阵的概念 掌握 分块矩阵的运算(加法、数乘、乘法、幂运算、转置、行列式、求逆等)
初等变换	了解 初等变换和初等矩阵的定义 理解 矩阵等价的定义及内涵 熟练 利用初等变换求解逆矩阵 熟练 利用初等变换求解矩阵方程

数学通识：矩阵在密码学中的应用

在密码学中，情报信息通过加密过程转化为密文进行传递，加密方法多种多样. 希尔密码主要利用矩阵理论对情报信息进行加密，在密码学史上具有重要地位.

一种常用基本的加密方法是按照一定规则将每个字母与一个整数相对应，然后通过传输一串整数来进行秘密信息传输. 但这种密码传输非常容易被破译. 在一段较长的编码信息中，我们可以根据数字出现的相对频率猜测每一个数字所表示的字母. 例如，编码信息中最容易出现的数字，很有可能表示字母 E，因为它是英文中最常出现的字母.

希尔密码是在上述数字编码的基础上采用矩阵理论进行再次加密. 首先设定字母与数字的对应规则，表 2.2 即一种最简单的规则：

表 2.2

字母	A	B	C	……	X	Y	Z
数字	1	2	3	……	24	25	26

空格用数字 0 表示.

根据上表，“I LOVE MATH”可以编码为 9,0,12,15,22,5,0,13,1,20,8. 我们利用矩阵乘法对信息进行进一步加密. 首先将所有编码每三个一列放入矩阵 $\boldsymbol{B}$，不足三个的用零补齐，即

$$\boldsymbol{B}=\begin{pmatrix}9&15&0&20\\0&22&13&8\\12&5&1&0\end{pmatrix}.$$

选取矩阵 $\boldsymbol{A}$ 满足所有元素均为整数且行列式为±1，由于 $\boldsymbol{A}^{-1}=|\boldsymbol{A}|\boldsymbol{A}^{*}=\pm\boldsymbol{A}^{*}$，则 $\boldsymbol{A}^{-1}$ 的所有元素也都是整数. 我们利用矩阵 $\boldsymbol{A}$ 对信息矩阵 $\boldsymbol{B}$ 进行信息转换. 例如，选取

$$\boldsymbol{A}=\begin{pmatrix}1&2&1\\2&5&3\\2&3&2\end{pmatrix},\quad |\boldsymbol{A}|=1,$$

对矩阵 $\boldsymbol{B}$ 进行乘法运算，

$$\boldsymbol{AB}=\begin{pmatrix}1&2&1\\2&5&3\\2&3&2\end{pmatrix}\begin{pmatrix}9&15&0&20\\0&22&13&8\\12&5&1&0\end{pmatrix}=\begin{pmatrix}21&64&27&36\\54&155&68&80\\42&106&41&64\end{pmatrix}=\boldsymbol{C}.$$

根据矩阵 $\boldsymbol{C}$ 可得加密后的编码为：21,54,42,64,155,106,27,68,41,36,80,64. 这一编码中没有重复数字，比之前的编码更难破译. 在加密过程中，矩阵 $\boldsymbol{A}$ 起到“密钥”的作用.

收到编码的人则可利用密钥矩阵 $\boldsymbol{A}$ 进行解密，即对编码矩阵 $\boldsymbol{C}$ 乘以 $\boldsymbol{A}^{-1}$，

$$\boldsymbol{A}^{-1}\boldsymbol{C}=\begin{pmatrix}1&-1&1\\2&0&-1\\-4&1&1\end{pmatrix}\begin{pmatrix}21&64&27&36\\54&155&68&80\\42&106&41&64\end{pmatrix}=\begin{pmatrix}9&15&0&20\\0&22&13&8\\12&5&1&0\end{pmatrix}.$$

按照约定好的对应规则，可以得到信息：“I LOVE MATH”.

总复习题二

1. 计算下列矩阵的乘积.

(1) $\begin{pmatrix} a & & \\ & b & \\ & & c \end{pmatrix}\begin{pmatrix} 1 & 3 & -2 \\ 3 & 2 & -5 \\ 1 & 4 & -3 \end{pmatrix}$；

(2) $\begin{pmatrix} 1 & 3 & -2 \\ 3 & 2 & -5 \\ 1 & 4 & -3 \end{pmatrix}\begin{pmatrix} a & & \\ & b & \\ & & c \end{pmatrix}$；

(3) $\boldsymbol{A}=\begin{pmatrix} 1 & -2 & 0 \\ -2 & -2 & -1 \\ 0 & -1 & -3 \end{pmatrix}$，$\boldsymbol{x}=\begin{pmatrix} x_1 \\ x_2 \\ x_3 \end{pmatrix}$，求 $f(\boldsymbol{x})=\boldsymbol{x}^{\mathrm{T}}\boldsymbol{A}\boldsymbol{x}$.

2. 已知变量 x_1，x_2，x_3，y_1，y_2，y_3，z_1，z_2 有如下线性关系.

$$\begin{cases} x_1=2y_1 \qquad\qquad +y_3 \\ x_2=-2y_1+3y_2+2y_3 \\ x_3=4y_1+\quad y_2+5y_3 \end{cases},\quad \begin{cases} y_1=-3z_1+z_2 \\ y_2=2z_1+z_2 \\ y_3=-z_1+3z_2 \end{cases}.$$

试将变量 x_1，x_2，x_3 由变量 z_1，z_2 线性表示并用矩阵乘法表示出来.

3. 设 $\boldsymbol{A}=\boldsymbol{I}-\boldsymbol{\alpha}\boldsymbol{\alpha}^{7}$，$\boldsymbol{\alpha}$ 为 N 维非零列向量. 证明：$\boldsymbol{A}^2=\boldsymbol{A}$ 的充分必要条件是 $\boldsymbol{\alpha}^{\mathrm{T}}\boldsymbol{\alpha}=\boldsymbol{I}$.

4. 计算

(1) 已知 $f(x)=x^2+2x+1$，$\boldsymbol{A}=\begin{pmatrix} 3 & 1 & 1 \\ 1 & 3 & 1 \\ 1 & 1 & 3 \end{pmatrix}$，求 $f(\boldsymbol{A})$；

(2) 已知 $f(x)=x^3+2x^2-3x-4$，$\boldsymbol{A}=\begin{pmatrix} 1 & 0 & 1 \\ 0 & 0 & 0 \\ 1 & 0 & 1 \end{pmatrix}$，求 $f(\boldsymbol{A})$.

5. 计算.

(1) 设 $\boldsymbol{A}=\begin{pmatrix} 1 & -1 & 2 \\ 2 & -2 & 4 \\ -1 & 1 & -2 \end{pmatrix}$，求 $\boldsymbol{A}^n$；

(2) 设 $\boldsymbol{P}=\begin{pmatrix} 2 & 3 \\ 1 & 2 \end{pmatrix}$，$\boldsymbol{R}=\begin{pmatrix} 1 & 0 \\ 0 & -1 \end{pmatrix}$，$\boldsymbol{Q}=\begin{pmatrix} 2 & -3 \\ -1 & 2 \end{pmatrix}$，$\boldsymbol{A}=\boldsymbol{PRQ}$，计算 $\boldsymbol{QP}$ 及 $\boldsymbol{A}^n$.

6. 设 n 阶实对称矩阵 $\boldsymbol{A}=(a_{ij})$ 满足 $\boldsymbol{A}^2=\boldsymbol{O}$，证明 $\boldsymbol{A}=\boldsymbol{O}$.

7. 证明.

(1) 设 $\boldsymbol{A}$、$\boldsymbol{B}$ 为同阶对称矩阵，则 $\boldsymbol{AB}$ 也为对称矩阵的充分必要条件是 $\boldsymbol{AB}=\boldsymbol{BA}$；

(2) 任意方阵可分解为一个对称矩阵与一个反对称矩阵的和；

(3) 奇数阶反对称矩阵 $\boldsymbol{A}$ 的行列式 $|\boldsymbol{A}|=0$.

8. 计算下面四阶方阵的行列式.

$$A=\begin{pmatrix} a & b & c & d \\ -b & a & -d & c \\ -c & d & a & -b \\ -d & -c & b & a \end{pmatrix}.$$

9. 设 $\boldsymbol{A}$、$\boldsymbol{B}$ 均为 n 阶方阵，若 $\boldsymbol{A}^{\mathrm{T}}\boldsymbol{A}=\boldsymbol{I}$，$\boldsymbol{B}\boldsymbol{B}^{\mathrm{T}}=\boldsymbol{I}$，且 $|\boldsymbol{A}|=-|\boldsymbol{B}|$，证明 $\boldsymbol{A}+\boldsymbol{B}$ 必为奇异矩阵.

10. 设 n 阶方阵 $\boldsymbol{A}$ 满足关系式 $\boldsymbol{A}^3+\boldsymbol{A}^2-3\boldsymbol{A}+\boldsymbol{I}=\boldsymbol{O}$，且 $|\boldsymbol{A}-\boldsymbol{I}|\neq 0$，证明 $\boldsymbol{A}$ 可逆，且 $\boldsymbol{A}^{-1}=\boldsymbol{A}+2\boldsymbol{I}$.

11. 设 $\boldsymbol{A}$、$\boldsymbol{B}$ 均为 n 阶方阵，$\boldsymbol{I}$ 为 n 阶单位矩阵，若满足条件 $\boldsymbol{A}+\boldsymbol{B}=\boldsymbol{A}\boldsymbol{B}$，证明

(1) $\boldsymbol{A}-\boldsymbol{I}$ 可逆，并求 $(\boldsymbol{A}-\boldsymbol{I})^{-1}$；

(2) $\boldsymbol{A}\boldsymbol{B}=\boldsymbol{B}\boldsymbol{A}$.

12. 设 $\boldsymbol{A}$，$\boldsymbol{B}$ 为 n 阶可逆矩阵，且 $\boldsymbol{A}\boldsymbol{B}-\boldsymbol{I}$ 可逆，证明 $\boldsymbol{A}-\boldsymbol{B}^{-1}$ 可逆，且 $(\boldsymbol{A}-\boldsymbol{B}^{-1})^{-1}=\boldsymbol{A}^{-1}(\boldsymbol{A}\boldsymbol{B}-\boldsymbol{I})^{-1}+\boldsymbol{A}^{-1}$.

13. 设 $\boldsymbol{A}$ 为实矩阵，$\boldsymbol{A}^{\mathrm{T}}\boldsymbol{A}=\boldsymbol{I}$，$|\boldsymbol{A}|<0$，证明 $\boldsymbol{A}+\boldsymbol{I}$ 不可逆.

14.

(1) 设 $\boldsymbol{A}=\begin{pmatrix} 1 & 0 & 0 \\ 2 & 2 & 0 \\ 3 & 4 & 5 \end{pmatrix}$，$\boldsymbol{A}^*$ 是 $\boldsymbol{A}$ 的伴随矩阵，求 $(\boldsymbol{A}^*)^{-1}$；

(2) 设 $n(n\geqslant 3)$ 阶矩阵 $\boldsymbol{A}$ 非奇异，$\boldsymbol{A}^*$ 是 $\boldsymbol{A}$ 的伴随矩阵，求 $(\boldsymbol{A}^*)^*$；

(3) 设 n 阶矩阵 $\boldsymbol{A}$ 的伴随矩阵为 $\boldsymbol{A}^*$，k 为任意常数，求 $(k\boldsymbol{A})^*$；

(4) 设 $\boldsymbol{A}$ 为 n 阶可逆矩阵，求 $|(3\boldsymbol{A})^*|$.

15. 计算.

(1) 设 $\boldsymbol{A}$ 为三阶矩阵，且 $|\boldsymbol{A}|=-2$，求 $\left|\left(\frac{1}{12}\boldsymbol{A}\right)^{-1}+(3\boldsymbol{A})^*\right|$；

(2) 设 $\boldsymbol{A}=\begin{pmatrix} 2 & 0 & 0 \\ 0 & 3 & 2 \\ 0 & 0 & 3 \end{pmatrix}$，求 $|2\boldsymbol{A}^{-1}+\boldsymbol{I}|$.

16. 设 $\boldsymbol{A}$, $\boldsymbol{B}$ 为三阶方阵，$\boldsymbol{A}=(\boldsymbol{\alpha}_1,\boldsymbol{\alpha}_2,\boldsymbol{\alpha}_3)$, $\boldsymbol{B}=(3\boldsymbol{\alpha}_1,2\boldsymbol{\alpha}_2,\boldsymbol{\alpha}_4)$, $|\boldsymbol{A}|=2$，$|\boldsymbol{B}|=3$，求 $|\boldsymbol{A}-\boldsymbol{B}|$.

17. 利用分块矩阵求下列矩阵的逆矩阵.

(1) $\begin{pmatrix} 1 & 4 & 0 & 0 \\ 1 & 3 & 0 & 0 \\ 0 & 0 & 1 & 1 \\ 0 & 0 & 3 & 5 \end{pmatrix}$；　(2) $\begin{pmatrix} 0 & 0 & 1 & 4 \\ 0 & 0 & 1 & 3 \\ 1 & 2 & 0 & 0 \\ 3 & 5 & 0 & 0 \end{pmatrix}$.

18. 设 $\boldsymbol{A}$ 为 $m\times n$ 矩阵，$\boldsymbol{B}$ 为 $n\times m$ 矩阵，证明

$$|\boldsymbol{I}_m-\boldsymbol{A}\boldsymbol{B}|=|\boldsymbol{I}_n-\boldsymbol{B}\boldsymbol{A}|,$$

其中 $\boldsymbol{I}_m$，$\boldsymbol{I}_n$ 分别为 m 阶，n 阶单位矩阵.

19. 分块矩阵 $\boldsymbol{P}=\begin{pmatrix}\boldsymbol{O} & \boldsymbol{A}\\ \boldsymbol{B} & \boldsymbol{O}\end{pmatrix}$，其中 $\boldsymbol{A},\boldsymbol{B}$ 均为三阶方阵，且 $|\boldsymbol{A}|=a\neq 0$，$|\boldsymbol{B}|=b\neq 0$，求：

(1) $\boldsymbol{P}$ 的伴随矩阵 $\boldsymbol{P}^*$；

(2) $\boldsymbol{P}^*$ 的行列式 $|\boldsymbol{P}^*|$；

(3) $\boldsymbol{P}^*$ 的逆矩阵 $(\boldsymbol{P}^*)^{-1}$.

20. 把下列矩阵化为标准形.

(1) $\begin{pmatrix}1 & -2 & 1\\ -2 & 5 & -4\\ 1 & -4 & 6\end{pmatrix}$；　　(2) $\begin{pmatrix}2 & -1 & 4 & -1\\ 4 & -2 & 5 & 4\\ 2 & -1 & 3 & 1\end{pmatrix}$.

21. 用初等变换求下列矩阵的逆矩阵.

(1) $\begin{pmatrix}1 & 1 & 1 & -1\\ 1 & 1 & -1 & -1\\ 1 & -1 & 1 & -1\\ 1 & -1 & -1 & 1\end{pmatrix}$；　(2) $\begin{pmatrix}1 & 0 & 0 & 0\\ 2 & 1 & 0 & 0\\ 3 & 2 & 1 & 0\\ 4 & 3 & 3 & 1\end{pmatrix}$.

22. 已知 $\boldsymbol{A}=\begin{pmatrix}1 & 0 & 1\\ 2 & 1 & 0\\ -3 & 2 & -5\end{pmatrix}$，求 $(\boldsymbol{I}-\boldsymbol{A})^{-1}$.

23. 设矩阵 $\boldsymbol{A}=\begin{pmatrix}1 & 1 & -1\\ -1 & 1 & 1\\ 1 & -1 & 1\end{pmatrix}$，且 $\boldsymbol{A}^*\boldsymbol{X}\left(\frac{1}{2}\boldsymbol{A}^*\right)^*=8\boldsymbol{A}^{-1}\boldsymbol{X}+\boldsymbol{I}$，求矩阵 $\boldsymbol{X}$.

24. 已知 $\boldsymbol{B}=\begin{pmatrix}1 & 2 & -3 & -2\\ 0 & 1 & 2 & -3\\ 0 & 0 & 1 & 2\\ 0 & 0 & 0 & 1\end{pmatrix}$，$\boldsymbol{C}=\begin{pmatrix}1 & 2 & 0 & 1\\ 0 & 1 & 2 & 0\\ 0 & 0 & 1 & 2\\ 0 & 0 & 0 & 1\end{pmatrix}$，设 $(2\boldsymbol{I}-\boldsymbol{C}^{-1}\boldsymbol{B})\boldsymbol{A}^{\mathrm{T}}=\boldsymbol{C}^{-1}$，其中 $\boldsymbol{A}^{\mathrm{T}}$ 是四阶矩阵 $\boldsymbol{A}$ 的转置矩阵，求 $\boldsymbol{A}$.

第三章　向量的线性相关性与矩阵的秩

向量的线性相关性是线性代数中最基本的概念之一，也是线性代数的核心问题. 在本章中我们将介绍向量的线性表示、线性相关性，以及向量组的极大线性无关组和秩，还将讨论矩阵的秩. 本章的重点是理解向量组线性相关性和秩这些重要概念，并将矩阵的秩与向量组的秩联系起来. 本章的一些计算题需要结合第四章的理论进行计算.

第一节　向量及其运算

一、向量的定义

定义 3.1　n 个数组成的有序数组

$$(a_1,a_2,\cdots,a_n),$$

称为 n **维向量**，a_i 称为向量的第 i 个**分量**，n 称为向量的**维数**. 所有分量都是实数的向量称为**实向量**，所有分量都是复数的向量称为**复向量**. 向量一般用小写希腊字母 $\boldsymbol{\alpha},\boldsymbol{\beta},\boldsymbol{\gamma}$ 表示，分量一般用小写英文字母 a_i,b_i 表示.

向量既可以写成一行 $\boldsymbol{\alpha}=(a_1,a_2,\cdots,a_n)$，称为行向量；也可以写成一列

$$\boldsymbol{\alpha}=\begin{pmatrix}a_1\\a_2\\\vdots\\a_n\end{pmatrix},$$

称为列向量. 向量写成行向量或列向量没有本质的区别，只是写法不同. 这里，行向量也等同于行矩阵，列向量也等同于列矩阵，当向量看成矩阵时两者是不同的. 有时我们也采用矩阵的一些记号来表示向量，例如

$$\boldsymbol{\alpha}=\begin{pmatrix}a_1\\a_2\\\vdots\\a_n\end{pmatrix},$$

也可以写成 $\boldsymbol{\alpha}=(a_1,a_2,\cdots,a_n)^{\mathrm{T}}$.

所有分量都为 0 的向量 $(0,0,\cdots,0)$ 称为**零向量**，记作 $\boldsymbol{O}$.

n 维向量组 $\boldsymbol{e}_1=(1,0,\cdots,0)$，$\boldsymbol{e}_2=(0,1,\cdots,0)$，$\cdots$，$\boldsymbol{e}_n=(0,0,\cdots,1)$，称为 n **维单位坐标向量组**.

将所有 n 维实向量组成的集合记为 $\mathbf{R}^n$. 如果没有特别说明，本书讨论的向量都是指实向量，而且尽量采用列向量形式表示.

定义 3.2　n 维向量

$$\boldsymbol{\alpha}=(a_1,a_2,\cdots,a_n)^{\mathrm{T}},\ \boldsymbol{\beta}=(b_1,b_2,\cdots,b_n)^{\mathrm{T}},$$

如果每个分量都相等，即 $a_i=b_i(i=1,2,\cdots,n)$，称向量 $\boldsymbol{\alpha}$ 和 $\boldsymbol{\beta}$ **相等**，记作 $\boldsymbol{\alpha}=\boldsymbol{\beta}$.

二、向量的运算

1. 向量的加法

定义 3.3　n 维向量

$$\boldsymbol{\alpha}=(a_1,a_2,\cdots,a_n)^{\mathrm{T}},\ \boldsymbol{\beta}=(b_1,b_2,\cdots,b_n)^{\mathrm{T}},$$

称向量 $\boldsymbol{\gamma}=(a_1+b_1,a_2+b_2,\cdots,a_n+b_n)^{\mathrm{T}}$ 为 $\boldsymbol{\alpha}$ 与 $\boldsymbol{\beta}$ 的**和**，记作 $\boldsymbol{\alpha}+\boldsymbol{\beta}$. 这也是一个 n 维向量.

2. 向量的数乘

定义 3.4　n 维向量 $\boldsymbol{\alpha}=(a_1,a_2,\cdots,a_n)^{\mathrm{T}}$，$k$ 为任意实数，称向量 $(ka_1,ka_2,\cdots,ka_n)^{\mathrm{T}}$ 为数 k 与向量 $\boldsymbol{\alpha}$ 的**数乘**，记作 $k\boldsymbol{\alpha}$(或 $\boldsymbol{\alpha}k$). 同样这也是一个 n 维向量.

向量 $(-1)\boldsymbol{\alpha}=(-a_1,-a_2,\cdots,-a_n)^{\mathrm{T}}$ 称为向量 $\boldsymbol{\alpha}$ 的**负向量**，记作 $-\boldsymbol{\alpha}$. 可以看到 $\boldsymbol{\alpha}+(-\boldsymbol{\alpha})=0$.

利用负向量我们可以定义向量的减法.

$$\boldsymbol{\alpha}-\boldsymbol{\beta}=\boldsymbol{\alpha}+(-\boldsymbol{\beta})=(a_1-b_1,a_2-b_2,\cdots,a_n-b_n)^{\mathrm{T}}.$$

3. 性质

不难验证下列向量的性质，也是向量的基本运算规则($\boldsymbol{\alpha},\boldsymbol{\beta},\boldsymbol{\gamma}$ 为任意 n 维向量，k,l 为任意实数)：

(1) $\boldsymbol{\alpha}+\boldsymbol{\beta}=\boldsymbol{\beta}+\boldsymbol{\alpha}$；

(2) $(\boldsymbol{\alpha}+\boldsymbol{\beta})+\boldsymbol{\gamma}=\boldsymbol{\alpha}+(\boldsymbol{\beta}+\boldsymbol{\gamma})$；

(3) $\boldsymbol{\alpha}+0=\boldsymbol{\alpha}$；

(4) $\boldsymbol{\alpha}+(-\boldsymbol{\alpha})=0$；

(5) $(kl)\boldsymbol{\alpha}=k(l\boldsymbol{\alpha})$；

(6) $1\cdot\boldsymbol{\alpha}=\boldsymbol{\alpha}$；

(7) $(k+l)\boldsymbol{\alpha}=k\boldsymbol{\alpha}+l\boldsymbol{\alpha}$；

(8) $k(\boldsymbol{\alpha}+\boldsymbol{\beta})=k\boldsymbol{\alpha}+k\boldsymbol{\beta}$.

习题 3-1

1. 设 $\boldsymbol{\alpha}_1=\begin{pmatrix}1\\-1\\2\end{pmatrix}$，$\boldsymbol{\alpha}_2=\begin{pmatrix}3\\1\\-1\end{pmatrix}$，$\boldsymbol{\alpha}_3=\begin{pmatrix}2\\0\\-1\end{pmatrix}$，求(1) $\boldsymbol{\alpha}_1+2\boldsymbol{\alpha}_2-\boldsymbol{\alpha}_3$，(2) $2\boldsymbol{\alpha}_1-\boldsymbol{\alpha}_2+3\boldsymbol{\alpha}_3$.

2. 设 $\boldsymbol{\alpha}_1=\begin{pmatrix}1\\2\\3\end{pmatrix}$，$\boldsymbol{\alpha}_2=\begin{pmatrix}6\\-5\\-4\end{pmatrix}$，$\boldsymbol{\alpha}_3=\begin{pmatrix}-1\\2\\0\end{pmatrix}$，求 $2\boldsymbol{\alpha}_1+\boldsymbol{\alpha}_2-\boldsymbol{\alpha}_3$.

3. 设 $\boldsymbol{\alpha}=\begin{pmatrix}-1\\3\\1\end{pmatrix}$，$\boldsymbol{\beta}=\begin{pmatrix}-1\\3\\2\end{pmatrix}$，$\boldsymbol{\gamma}=\begin{pmatrix}-1\\3\\-1\end{pmatrix}$，求常数 k，使得 $k\boldsymbol{\alpha}-2\boldsymbol{\beta}=\boldsymbol{\gamma}$.

第二节　向量间的线性相关性

除非特别指明，下面提到的向量都是 n 维向量.

定义 3.5　对于向量组 $\boldsymbol{\alpha}_1,\boldsymbol{\alpha}_2,\cdots,\boldsymbol{\alpha}_s$ 以及向量 $\boldsymbol{\beta}$，若存在数 $k_1,k_2,\cdots,k_s$，使得

$$\boldsymbol{\beta}=k_1\boldsymbol{\alpha}_1+k_2\boldsymbol{\alpha}_2+\cdots+k_s\boldsymbol{\alpha}_s,$$

称向量 $\boldsymbol{\beta}$ 是向量组 $\boldsymbol{\alpha}_1,\boldsymbol{\alpha}_2,\cdots,\boldsymbol{\alpha}_s$ 的**线性组合**，或者称向量 $\boldsymbol{\beta}$ 可以由向量组 $\boldsymbol{\alpha}_1,\boldsymbol{\alpha}_2,\cdots,\boldsymbol{\alpha}_s$ **线性表示**.

【例 1】　零向量可以由任意向量组 $\boldsymbol{\alpha}_1,\boldsymbol{\alpha}_2,\cdots,\boldsymbol{\alpha}_s$ 线性表示，这是因为 $\mathbf{0}=0\boldsymbol{\alpha}_1+0\boldsymbol{\alpha}_2+\cdots+0\boldsymbol{\alpha}_s$.

【例 2】　任意 n 维向量 $\boldsymbol{\alpha}=(a_1,a_2,\cdots,a_n)^{\mathrm{T}}$ 都可以由单位坐标向量组 $\boldsymbol{e}_1,\boldsymbol{e}_2,\cdots,\boldsymbol{e}_n$ 线性表示，这是因为 $\boldsymbol{\alpha}=a_1\boldsymbol{e}_1+a_2\boldsymbol{e}_2+\cdots+a_n\boldsymbol{e}_n$.

【例 3】　设三维向量 $\boldsymbol{\alpha}_1=\begin{pmatrix}2\\4\\2\end{pmatrix},\boldsymbol{\alpha}_2=\begin{pmatrix}-1\\2\\0\end{pmatrix},\boldsymbol{\alpha}_3=\begin{pmatrix}3\\5\\2\end{pmatrix},\boldsymbol{\beta}=\begin{pmatrix}1\\4\\6\end{pmatrix}$，可以看到 $\boldsymbol{\beta}=9\boldsymbol{\alpha}_1-\boldsymbol{\alpha}_2-6\boldsymbol{\alpha}_3$，因此，向量 $\boldsymbol{\beta}$ 是向量组 $\boldsymbol{\alpha}_1,\boldsymbol{\alpha}_2,\boldsymbol{\alpha}_3$ 的线性组合，或向量 $\boldsymbol{\beta}$ 可以由向量组 $\boldsymbol{\alpha}_1,\boldsymbol{\alpha}_2,\boldsymbol{\alpha}_3$ 线性表示.

设 n 维向量组 $\boldsymbol{\alpha}_1,\boldsymbol{\alpha}_2,\cdots,\boldsymbol{\alpha}_s$ 以及向量 $\boldsymbol{\beta}$ 为

$$\boldsymbol{\alpha}_1=\begin{pmatrix}a_{11}\\a_{21}\\\vdots\\a_{n1}\end{pmatrix},\boldsymbol{\alpha}_2=\begin{pmatrix}a_{12}\\a_{22}\\\vdots\\a_{n2}\end{pmatrix},\cdots,\boldsymbol{\alpha}_s=\begin{pmatrix}a_{1s}\\a_{2s}\\\vdots\\a_{ns}\end{pmatrix},\boldsymbol{\beta}=\begin{pmatrix}b_1\\b_2\\\vdots\\b_n\end{pmatrix}.$$

设

$$\boldsymbol{\beta}=k_1\boldsymbol{\alpha}_1+k_2\boldsymbol{\alpha}_2+\cdots+k_s\boldsymbol{\alpha}_s.$$

根据向量相等的定义，即对应分量相等，则上式可以写成：

$$\begin{cases}k_1a_{11}+k_2a_{12}+\cdots+k_sa_{1s}=b_1\\k_1a_{21}+k_2a_{22}+\cdots+k_sa_{2s}=b_2\\\quad\vdots\\k_1a_{n1}+k_2a_{n2}+\cdots+k_sa_{ns}=b_n\end{cases}.\tag{3.1}$$

可以看到，向量的线性表示对应的是 n 个方程、s 个未知数的线性方程组. 因此，

(1) 向量 $\boldsymbol{\beta}$ 可以由向量组 $\boldsymbol{\alpha}_1,\boldsymbol{\alpha}_2,\cdots,\boldsymbol{\alpha}_s$ 线性表示且表示法唯一，充分必要条件是上述线性方程组(3.1)有**唯一解**；

(2) 向量 $\boldsymbol{\beta}$ 可以由向量组 $\boldsymbol{\alpha}_1,\boldsymbol{\alpha}_2,\cdots,\boldsymbol{\alpha}_s$ 线性表示且表示法不唯一，充分必要条件是上述线性方程组(3.1)有**无穷多组解**；

(3) 向量 $\boldsymbol{\beta}$ 不可以由向量组 $\boldsymbol{\alpha}_1,\boldsymbol{\alpha}_2,\cdots,\boldsymbol{\alpha}_s$ 线性表示，充分必要条件是上述线性方程组

(3.1)无解.

【例 4】　求出例 3 中的表达式.

解　设 $\boldsymbol{\beta}=k_1\boldsymbol{\alpha}_1+k_2\boldsymbol{\alpha}_2+k_3\boldsymbol{\alpha}_3$，则

$$\begin{cases}2k_1-k_2+3k_3=1\\4k_1+2k_2+5k_3=4\\2k_1+2k_3=6\end{cases}.$$

将第 2 个方程减去第 1 个方程的 2 倍，将第 3 个方程减去第 1 个方程，得

$$\begin{cases}2k_1-k_2+3k_3=1\\4k_2-k_3=2\\k_2-k_3=5\end{cases}.$$

将第 2 个方程减去第 3 个方程的 4 倍，再交换第 2 个、第 3 个方程，得

$$\begin{cases}2k_1-k_2+3k_3=1\\k_2-k_3=5\\3k_3=-18\end{cases}.$$

因此，方程组的解为 $k_1=9,k_2=-1,k_3=-6$. 于是

$$\boldsymbol{\beta}=9\boldsymbol{\alpha}_1-\boldsymbol{\alpha}_2-6\boldsymbol{\alpha}_3.$$

【例 5】　设 $\boldsymbol{\alpha}_1=\begin{pmatrix}1\\1\\0\end{pmatrix},\boldsymbol{\alpha}_2=\begin{pmatrix}1\\3\\-1\end{pmatrix},\boldsymbol{\alpha}_3=\begin{pmatrix}5\\3\\t\end{pmatrix}$，$\boldsymbol{\beta}=\begin{pmatrix}2\\6\\-1\end{pmatrix}$，则 t 为何值时，$\boldsymbol{\beta}$ 可以由向量组 $\boldsymbol{\alpha}_1,\boldsymbol{\alpha}_2,\boldsymbol{\alpha}_3$ 线性表示.

解　设 $\boldsymbol{\beta}=k_1\boldsymbol{\alpha}_1+k_2\boldsymbol{\alpha}_2+k_3\boldsymbol{\alpha}_3$，则

$$\begin{cases}k_1+k_2+5k_3=2\\k_1+3k_2+3k_3=6\\-k_2+tk_3=-1\end{cases}.$$

方程组的系数行列式为

$$\begin{vmatrix}1&1&5\\1&3&3\\0&-1&t\end{vmatrix}=2(t-1).$$

当 $t\neq1$ 时，由克莱姆法则得方程组有唯一解，即 $\boldsymbol{\beta}$ 可以由向量组 $\boldsymbol{\alpha}_1,\boldsymbol{\alpha}_2,\boldsymbol{\alpha}_3$ 线性表示，且表示法唯一.

当 $t=1$ 时，第 2 个方程减去第 1 个方程，得

$$\begin{cases}k_1+k_2+5k_3=2\\2k_2-2k_3=4\\-k_2+k_3=-1\end{cases}.$$

可以看出，第 2 个方程与第 3 个方程矛盾，即方程组无解，所以 $\boldsymbol{\beta}$ 不可以由向量组 $\boldsymbol{\alpha}_1,\boldsymbol{\alpha}_2,\boldsymbol{\alpha}_3$ 线性表示.

定义 3.6　设 n 维向量组 $\boldsymbol{\alpha}_1,\boldsymbol{\alpha}_2,\cdots,\boldsymbol{\alpha}_s$，若存在一组不全为 0 的数 $k_1,k_2,\cdots,k_s$，使得

$$k_1\boldsymbol{\alpha}_1+k_2\boldsymbol{\alpha}_2+\cdots+k_s\boldsymbol{\alpha}_s=0,$$

称 $\boldsymbol{\alpha}_1,\boldsymbol{\alpha}_2,\cdots,\boldsymbol{\alpha}_s$ **线性相关**，否则称 $\boldsymbol{\alpha}_1,\boldsymbol{\alpha}_2,\cdots,\boldsymbol{\alpha}_s$ **线性无关**.

【例 6】 设 $\boldsymbol{\alpha}_1=\begin{pmatrix}1\\-2\\1\end{pmatrix},\boldsymbol{\alpha}_2=\begin{pmatrix}-2\\4\\-2\end{pmatrix},\boldsymbol{\alpha}_3=\begin{pmatrix}2\\3\\-5\end{pmatrix}$，讨论 $\boldsymbol{\alpha}_1,\boldsymbol{\alpha}_2,\boldsymbol{\alpha}_3$ 的线性相关性.

解　因为

$$2\boldsymbol{\alpha}_1+\boldsymbol{\alpha}_2+0\boldsymbol{\alpha}_3=0,$$

而系数 2，1，0 为不全为 0 的数，所以 $\boldsymbol{\alpha}_1,\boldsymbol{\alpha}_2,\boldsymbol{\alpha}_3$ 线性相关.

【例 7】 证明含有零向量的向量组线性相关.

证明　设向量组为 0，$\boldsymbol{\alpha}_1,\boldsymbol{\alpha}_2,\cdots,\boldsymbol{\alpha}_s$. 因为

$$1\cdot 0+0\boldsymbol{\alpha}_1+0\boldsymbol{\alpha}_2+\cdots+0\boldsymbol{\alpha}_s=0$$

恒成立，而系数 $1,0,0,\cdots,0$ 不全为 0，所以 0，$\boldsymbol{\alpha}_1,\boldsymbol{\alpha}_2,\cdots,\boldsymbol{\alpha}_s$ 线性相关.

从定义 3.6 中可以看到，所谓 $\boldsymbol{\alpha}_1,\boldsymbol{\alpha}_2,\cdots,\boldsymbol{\alpha}_s$ 线性无关是指：不存在不全为 0 的数 k_1，$k_2,\cdots,k_s$，使得

$$k_1\boldsymbol{\alpha}_1+k_2\boldsymbol{\alpha}_2+\cdots+k_s\boldsymbol{\alpha}_s=0.$$

换句话说，如果

$$k_1\boldsymbol{\alpha}_1+k_2\boldsymbol{\alpha}_2+\cdots+k_s\boldsymbol{\alpha}_s=0$$

成立，那么数 $k_1,k_2,\cdots,k_s$ 必须全为 0，即 $k_1=0,k_2=0,\cdots,k_s=0$. 而系数 $k_1,k_2,\cdots,k_s$ 全为 0 时，显然 $k_1\boldsymbol{\alpha}_1+k_2\boldsymbol{\alpha}_2+\cdots+k_s\boldsymbol{\alpha}_s=0$. 因此 $\boldsymbol{\alpha}_1,\boldsymbol{\alpha}_2,\cdots,\boldsymbol{\alpha}_s$ 线性无关可以定义为：

当且仅当 $k_1,k_2,\cdots,k_s$ 全为 0 时，

$$k_1\boldsymbol{\alpha}_1+k_2\boldsymbol{\alpha}_2+\cdots+k_s\boldsymbol{\alpha}_s=0,$$

则称向量组 $\boldsymbol{\alpha}_1,\boldsymbol{\alpha}_2,\cdots,\boldsymbol{\alpha}_s$ **线性无关**.

【例 8】 证明 n 维单位坐标向量组 $\boldsymbol{e}_1,\boldsymbol{e}_2,\cdots,\boldsymbol{e}_n$ 线性无关.

证明　设 $k_1\boldsymbol{e}_1+k_2\boldsymbol{e}_2+\cdots+k_n\boldsymbol{e}_n=0$，则 $(k_1,k_2,\cdots,k_n)^{\mathrm{T}}=(0,0,\cdots,0)^{\mathrm{T}}$. 于是 $k_1=0,k_2=0,\cdots,k_n=0$，因此 $\boldsymbol{e}_1,\boldsymbol{e}_2,\cdots,\boldsymbol{e}_n$ 线性无关.

设 n 维向量组 $\boldsymbol{\alpha}_1,\boldsymbol{\alpha}_2,\cdots,\boldsymbol{\alpha}_s$ 为

$$\boldsymbol{\alpha}_1=\begin{pmatrix}a_{11}\\a_{21}\\\vdots\\a_{n1}\end{pmatrix},\boldsymbol{\alpha}_2=\begin{pmatrix}a_{12}\\a_{22}\\\vdots\\a_{n2}\end{pmatrix},\cdots,\boldsymbol{\alpha}_s=\begin{pmatrix}a_{1s}\\a_{2s}\\\vdots\\a_{ns}\end{pmatrix},$$

$$k_1\boldsymbol{\alpha}_1+k_2\boldsymbol{\alpha}_2+\cdots+k_s\boldsymbol{\alpha}_s=0.$$

根据向量的对应分量相等，上式可以写成齐次线性方程组

$$\begin{cases}a_{11}k_1+a_{12}k_2+\cdots+a_{1s}k_s=0\\a_{21}k_1+a_{22}k_2+\cdots+a_{2s}k_s=0\\\qquad\vdots\\a_{n1}k_1+a_{n2}k_2+\cdots+a_{ns}k_s=0\end{cases}.\tag{3.2}$$

因此，

(1) 向量组 $\boldsymbol{\alpha}_1,\boldsymbol{\alpha}_2,\cdots,\boldsymbol{\alpha}_s$ 线性相关的充分必要条件是齐次线性方程组(3.2)有**非零解**；

(2)向量组 $\boldsymbol{\alpha}_1,\boldsymbol{\alpha}_2,\cdots,\boldsymbol{\alpha}_s$ 线性无关的充分必要条件是齐次线性方程组(3.2)只有**零解**.

定理 3.1　对于 n 个 n 维向量 $\boldsymbol{\alpha}_1=\begin{pmatrix}a_{11}\\a_{21}\\\vdots\\a_{n1}\end{pmatrix},\boldsymbol{\alpha}_2=\begin{pmatrix}a_{12}\\a_{22}\\\vdots\\a_{n2}\end{pmatrix},\cdots,\boldsymbol{\alpha}_s=\begin{pmatrix}a_{1n}\\a_{2n}\\\vdots\\a_{nn}\end{pmatrix}$，向量组 $\boldsymbol{\alpha}_1,\boldsymbol{\alpha}_2,\cdots,\boldsymbol{\alpha}_n$ 线性无关的充分必要条件是它们组成的行列式

$$\begin{vmatrix}a_{11}&a_{12}&\cdots&a_{1n}\\a_{21}&a_{22}&\cdots&a_{2n}\\\vdots&\vdots&&\vdots\\a_{n1}&a_{n2}&\cdots&a_{nn}\end{vmatrix}\neq 0.$$

证明　见本章第四节定理 3.20 的推论 2.

【例 9】　设 $\boldsymbol{\alpha}_1=\begin{pmatrix}1\\0\\-1\end{pmatrix},\boldsymbol{\alpha}_2=\begin{pmatrix}-1\\-1\\2\end{pmatrix},\boldsymbol{\alpha}_3=\begin{pmatrix}2\\3\\-5\end{pmatrix}$，讨论 $\boldsymbol{\alpha}_1,\boldsymbol{\alpha}_2,\boldsymbol{\alpha}_3$ 的线性相关性.

例 9 步骤讲解

解　因为 $\begin{vmatrix}1&-1&2\\0&-1&3\\-1&2&-5\end{vmatrix}=0$，所以 $\boldsymbol{\alpha}_1,\boldsymbol{\alpha}_2,\boldsymbol{\alpha}_3$ 线性相关.

同样也可以看到

$$1\cdot\boldsymbol{\alpha}_1+3\cdot\boldsymbol{\alpha}_2+1\cdot\boldsymbol{\alpha}_3=0.$$

根据这个表达式也可以得出 $\boldsymbol{\alpha}_1,\boldsymbol{\alpha}_2,\boldsymbol{\alpha}_3$ 线性相关.

【例 10】　设 $\boldsymbol{\alpha}_1,\boldsymbol{\alpha}_2,\boldsymbol{\alpha}_3$ 线性无关，$\boldsymbol{\beta}_1=\boldsymbol{\alpha}_1+\boldsymbol{\alpha}_2+\boldsymbol{\alpha}_3,\boldsymbol{\beta}_2=\boldsymbol{\alpha}_1+\boldsymbol{\alpha}_2,\boldsymbol{\beta}_3=\boldsymbol{\alpha}_1$，证明 $\boldsymbol{\beta}_1,\boldsymbol{\beta}_2,\boldsymbol{\beta}_3$ 线性无关.

证明　设常数 k_1,k_2,k_3 使得 $k_1\boldsymbol{\beta}_1+k_2\boldsymbol{\beta}_2+k_3\boldsymbol{\beta}_3=0$，于是

$$k_1(\boldsymbol{\alpha}_1+\boldsymbol{\alpha}_2+\boldsymbol{\alpha}_3)+k_2(\boldsymbol{\alpha}_1+\boldsymbol{\alpha}_2)+k_3\boldsymbol{\alpha}_1=0,$$

即

$$(k_1+k_2+k_3)\boldsymbol{\alpha}_1+(k_1+k_2)\boldsymbol{\alpha}_2+k_1\boldsymbol{\alpha}_3=0.$$

因为 $\boldsymbol{\alpha}_1,\boldsymbol{\alpha}_2,\boldsymbol{\alpha}_3$ 线性无关，所以

$$\begin{cases}k_1+k_2+k_3=0\\k_1+k_2=0\\k_1=0\end{cases},$$

解得 $k_1=k_2=k_3=0$. 因此，$\boldsymbol{\beta}_1,\boldsymbol{\beta}_2,\boldsymbol{\beta}_3$ 线性无关.

定理 3.2　设 n 维向量组 $\boldsymbol{\alpha}_1,\boldsymbol{\alpha}_2,\cdots,\boldsymbol{\alpha}_s$ 线性无关，

$$\boldsymbol{\beta}_1=a_{11}\boldsymbol{\alpha}_1+a_{12}\boldsymbol{\alpha}_2+\cdots+a_{1s}\boldsymbol{\alpha}_s,$$
$$\boldsymbol{\beta}_2=a_{21}\boldsymbol{\alpha}_1+a_{22}\boldsymbol{\alpha}_2+\cdots+a_{2s}\boldsymbol{\alpha}_s,$$
$$\cdots$$
$$\boldsymbol{\beta}_s=a_{s1}\boldsymbol{\alpha}_1+a_{s2}\boldsymbol{\alpha}_2+\cdots+a_{ss}\boldsymbol{\alpha}_s,$$

则 $\boldsymbol{\beta}_1$，$\boldsymbol{\beta}_2,\cdots,\boldsymbol{\beta}_s$ 线性无关的充分必要条件是

$$\begin{vmatrix} a_{11} & a_{12} & \cdots & a_{1s} \\ a_{21} & a_{22} & \cdots & a_{2s} \\ \vdots & \vdots & & \vdots \\ a_{s1} & a_{s2} & \cdots & a_{ss} \end{vmatrix} \neq 0.$$

证明留给读者完成.

定理 3.3　设 n 维向量组 $\boldsymbol{\alpha}_1,\boldsymbol{\alpha}_2,\cdots,\boldsymbol{\alpha}_s$ 线性相关，则增加向量后的向量组 $\boldsymbol{\alpha}_1,\boldsymbol{\alpha}_2,\cdots,\boldsymbol{\alpha}_s,\boldsymbol{\alpha}_{s+1},\cdots,\boldsymbol{\alpha}_m(m>s)$ 也线性相关.

证明　因为 $\boldsymbol{\alpha}_1,\boldsymbol{\alpha}_2,\cdots,\boldsymbol{\alpha}_s$ 线性相关，所以存在一组不全为 0 的数 $k_1,k_2,\cdots,k_s$，使得

$$k_1\boldsymbol{\alpha}_1+k_2\boldsymbol{\alpha}_2+\cdots+k_s\boldsymbol{\alpha}_s=0,$$

于是

$$k_1\boldsymbol{\alpha}_1+k_2\boldsymbol{\alpha}_2+\cdots+k_s\boldsymbol{\alpha}_s+0\cdot\boldsymbol{\alpha}_{s+1}+\cdots+0\cdot\boldsymbol{\alpha}_m=0.$$

因此，$\boldsymbol{\alpha}_1,\boldsymbol{\alpha}_2,\cdots,\boldsymbol{\alpha}_m$ 线性相关.

这个定理说明了，如果一个向量组的一部分向量组线性相关，那么整个向量组也线性相关，即**部分相关则整体相关**. 换句话说，如果整个向量组线性无关，那么它的部分向量组一定也线性无关，即**整体无关则部分无关**. 但需要注意的是，定理反过来不成立，即**整体相关，但部分不一定相关**. 例如，例 6 中 $\boldsymbol{\alpha}_1,\boldsymbol{\alpha}_2,\boldsymbol{\alpha}_3$ 线性相关，但是 $\boldsymbol{\alpha}_1,\boldsymbol{\alpha}_3$ 线性无关.

定理 3.4　设 n 维向量组 $\boldsymbol{\alpha}_1,\boldsymbol{\alpha}_2,\cdots,\boldsymbol{\alpha}_s$ 为

$$\boldsymbol{\alpha}_1=\begin{pmatrix} a_{11} \\ a_{21} \\ \vdots \\ a_{n1} \end{pmatrix},\boldsymbol{\alpha}_2=\begin{pmatrix} a_{12} \\ a_{22} \\ \vdots \\ a_{n2} \end{pmatrix},\cdots,\boldsymbol{\alpha}_s=\begin{pmatrix} a_{1s} \\ a_{2s} \\ \vdots \\ a_{ns} \end{pmatrix},$$

添加一个分量后组成 $n+1$ 维向量组

$$\boldsymbol{\beta}_1=\begin{pmatrix} a_{11} \\ a_{21} \\ \vdots \\ a_{n1} \\ b_1 \end{pmatrix},\boldsymbol{\beta}_2=\begin{pmatrix} a_{12} \\ a_{22} \\ \vdots \\ a_{n2} \\ b_2 \end{pmatrix},\cdots,\boldsymbol{\beta}_s=\begin{pmatrix} a_{1s} \\ a_{2s} \\ \vdots \\ a_{ns} \\ b_s \end{pmatrix}.$$

若向量组 $\boldsymbol{\alpha}_1,\boldsymbol{\alpha}_2,\cdots,\boldsymbol{\alpha}_s$ 线性无关，则向量组 $\boldsymbol{\beta}_1,\boldsymbol{\beta}_2,\cdots,\boldsymbol{\beta}_s$ 也线性无关.

证明　设 $k_1\boldsymbol{\beta}_1+k_2\boldsymbol{\beta}_2+\cdots+k_s\boldsymbol{\beta}_s=0$，即

$$\begin{cases} a_{11}k_1+a_{12}k_2+\cdots+a_{1s}k_s=0 \\ \qquad\vdots \\ a_{n1}k_1+a_{n2}k_2+\cdots+a_{ns}k_s=0 \\ b_1k_1+b_2k_2+\cdots+b_sk_s=0 \end{cases}.$$

由前面 n 个方程得

$$k_1\boldsymbol{\alpha}_1+k_2\boldsymbol{\alpha}_2+\cdots+k_s\boldsymbol{\alpha}_s=0.$$

因为 $\boldsymbol{\alpha}_1,\boldsymbol{\alpha}_2,\cdots,\boldsymbol{\alpha}_s$ 线性无关，所以 $k_1=k_2=\cdots=k_s=0$，因此 $\boldsymbol{\beta}_1,\boldsymbol{\beta}_2,\cdots,\boldsymbol{\beta}_s$ 线性无关.

从定理 3.4 的证明中可以看到，所添加的分量不一定要求在最后，也不一定只添加一个分量，可以添加多个分量，只要所添加的分量所对应位置相同，定理仍然成立. 例如，$\begin{pmatrix}1\\0\\0\end{pmatrix},\begin{pmatrix}0\\1\\0\end{pmatrix},\begin{pmatrix}0\\0\\1\end{pmatrix}$线性无关，则$\begin{pmatrix}2\\1\\-1\\0\\0\end{pmatrix},\begin{pmatrix}1\\0\\2\\1\\0\end{pmatrix},\begin{pmatrix}-1\\0\\1\\0\\1\end{pmatrix}$也线性无关.

推论　n 维向量组 $\boldsymbol{\alpha}_1,\boldsymbol{\alpha}_2,\cdots,\boldsymbol{\alpha}_s$ 的每个向量相应添加 m 个分量后成为 $m+n$ 维向量组 $\boldsymbol{\gamma}_1,\boldsymbol{\gamma}_2,\cdots,\boldsymbol{\gamma}_s$，如果 n 维向量组 $\boldsymbol{\alpha}_1,\boldsymbol{\alpha}_2,\cdots,\boldsymbol{\alpha}_s$ 线性无关，那么添加分量后的 $m+n$ 维向量组 $\boldsymbol{\gamma}_1,\boldsymbol{\gamma}_2,\cdots,\boldsymbol{\gamma}_s$ 也线性无关. 反之，如果 $m+n$ 维向量组 $\boldsymbol{\gamma}_1,\boldsymbol{\gamma}_2,\cdots,\boldsymbol{\gamma}_s$ 线性相关，那么去掉 m 个分量后的 n 维向量组 $\boldsymbol{\alpha}_1,\boldsymbol{\alpha}_2,\cdots,\boldsymbol{\alpha}_s$ 也线性相关.

定理 3.5　$n+1$ 个 n 维向量线性相关.

证明　若 $n+1$ 个向量中含有零向量，则一定线性相关. 下面假设 $n+1$ 个向量中没有零向量，关于维数 n 用数学归纳法证明.

$n=1$ 时，一维向量即常数. 两个一维向量 $\boldsymbol{\alpha}=a,\boldsymbol{\beta}=b$，因为 $\boldsymbol{\alpha},\boldsymbol{\beta}$ 都是非零向量，所以 $a\neq0,b\neq0$. 因此 $\boldsymbol{\alpha}-\dfrac{a}{b}\boldsymbol{\beta}=0$，所以 $\boldsymbol{\alpha},\boldsymbol{\beta}$ 线性相关.

假设任意 n 个 $n-1$ 维向量都是线性相关的.

设 $n+1$ 个 n 维向量为

$$\boldsymbol{\alpha}_1=\begin{pmatrix}a_{11}\\a_{21}\\\vdots\\a_{n1}\end{pmatrix},\boldsymbol{\alpha}_2=\begin{pmatrix}a_{12}\\a_{22}\\\vdots\\a_{n2}\end{pmatrix},\cdots,\boldsymbol{\alpha}_{n+1}=\begin{pmatrix}a_{1,n+1}\\a_{2,n+1}\\\vdots\\a_{n,n+1}\end{pmatrix}.$$

因为 $\boldsymbol{\alpha}_1\neq0$，所以 $\boldsymbol{\alpha}_1$ 的分量中至少有一个分量不为 0，不妨假设 $a_{11}\neq0$. 令

$$\boldsymbol{\beta}_1=\boldsymbol{\alpha}_2-\frac{a_{12}}{a_{11}}\boldsymbol{\alpha}_1=\begin{pmatrix}0\\b_{21}\\\vdots\\b_{n1}\end{pmatrix},$$

$$\boldsymbol{\beta}_2=\boldsymbol{\alpha}_3-\frac{a_{13}}{a_{11}}\boldsymbol{\alpha}_1=\begin{pmatrix}0\\b_{22}\\\vdots\\b_{n2}\end{pmatrix},$$

$$\cdots$$

$$\boldsymbol{\beta}_n=\boldsymbol{\alpha}_{n+1}-\frac{a_{1,n+1}}{a_{11}}\boldsymbol{\alpha}_1=\begin{pmatrix}0\\b_{2n}\\\vdots\\b_{nn}\end{pmatrix},$$

其中 $b_{ij}=a_{i,j+1}-\frac{a_{1,j+1}}{a_{11}}a_{i1}$，$i=2,3,\cdots,n,j=1,2,\cdots,n.$

令

$$\boldsymbol{\gamma}_1=\begin{pmatrix}b_{21}\\ \vdots\\ b_{n1}\end{pmatrix},\boldsymbol{\gamma}_2=\begin{pmatrix}b_{22}\\ \vdots\\ b_{n2}\end{pmatrix},\cdots,\boldsymbol{\gamma}_n=\begin{pmatrix}b_{2n}\\ \vdots\\ b_{nn}\end{pmatrix}.$$

$\boldsymbol{\gamma}_1,\boldsymbol{\gamma}_2,\cdots,\boldsymbol{\gamma}_n$ 是 n 个 $n-1$ 维向量，根据归纳假设得，$\boldsymbol{\gamma}_1,\boldsymbol{\gamma}_2,\cdots,\boldsymbol{\gamma}_n$ 线性相关. 那么存在 n 个不全为 0 的数 $k_1,k_2,\cdots,k_n$，使得

$$k_1\boldsymbol{\gamma}_1+k_2\boldsymbol{\gamma}_2+\cdots+k_n\boldsymbol{\gamma}_n=0.$$

由于 $\boldsymbol{\beta}_i$ 与 $\boldsymbol{\gamma}_i$ 只差一个为 0 的分量，故

$$k_1\boldsymbol{\beta}_1+k_2\boldsymbol{\beta}_2+\cdots+k_n\boldsymbol{\beta}_n=0,$$

即

$$k_1\left(\boldsymbol{\alpha}_2-\frac{a_{12}}{a_{11}}\boldsymbol{\alpha}_1\right)+k_2\left(\boldsymbol{\alpha}_3-\frac{a_{13}}{a_{11}}\boldsymbol{\alpha}_1\right)+\cdots+k_n\left(\boldsymbol{\alpha}_{n+1}-\frac{a_{1,n+1}}{a_{11}}\boldsymbol{\alpha}_1\right)=0.$$

于是

$$\left(-k_1\frac{a_{12}}{a_{11}}-k_2\frac{a_{13}}{a_{11}}-\cdots-k_n\frac{a_{1,n+1}}{a_{11}}\right)\boldsymbol{\alpha}_1+k_1\boldsymbol{\alpha}_2+k_2\boldsymbol{\alpha}_3+\cdots+k_n\boldsymbol{\alpha}_{n+1}=0.$$

因为 $k_1,k_2,\cdots,k_n$ 不全为 0，所以$\left(-k_1\frac{a_{12}}{a_{11}}-k_2\frac{a_{13}}{a_{11}}-\cdots-k_n\frac{a_{1,n+1}}{a_{11}}\right)$，$k_1,k_2,\cdots,k_n$ 这 $n+1$ 个数也不全为 0，因此 $\boldsymbol{\alpha}_1,\boldsymbol{\alpha}_2,\cdots,\boldsymbol{\alpha}_{n+1}$线性相关.

推论 若 $m>n$，则 m 个 n 维向量一定线性相关.

下面我们讨论线性相关与线性表示之间的联系.

定理 3.6 n 维向量组 $\boldsymbol{\alpha}_1,\boldsymbol{\alpha}_2,\cdots,\boldsymbol{\alpha}_s$ 线性相关的充分必要条件是 $\boldsymbol{\alpha}_1,\boldsymbol{\alpha}_2,\cdots,\boldsymbol{\alpha}_s$ 中至少有一个向量可以由其余 $s-1$ 个向量线性表示.

证明 **充分性** 设 $\boldsymbol{\alpha}_1,\boldsymbol{\alpha}_2,\cdots,\boldsymbol{\alpha}_s$ 中至少有一个向量可以由其余 $s-1$ 个向量线性表示. 不妨假设 $\boldsymbol{\alpha}_1$ 可以由 $\boldsymbol{\alpha}_2,\cdots,\boldsymbol{\alpha}_s$ 线性表示，则存在一组数 $k_2,\cdots,k_s$，使得

$$\boldsymbol{\alpha}_1=k_2\boldsymbol{\alpha}_2+\cdots+k_s\boldsymbol{\alpha}_s,$$

于是

$$\boldsymbol{\alpha}_1-k_2\boldsymbol{\alpha}_2-\cdots-k_s\boldsymbol{\alpha}_s=0.$$

因为数 $1,-k_2,\cdots,-k_s$ 不全为 0，所以 $\boldsymbol{\alpha}_1,\boldsymbol{\alpha}_2,\cdots,\boldsymbol{\alpha}_s$ 线性相关.

必要性 设 $\boldsymbol{\alpha}_1,\boldsymbol{\alpha}_2,\cdots,\boldsymbol{\alpha}_s$ 线性相关，则存在不全为 0 的数 $l_1,l_2,\cdots,l_s$，使得

$$l_1\boldsymbol{\alpha}_1+l_2\boldsymbol{\alpha}_2+\cdots+l_s\boldsymbol{\alpha}_s=0.$$

因为 $l_1,l_2,\cdots,l_s$ 不全为 0，不妨假设 $l_s\neq 0$. 由上式得

$$\boldsymbol{\alpha}_s=-\frac{l_1}{l_s}\boldsymbol{\alpha}_1-\frac{l_2}{l_s}\boldsymbol{\alpha}_2-\frac{l_{s-1}}{l_s}\boldsymbol{\alpha}_{s-1},$$

所以 $\boldsymbol{\alpha}_s$ 可以由 $\boldsymbol{\alpha}_1$，$\boldsymbol{\alpha}_2$，$\cdots$，$\boldsymbol{\alpha}_{s-1}$线性表示.

推论 $\boldsymbol{\alpha}_1,\boldsymbol{\alpha}_2,\cdots,\boldsymbol{\alpha}_s$ 线性无关的充分必要条件是 $\boldsymbol{\alpha}_1,\boldsymbol{\alpha}_2,\cdots,\boldsymbol{\alpha}_s$ 中任意一个向量都不可以由其余 $s-1$ 个向量线性表示.

定理 3.7 设 n 维向量组 $\boldsymbol{\alpha}_1,\boldsymbol{\alpha}_2,\cdots,\boldsymbol{\alpha}_s$ 线性无关，则 $\boldsymbol{\alpha}_1,\boldsymbol{\alpha}_2,\cdots,\boldsymbol{\alpha}_s$，$\boldsymbol{\beta}$ 线性相关的充分必要条件是 $\boldsymbol{\beta}$ 可以由 $\boldsymbol{\alpha}_1,\boldsymbol{\alpha}_2,\cdots,\boldsymbol{\alpha}_s$ 线性表示.

证明 充分性由定理 3.6 可得. 下面证明必要性.

因为 $\boldsymbol{\alpha}_1,\boldsymbol{\alpha}_2,\cdots,\boldsymbol{\alpha}_s$，$\boldsymbol{\beta}$ 线性相关，所以存在不全为 0 的数 $k_1,k_2,\cdots,k_s$，l，使得

$$k_1\boldsymbol{\alpha}_1+k_2\boldsymbol{\alpha}_2+\cdots+k_s\boldsymbol{\alpha}_s+l\boldsymbol{\beta}=0.$$

假若 $l=0$，则上式变为

$$k_1\boldsymbol{\alpha}_1+k_2\boldsymbol{\alpha}_2+\cdots+k_s\boldsymbol{\alpha}_s=0.$$

因为 $\boldsymbol{\alpha}_1,\boldsymbol{\alpha}_2,\cdots,\boldsymbol{\alpha}_s$ 线性无关，所以 $k_1,k_2,\cdots,k_s$ 全为 0，这与 $k_1,k_2,\cdots,k_s$，l 不全为 0 矛盾. 因此 $l\neq0$. 由 $k_1\boldsymbol{\alpha}_1+k_2\boldsymbol{\alpha}_2+\cdots+k_s\boldsymbol{\alpha}_s+l\boldsymbol{\beta}=0$ 得

$$\boldsymbol{\beta}=-\frac{k_1}{l}\boldsymbol{\alpha}_1-\frac{k_2}{l}\boldsymbol{\alpha}_2-\cdots-\frac{k_s}{l}\boldsymbol{\alpha}_s,$$

即 $\boldsymbol{\beta}$ 可以由 $\boldsymbol{\alpha}_1,\boldsymbol{\alpha}_2,\cdots,\boldsymbol{\alpha}_s$ 线性表示.

例如，$\boldsymbol{\alpha}_1=\begin{pmatrix}2\\1\end{pmatrix},\boldsymbol{\alpha}_2=\begin{pmatrix}1\\3\end{pmatrix}$ 线性无关，任取一个二维向量 $\boldsymbol{\beta}$，根据定理 3.5，3 个二维向量 $\boldsymbol{\alpha}_1,\boldsymbol{\alpha}_2$，$\boldsymbol{\beta}$ 线性相关，由定理 3.7 得，任意二维向量 $\boldsymbol{\beta}$ 可以由 $\boldsymbol{\alpha}_1,\boldsymbol{\alpha}_2$ 线性表示.

习题 3-2

1. 三维向量 $\boldsymbol{\alpha}_1=\begin{pmatrix}1\\3\\2\end{pmatrix}$，$\boldsymbol{\alpha}_2=\begin{pmatrix}3\\2\\1\end{pmatrix}$，$\boldsymbol{\alpha}_3=\begin{pmatrix}-2\\-5\\1\end{pmatrix}$，$\boldsymbol{\beta}=\begin{pmatrix}4\\11\\3\end{pmatrix}$，将 $\boldsymbol{\beta}$ 表示成 $\boldsymbol{\alpha}_1$，$\boldsymbol{\alpha}_2$，$\boldsymbol{\alpha}_3$ 的线性组合 .

2. 判断下列向量组是否线性相关：

(1) $\boldsymbol{\alpha}_1=\begin{pmatrix}3\\1\\5\\-2\end{pmatrix}$，$\boldsymbol{\alpha}_2=\begin{pmatrix}-3\\-1\\-1\\2\end{pmatrix}$，$\boldsymbol{\alpha}_3=\begin{pmatrix}-1\\2\\5\\3\end{pmatrix}$，$\boldsymbol{\alpha}_4=\begin{pmatrix}5\\1\\3\\-4\end{pmatrix}$；

(2) $\boldsymbol{\alpha}_1=\begin{pmatrix}1\\2\\1\end{pmatrix}$，$\boldsymbol{\alpha}_2=\begin{pmatrix}-1\\1\\0\end{pmatrix}$，$\boldsymbol{\alpha}_3=\begin{pmatrix}2\\3\\1\end{pmatrix}$.

3. 设 $\boldsymbol{\alpha}_1$，$\boldsymbol{\alpha}_2$，$\boldsymbol{\alpha}_3$ 线性无关，则 $2\boldsymbol{\alpha}_1-\boldsymbol{\alpha}_2+\boldsymbol{\alpha}_3$，$\boldsymbol{\alpha}_1+2\boldsymbol{\alpha}_2-2\boldsymbol{\alpha}_3$，$2\boldsymbol{\alpha}_1-3\boldsymbol{\alpha}_2+\boldsymbol{\alpha}_3$ 是否线性无关？

4. 设 $\boldsymbol{\alpha}_1$，$\boldsymbol{\alpha}_2$ 线性无关，而 $\boldsymbol{\alpha}_1+\boldsymbol{\beta}$，$\boldsymbol{\alpha}_2+\boldsymbol{\beta}$ 线性相关，证明：$\boldsymbol{\beta}$ 可由 $\boldsymbol{\alpha}_1$，$\boldsymbol{\alpha}_2$ 线性表示 .

第三节　向量组的秩

一、向量组之间的线性关系

下面讨论两个 n 维向量组

(Ⅰ) $\boldsymbol{\alpha}_1,\boldsymbol{\alpha}_2,\cdots,\boldsymbol{\alpha}_s$,

(Ⅱ) $\boldsymbol{\beta}_1,\boldsymbol{\beta}_2,\cdots,\boldsymbol{\beta}_t$

之间的关系.

定义 3.7　如果向量组(Ⅰ)中每个向量 $\boldsymbol{\alpha}_i$ 都可以由向量组(Ⅱ)线性表示，即

$$\boldsymbol{\alpha}_1=b_{11}\boldsymbol{\beta}_1+b_{12}\boldsymbol{\beta}_2+\cdots+b_{1t}\boldsymbol{\beta}_t,$$
$$\boldsymbol{\alpha}_2=b_{21}\boldsymbol{\beta}_1+b_{22}\boldsymbol{\beta}_2+\cdots+b_{2t}\boldsymbol{\beta}_t,$$
$$\cdots$$
$$\boldsymbol{\alpha}_s=b_{s1}\boldsymbol{\beta}_1+b_{s2}\boldsymbol{\beta}_2+\cdots+b_{st}\boldsymbol{\beta}_t,$$

称向量组(Ⅰ)可以由向量组(Ⅱ)**线性表示**.

如果向量组(Ⅰ)可以由向量组(Ⅱ)线性表示，向量组(Ⅱ)也可以由向量组(Ⅰ)线性表示，那么称向量组(Ⅰ)和向量组(Ⅱ)**等价**.

如果向量组(Ⅰ) $\boldsymbol{\alpha}_1,\boldsymbol{\alpha}_2,\cdots,\boldsymbol{\alpha}_s$ 可以由向量组(Ⅱ) $\boldsymbol{\beta}_1,\boldsymbol{\beta}_2,\cdots,\boldsymbol{\beta}_t$ 线性表示，

$$\boldsymbol{\alpha}_i=\sum_{j=1}^{t}b_{ij}\boldsymbol{\beta}_j,\ i=1,2,\cdots,s,$$

而向量组(Ⅱ) $\boldsymbol{\beta}_1,\boldsymbol{\beta}_2,\cdots,\boldsymbol{\beta}_t$ 可以由向量组(Ⅲ) $\boldsymbol{\gamma}_1,\boldsymbol{\gamma}_2,\cdots,\boldsymbol{\gamma}_m$ 线性表示，

$$\boldsymbol{\beta}_j=\sum_{k=1}^{m}c_{jk}\boldsymbol{\gamma}_k,\ j=1,2,\cdots,t,$$

则

$$\boldsymbol{\alpha}_i=\sum_{j=1}^{t}b_{ij}\boldsymbol{\beta}_j=\sum_{j=1}^{t}b_{ij}\left(\sum_{k=1}^{m}c_{jk}\boldsymbol{\gamma}_k\right)=\sum_{k=1}^{m}\left(c_{jk}\sum_{j=1}^{t}b_{ij}\right)\boldsymbol{\gamma}_k,\ i=1,2,\cdots,s,$$

即向量组(Ⅰ)可以由向量组(Ⅲ)线性表示.

向量组之间的等价关系具有以下性质.

性质 1　反身性：每一个向量组与自身等价.

性质 2　对称性：如果向量组(Ⅰ)和向量组(Ⅱ)等价，那么向量组(Ⅱ)和向量组(Ⅰ)也等价.

性质 3　传递性：如果向量组(Ⅰ)和向量组(Ⅱ)等价，向量组(Ⅱ)和向量组(Ⅲ)等价，那么向量组(Ⅰ)和向量组(Ⅲ)也等价.

向量组(Ⅰ)由向量组(Ⅱ)线性表示的表达式可以用矩阵形式来表示：

$$(\boldsymbol{\alpha}_1\quad\boldsymbol{\alpha}_2\quad\cdots\quad\boldsymbol{\alpha}_s)=(\boldsymbol{\beta}_1\quad\boldsymbol{\beta}_2\quad\cdots\quad\boldsymbol{\beta}_t)\begin{pmatrix}b_{11}&b_{21}&\cdots&b_{s1}\\b_{12}&b_{22}&\cdots&b_{s2}\\\vdots&\vdots&&\vdots\\b_{1t}&b_{2t}&\cdots&b_{st}\end{pmatrix}.$$

记矩阵 $\boldsymbol{B}=\begin{pmatrix} b_{11} & b_{21} & \cdots & b_{s1} \\ b_{12} & b_{22} & \cdots & b_{s2} \\ \vdots & \vdots & & \vdots \\ b_{1t} & b_{2t} & \cdots & b_{st} \end{pmatrix}$，它为 $t\times s$ 矩阵，则上式为

$$(\boldsymbol{\alpha}_1 \quad \boldsymbol{\alpha}_2 \quad \cdots \quad \boldsymbol{\alpha}_s)=(\boldsymbol{\beta}_1 \quad \boldsymbol{\beta}_2 \quad \cdots \quad \boldsymbol{\beta}_t)\boldsymbol{B}.$$

因此，如果向量组(Ⅰ)可以由向量组(Ⅱ)线性表示，那么存在矩阵 $\boldsymbol{B}$，使得

$$(\boldsymbol{\alpha}_1 \quad \boldsymbol{\alpha}_2 \quad \cdots \quad \boldsymbol{\alpha}_s)=(\boldsymbol{\beta}_1 \quad \boldsymbol{\beta}_2 \quad \cdots \quad \boldsymbol{\beta}_t)\boldsymbol{B}.$$

如果矩阵 $\boldsymbol{B}$ 可逆，那么

$$(\boldsymbol{\beta}_1 \quad \boldsymbol{\beta}_2 \quad \cdots \quad \boldsymbol{\beta}_t)=(\boldsymbol{\alpha}_1 \quad \boldsymbol{\alpha}_2 \quad \cdots \quad \boldsymbol{\alpha}_s)\boldsymbol{B}^{-1},$$

即向量组(Ⅱ)可以由向量组(Ⅰ)线性表示.

设向量组(Ⅰ)$\boldsymbol{\alpha}_1=\begin{pmatrix} 2 \\ 0 \\ -1 \end{pmatrix},\boldsymbol{\alpha}_2=\begin{pmatrix} 3 \\ -2 \\ 1 \end{pmatrix}$；向量组(Ⅱ)$\boldsymbol{\beta}_1=\begin{pmatrix} -5 \\ 6 \\ -5 \end{pmatrix},\boldsymbol{\beta}_2=\begin{pmatrix} 4 \\ -4 \\ 3 \end{pmatrix}$. 因为 $\boldsymbol{\alpha}_1=2\boldsymbol{\beta}_1+3\boldsymbol{\beta}_2$，$\boldsymbol{\alpha}_2=\boldsymbol{\beta}_1+2\boldsymbol{\beta}_2$，所以向量组(Ⅰ)可以由向量组(Ⅱ)线性表示，

$$(\boldsymbol{\alpha}_1,\boldsymbol{\alpha}_2)=(\boldsymbol{\beta}_1,\boldsymbol{\beta}_2)\begin{pmatrix} 2 & 1 \\ 3 & 2 \end{pmatrix}.$$

由上式得

$$(\boldsymbol{\beta}_1,\boldsymbol{\beta}_2)=(\boldsymbol{\alpha}_1,\boldsymbol{\alpha}_2)\begin{pmatrix} 2 & 1 \\ 3 & 2 \end{pmatrix}^{-1}=(\boldsymbol{\alpha}_1,\boldsymbol{\alpha}_2)\begin{pmatrix} 2 & -1 \\ -3 & 2 \end{pmatrix},$$

即 $\boldsymbol{\beta}_1=2\boldsymbol{\alpha}_1-3\boldsymbol{\alpha}_2,\boldsymbol{\beta}_2=-\boldsymbol{\alpha}_1+2\boldsymbol{\alpha}_2$，于是向量组(Ⅱ)也可以由向量组(Ⅰ)线性表示. 因此，向量组(Ⅰ)和向量组(Ⅱ)等价.

可以看到，采用矩阵形式表示向量组之间的关系有时会非常简洁.

定理 3.8　设两个 n 维向量组

(Ⅰ)$\boldsymbol{\alpha}_1,\boldsymbol{\alpha}_2,\cdots,\boldsymbol{\alpha}_s$,

(Ⅱ)$\boldsymbol{\beta}_1,\boldsymbol{\beta}_2,\cdots,\boldsymbol{\beta}_t$,

如果

(1)向量组(Ⅰ)可以由向量组(Ⅱ)线性表示,

(2)$s>t$,

那么向量组(Ⅰ)线性相关.

证明　根据条件(1),

$$\begin{aligned}
&\boldsymbol{\alpha}_1=b_{11}\boldsymbol{\beta}_1+b_{12}\boldsymbol{\beta}_2+\cdots+b_{1t}\boldsymbol{\beta}_t, \\
&\boldsymbol{\alpha}_2=b_{21}\boldsymbol{\beta}_1+b_{22}\boldsymbol{\beta}_2+\cdots+b_{2t}\boldsymbol{\beta}_t, \\
&\cdots \\
&\boldsymbol{\alpha}_s=b_{s1}\boldsymbol{\beta}_1+b_{s2}\boldsymbol{\beta}_2+\cdots+b_{st}\boldsymbol{\beta}_t.
\end{aligned}$$

令向量 $\boldsymbol{\gamma}_1,\boldsymbol{\gamma}_2,\cdots,\boldsymbol{\gamma}_s$ 为

$$\begin{aligned}
&\boldsymbol{\gamma}_1=(b_{11},b_{12},\cdots,b_{1t}), \\
&\boldsymbol{\gamma}_2=(b_{21},b_{22},\cdots,b_{2t}),
\end{aligned}$$

$$\cdots$$

$$\boldsymbol{\gamma}_s=(b_{s1},b_{s2},\cdots,b_{st}),$$

$\boldsymbol{\gamma}_1,\boldsymbol{\gamma}_2,\cdots,\boldsymbol{\gamma}_s$ 为 s 个 t 维向量. 因为 $s>t$，根据定理 3.5 的推论，$\boldsymbol{\gamma}_1,\boldsymbol{\gamma}_2,\cdots,\boldsymbol{\gamma}_s$ 线性相关，即存在不全为 0 的数 $k_1,k_2,\cdots,k_s$，使得

$$k_1\boldsymbol{\gamma}_1+k_2\boldsymbol{\gamma}_2+\cdots+k_s\boldsymbol{\gamma}_s=0,$$

即

$$\left(\sum_{i=1}^{s}k_ib_{i1},\sum_{i=1}^{s}k_ib_{i2},\cdots,\sum_{i=1}^{s}k_ib_{it}\right)=(0,0,\cdots,0).$$

于是

$$\sum_{i=1}^{s}k_ib_{i1}=0,\sum_{i=1}^{s}k_ib_{i2}=0,\cdots,\sum_{i=1}^{s}k_ib_{it}=0.$$

因此，

$$\begin{aligned}k_1\boldsymbol{\alpha}_1+k_2\boldsymbol{\alpha}_2+\cdots+k_s\boldsymbol{\alpha}_s&=k_1\left(\sum_{j=1}^{t}b_{1j}\boldsymbol{\beta}_j\right)+k_2\left(\sum_{j=1}^{t}b_{2j}\boldsymbol{\beta}_j\right)+\cdots+k_s\left(\sum_{j=1}^{t}b_{sj}\boldsymbol{\beta}_j\right)\\&=\left(\sum_{i=1}^{s}k_ib_{i1}\right)\boldsymbol{\beta}_1+\left(\sum_{i=1}^{s}k_ib_{i2}\right)\boldsymbol{\beta}_2+\cdots+\left(\sum_{i=1}^{s}k_ib_{it}\right)\boldsymbol{\beta}_t\\&=0.\end{aligned}$$

因为 $k_1,k_2,\cdots,k_s$ 不全为 0，所以 $\boldsymbol{\gamma}_1,\boldsymbol{\gamma}_2,\cdots,\boldsymbol{\gamma}_s$ 线性相关.

推论 1　设两个 n 维向量组(Ⅰ)$\boldsymbol{\alpha}_1,\boldsymbol{\alpha}_2,\cdots,\boldsymbol{\alpha}_s$，(Ⅱ)$\boldsymbol{\beta}_1,\boldsymbol{\beta}_2,\cdots,\boldsymbol{\beta}_t$，如果

(1)向量组(Ⅰ)可以由向量组(Ⅱ)线性表示，

(2)向量组(Ⅰ)线性无关，

那么 $s\leqslant t$.

推论 2　两个等价的线性无关的向量组所含向量的个数相等.

二、极大线性无关组和秩

定义 3.8　对于 n 维向量组(Ⅰ)，如果存在一部分向量 $\boldsymbol{\alpha}_1,\boldsymbol{\alpha}_2,\cdots,\boldsymbol{\alpha}_r$，满足

(1)$\boldsymbol{\alpha}_1,\boldsymbol{\alpha}_2,\cdots,\boldsymbol{\alpha}_r$ 线性无关，

(2)从向量组(Ⅰ)中任取一个向量 $\boldsymbol{\alpha}$，有 $\boldsymbol{\alpha},\boldsymbol{\alpha}_1,\boldsymbol{\alpha}_2,\cdots,\boldsymbol{\alpha}_r$ 线性相关，

称 $\boldsymbol{\alpha}_1,\boldsymbol{\alpha}_2,\cdots,\boldsymbol{\alpha}_r$ 是向量组(Ⅰ)的**极大线性无关组**.

根据定理 3.7，上述定义中条件(2)可以改为：向量组(Ⅰ)中任意向量 $\boldsymbol{\alpha}$ 都可以由 $\boldsymbol{\alpha}_1,\boldsymbol{\alpha}_2,\cdots,\boldsymbol{\alpha}_r$ 线性表示.

例如，向量组(Ⅰ)$\boldsymbol{\alpha}_1=(1,1),\boldsymbol{\alpha}_2=(0,1),\boldsymbol{\alpha}_3=(1,2),\boldsymbol{\alpha}_4=(0,0)$. 可以验证，$\boldsymbol{\alpha}_1,\boldsymbol{\alpha}_2$ 线性无关，而 $\boldsymbol{\alpha}_1,\boldsymbol{\alpha}_2,\boldsymbol{\alpha}_3$ 和 $\boldsymbol{\alpha}_1,\boldsymbol{\alpha}_2,\boldsymbol{\alpha}_4$ 都线性相关，所以 $\boldsymbol{\alpha}_1,\boldsymbol{\alpha}_2$ 是 $\boldsymbol{\alpha}_1,\boldsymbol{\alpha}_2,\boldsymbol{\alpha}_3,\boldsymbol{\alpha}_4$ 的极大线性无关组. 同样，$\boldsymbol{\alpha}_1,\boldsymbol{\alpha}_3$ 也是向量组(Ⅰ)的极大线性无关组；$\boldsymbol{\alpha}_2,\boldsymbol{\alpha}_3$ 也是向量组(Ⅰ)的极大线性无关组. 但 $\boldsymbol{\alpha}_1,\boldsymbol{\alpha}_4$ 线性相关，不是向量组(Ⅰ)的极大线性无关组.

从这个例子中可以看出，一个向量组的极大线性无关组不一定唯一. 由于向量组与它的极大线性无关组等价，故一个向量组的极大线性无关组之间也等价. 根据定理 3.8 的推论 2 可以得出，向量组的极大线性无关组所含向量的个数是相等的.

定理 3.9　极大线性无关组所含向量的个数相等.（证明略.）

定义 3.9　向量组的极大线性无关组所含向量的个数称为向量组的**秩**.

一个向量组的极大线性无关组可能不唯一，但是向量组的秩是唯一的. 上面例子中向量组的秩为 2. 向量组可以包含无数个向量，如 $\mathbf{R}^n$. 只有零向量的向量组没有线性无关的向量，也就没有极大线性无关组，所以秩为 0.

在 $\mathbf{R}^n$ 中，n 维单位坐标向量组 $\boldsymbol{e}_1,\boldsymbol{e}_2,\cdots,\boldsymbol{e}_n$ 线性无关，且每个 n 维向量都可以由 $\boldsymbol{e}_1,\boldsymbol{e}_2,\cdots,\boldsymbol{e}_n$ 线性表示，所以 $\boldsymbol{e}_1,\boldsymbol{e}_2,\cdots,\boldsymbol{e}_n$ 是 $\mathbf{R}^n$ 的极大线性无关组，$\mathbf{R}^n$ 的秩为 n.

定理 3.10　向量组(Ⅰ)的秩为 r，向量组(Ⅱ)的秩为 s. 如果向量组(Ⅰ)可以由向量组(Ⅱ)线性表示，那么 $r\leqslant s$.

证明　不妨假设 $\boldsymbol{\alpha}_1,\boldsymbol{\alpha}_2,\cdots,\boldsymbol{\alpha}_r$ 是向量组(Ⅰ)的极大线性无关组，$\boldsymbol{\beta}_1,\boldsymbol{\beta}_2,\cdots,\boldsymbol{\beta}_s$ 是向量组(Ⅱ)的极大线性无关组.

因为向量组(Ⅰ)可以由向量组(Ⅱ)线性表示，所以 $\boldsymbol{\alpha}_1,\boldsymbol{\alpha}_2,\cdots,\boldsymbol{\alpha}_r$ 也可以由 $\boldsymbol{\beta}_1,\boldsymbol{\beta}_2,\cdots,\boldsymbol{\beta}_s$ 线性表示. 又因为 $\boldsymbol{\alpha}_1,\boldsymbol{\alpha}_2,\cdots,\boldsymbol{\alpha}_r$ 线性无关，根据定理 3.8 的推论 1 得，$r\leqslant s$.

推论　如果两个向量组等价，那么秩相等.

需要注意的是：两个向量组的秩相等，但它们不一定等价. 例如，向量组(Ⅰ)$\boldsymbol{\alpha}_1=\begin{pmatrix}1\\2\end{pmatrix},\boldsymbol{\alpha}_2=\begin{pmatrix}2\\4\end{pmatrix}$，$\boldsymbol{\alpha}_1$ 是向量组(Ⅰ)的极大线性无关组，于是向量组(Ⅰ)的秩为 1. 向量组(Ⅱ)$\boldsymbol{\beta}_1=\begin{pmatrix}0\\2\end{pmatrix},\boldsymbol{\beta}_2=\begin{pmatrix}0\\4\end{pmatrix}$，$\boldsymbol{\beta}_1$ 是向量组(Ⅱ)的极大线性无关组，于是向量组(Ⅱ)的秩也为 1. 但是向量组(Ⅰ)和向量组(Ⅱ)不等价.

给定 n 维向量组 $\boldsymbol{\alpha}_1,\boldsymbol{\alpha}_2,\cdots,\boldsymbol{\alpha}_s$，显然，它的秩 r 小于等于它所含向量的个数 s. 若 $\boldsymbol{\alpha}_1,\boldsymbol{\alpha}_2,\cdots,\boldsymbol{\alpha}_s$ 线性无关，则 $\boldsymbol{\alpha}_1,\boldsymbol{\alpha}_2,\cdots,\boldsymbol{\alpha}_s$ 是它自己的极大线性无关组，故 $\boldsymbol{\alpha}_1,\boldsymbol{\alpha}_2,\cdots,\boldsymbol{\alpha}_s$ 的秩为 s. 反过来，若 $\boldsymbol{\alpha}_1,\boldsymbol{\alpha}_2,\cdots,\boldsymbol{\alpha}_s$ 的秩为 s，则 $\boldsymbol{\alpha}_1,\boldsymbol{\alpha}_2,\cdots,\boldsymbol{\alpha}_s$ 中含有 s 个线性无关的向量，即 $\boldsymbol{\alpha}_1,\boldsymbol{\alpha}_2,\cdots,\boldsymbol{\alpha}_s$ 线性无关.

定理 3.11　$\boldsymbol{\alpha}_1,\boldsymbol{\alpha}_2,\cdots,\boldsymbol{\alpha}_s$ 线性无关的充分必要条件是 $\boldsymbol{\alpha}_1,\boldsymbol{\alpha}_2,\cdots,\boldsymbol{\alpha}_s$ 的秩为 s. $\boldsymbol{\alpha}_1,\boldsymbol{\alpha}_2,\cdots,\boldsymbol{\alpha}_s$ 线性相关的充分必要条件是 $\boldsymbol{\alpha}_1,\boldsymbol{\alpha}_2,\cdots,\boldsymbol{\alpha}_s$ 的秩小于 s.

下面我们讨论向量组的极大线性无关组的求法.

定理 3.12　设 n 维列向量组 $\boldsymbol{\alpha}_1,\boldsymbol{\alpha}_2,\cdots,\boldsymbol{\alpha}_s$，将这些向量组成矩阵 $\boldsymbol{A}=(\boldsymbol{\alpha}_1\quad\boldsymbol{\alpha}_2\quad\cdots\quad\boldsymbol{\alpha}_s)$，对 $\boldsymbol{A}$ 做初等行变换得矩阵 $\boldsymbol{B}=(\boldsymbol{\beta}_1\quad\boldsymbol{\beta}_2\quad\cdots\quad\boldsymbol{\beta}_s)$，$\boldsymbol{\beta}_1,\boldsymbol{\beta}_2,\cdots,\boldsymbol{\beta}_s$ 为矩阵 $\boldsymbol{B}$ 的列向量组.

(1)$\boldsymbol{A}$ 的任意列向量 $\boldsymbol{\alpha}_{j_1},\boldsymbol{\alpha}_{j_2},\cdots,\boldsymbol{\alpha}_{j_t}$ 与 $\boldsymbol{B}$ 的对应列向量 $\boldsymbol{\beta}_{j_1},\boldsymbol{\beta}_{j_2},\cdots,\boldsymbol{\beta}_{j_t}$ 有相同的线性相关性，即若 $\boldsymbol{\alpha}_{j_1},\boldsymbol{\alpha}_{j_2},\cdots,\boldsymbol{\alpha}_{j_t}$ 线性相关，则 $\boldsymbol{\beta}_{j_1},\boldsymbol{\beta}_{j_2},\cdots,\boldsymbol{\beta}_{j_t}$ 也线性相关；反之亦然.

(2)若 $\boldsymbol{A}$ 的列向量 $\boldsymbol{\alpha}_k$ 可以由 $\boldsymbol{\alpha}_{j_1},\boldsymbol{\alpha}_{j_2},\cdots,\boldsymbol{\alpha}_{j_t}$ 线性表示，则对应于 $\boldsymbol{\alpha}_k$ 的 $\boldsymbol{B}$ 的列向量 $\boldsymbol{\beta}_k$ 也可以由 $\boldsymbol{\beta}_{j_1},\boldsymbol{\beta}_{j_2},\cdots,\boldsymbol{\beta}_{j_t}$ 线性表示，且表达式相同；反之亦然.

证明　(1)矩阵$(\boldsymbol{\alpha}_{j_1},\boldsymbol{\alpha}_{j_2},\cdots,\boldsymbol{\alpha}_{j_t})$做初等行变换化为$(\boldsymbol{\beta}_{j_1},\boldsymbol{\beta}_{j_2},\cdots,\boldsymbol{\beta}_{j_t})$，由第二章得，齐次线性方程组的系数矩阵做初等行变换不改变方程组的解，所以齐次线性方程组$x_1\boldsymbol{\alpha}_{j_1}+x_2\boldsymbol{\alpha}_{j_2}+\cdots+x_t\boldsymbol{\alpha}_{j_t}=0$与齐次线性方程组$x_1\boldsymbol{\beta}_{j_1}+x_2\boldsymbol{\beta}_{j_2}+\cdots+x_t\boldsymbol{\beta}_{j_t}=0$同解. 因此，如果$\boldsymbol{\alpha}_{j_1},\boldsymbol{\alpha}_{j_2},\cdots,\boldsymbol{\alpha}_{j_t}$线性相关，则齐次线性方程组$x_1\boldsymbol{\alpha}_{j_1}+x_2\boldsymbol{\alpha}_{j_2}+\cdots+x_t\boldsymbol{\alpha}_{j_t}=0$有非零解，于是齐次线性方程组$x_1\boldsymbol{\beta}_{j_1}+x_2\boldsymbol{\beta}_{j_2}+\cdots+x_t\boldsymbol{\beta}_{j_t}=0$也有非零解，即$\boldsymbol{\beta}_{j_1},\boldsymbol{\beta}_{j_2},\cdots,\boldsymbol{\beta}_{j_t}$线性相关；反之亦然.

(2)同理，$(\boldsymbol{\alpha}_{j_1},\boldsymbol{\alpha}_{j_2},\cdots,\boldsymbol{\alpha}_{j_t},\ \boldsymbol{\alpha}_k)$做初等行变换化为$(\boldsymbol{\beta}_{j_1},\boldsymbol{\beta}_{j_2},\cdots,\boldsymbol{\beta}_{j_t},\ \boldsymbol{\beta}_k)$，所以线性方程组$x_1\boldsymbol{\alpha}_{j_1}+x_2\boldsymbol{\alpha}_{j_2}+\cdots+x_t\boldsymbol{\alpha}_{j_t}=\boldsymbol{\alpha}_k$与线性方程组$x_1\boldsymbol{\beta}_{j_1}+x_2\boldsymbol{\beta}_{j_2}+\cdots+x_t\boldsymbol{\beta}_{j_t}=\boldsymbol{\beta}_k$同解. 即如果存在数$l_1,l_2,\cdots,l_t$，使得$\boldsymbol{\alpha}_k=l_1\boldsymbol{\alpha}_{j_1}+l_2\boldsymbol{\alpha}_{j_2}+\cdots+l_t\boldsymbol{\alpha}_{j_t}$，那么$\boldsymbol{\beta}_k=l_1\boldsymbol{\beta}_{j_1}+l_2\boldsymbol{\beta}_{j_2}+\cdots+l_t\boldsymbol{\beta}_{j_t}$；反之亦然.

下面我们举例说明如何通过矩阵的初等行变换求向量组的极大线性无关组.

【例 11】　已知向量组

$$\boldsymbol{\alpha}_1=\begin{pmatrix}1\\2\\1\\0\end{pmatrix},\boldsymbol{\alpha}_2=\begin{pmatrix}4\\1\\0\\2\end{pmatrix},\boldsymbol{\alpha}_3=\begin{pmatrix}1\\-1\\-3\\-6\end{pmatrix},\boldsymbol{\alpha}_4=\begin{pmatrix}0\\-3\\-1\\3\end{pmatrix}.$$

例 11 步骤讲解

求向量组$\boldsymbol{\alpha}_1,\boldsymbol{\alpha}_2,\boldsymbol{\alpha}_3,\boldsymbol{\alpha}_4$的秩和一个极大线性无关组，并把其余向量用该极大线性无关组线性表示.

解　将$\boldsymbol{\alpha}_1,\boldsymbol{\alpha}_2,\boldsymbol{\alpha}_3,\boldsymbol{\alpha}_4$形成一个矩阵并做初等行变换：

$$\begin{pmatrix}1&4&1&0\\2&1&-1&-3\\1&0&-3&-1\\0&2&-6&3\end{pmatrix}\to\begin{pmatrix}1&4&1&0\\0&-7&-3&-3\\0&-4&-4&-1\\0&2&-6&3\end{pmatrix}\to\begin{pmatrix}1&4&1&0\\0&1&\frac{3}{7}&\frac{3}{7}\\0&0&-\frac{16}{7}&\frac{5}{7}\\0&0&-\frac{48}{7}&\frac{15}{7}\end{pmatrix}\to\begin{pmatrix}1&4&1&0\\0&1&\frac{3}{7}&\frac{3}{7}\\0&0&-\frac{16}{7}&\frac{5}{7}\\0&0&0&0\end{pmatrix}.$$

记行阶梯形矩阵的列向量为$\boldsymbol{\beta}_1,\boldsymbol{\beta}_2,\boldsymbol{\beta}_3,\boldsymbol{\beta}_4$. 可以看出：$\boldsymbol{\beta}_1,\boldsymbol{\beta}_2,\boldsymbol{\beta}_3,\boldsymbol{\beta}_4$的秩为 3，且$\boldsymbol{\beta}_1,\boldsymbol{\beta}_2,\boldsymbol{\beta}_3$线性无关. 因此$\boldsymbol{\alpha}_1,\boldsymbol{\alpha}_2,\boldsymbol{\alpha}_3,\boldsymbol{\alpha}_4$的秩为 3，$\boldsymbol{\alpha}_1,\boldsymbol{\alpha}_2,\boldsymbol{\alpha}_3$也线性无关，所以$\boldsymbol{\alpha}_1,\boldsymbol{\alpha}_2,\boldsymbol{\alpha}_3$是向量组的一个极大线性无关组. 我们进一步把行阶梯形矩阵用初等行变换化至行最简形矩阵，从而得出$\boldsymbol{\alpha}_4$关于$\boldsymbol{\alpha}_1,\boldsymbol{\alpha}_2,\boldsymbol{\alpha}_3$的线性表达式.

$$\begin{pmatrix}1&4&1&0\\0&1&\frac{3}{7}&\frac{3}{7}\\0&0&-\frac{16}{7}&\frac{5}{7}\\0&0&0&0\end{pmatrix}\to\begin{pmatrix}1&4&0&\frac{5}{16}\\0&1&0&\frac{9}{16}\\0&0&1&-\frac{5}{16}\\0&0&0&0\end{pmatrix}\to\begin{pmatrix}1&0&0&-\frac{31}{16}\\0&1&0&\frac{9}{16}\\0&0&1&-\frac{5}{16}\\0&0&0&0\end{pmatrix}.$$

所以

$$\boldsymbol{\alpha}_4=-\frac{31}{16}\boldsymbol{\alpha}_1+\frac{9}{16}\boldsymbol{\alpha}_2-\frac{5}{16}\boldsymbol{\alpha}_3.$$

习题 3-3

1. 向量组 $\boldsymbol{\alpha}_1,\boldsymbol{\alpha}_2,\cdots,\boldsymbol{\alpha}_m$ 的秩为 r，判断下列说法是否正确：

(1) $\boldsymbol{\alpha}_1,\boldsymbol{\alpha}_2,\cdots,\boldsymbol{\alpha}_r$ 是 $\boldsymbol{\alpha}_1,\boldsymbol{\alpha}_2,\cdots,\boldsymbol{\alpha}_m$ 的极大线性无关组，

(2) $\boldsymbol{\alpha}_1,\boldsymbol{\alpha}_2,\cdots,\boldsymbol{\alpha}_{r+1}$ 线性相关 .

2. 问 a 为何值时，向量组

$$\boldsymbol{\alpha}_1=\begin{pmatrix}1\\0\\1\\2\end{pmatrix},\ \boldsymbol{\alpha}_2=\begin{pmatrix}1\\-1\\0\\0\end{pmatrix},\ \boldsymbol{\alpha}_3=\begin{pmatrix}-1\\2\\1\\a-1\end{pmatrix},\ \boldsymbol{\alpha}_4=\begin{pmatrix}2\\3\\a+2\\9\end{pmatrix},\ \boldsymbol{\alpha}_5=\begin{pmatrix}1\\1\\2\\3\end{pmatrix}$$

的秩等于 3，并求出此时它的一个极大线性无关组 .

3. 设 $\boldsymbol{\alpha}_1,\boldsymbol{\alpha}_2,\boldsymbol{\alpha}_3$ 线性无关，$\boldsymbol{\beta}_1=\boldsymbol{\alpha}_1+\boldsymbol{\alpha}_2+\boldsymbol{\alpha}_3$，$\boldsymbol{\beta}_2=\boldsymbol{\alpha}_1-\boldsymbol{\alpha}_2+\boldsymbol{\alpha}_3$，$\boldsymbol{\beta}_3=2\boldsymbol{\alpha}_1+\boldsymbol{\alpha}_2+\boldsymbol{\alpha}_3$，求向量组 $\boldsymbol{\beta}_1,\boldsymbol{\beta}_2,\boldsymbol{\beta}_3$ 的秩 .

第四节　矩阵的秩

在第三节中定义了向量组的秩，本节中我们讨论矩阵的秩. 对于 $m\times n$ 矩阵

$$\boldsymbol{A}=\begin{pmatrix}a_{11}&a_{12}&\cdots&a_{1n}\\a_{21}&a_{22}&\cdots&a_{2n}\\\vdots&\vdots&&\vdots\\a_{m1}&a_{m2}&\cdots&a_{mn}\end{pmatrix},$$

将矩阵 $\boldsymbol{A}$ 的每一行看成一个向量，即

$$\boldsymbol{\alpha}_1=(a_{11},a_{12},\cdots,a_{1n}),$$
$$\boldsymbol{\alpha}_2=(a_{21},a_{22},\cdots,a_{2n}),$$
$$\cdots$$
$$\boldsymbol{\alpha}_m=(a_{m1},a_{m2},\cdots,a_{mn}),$$

称 m 个 n 维向量 $\boldsymbol{\alpha}_1,\boldsymbol{\alpha}_2,\cdots,\boldsymbol{\alpha}_m$ 为矩阵 $\boldsymbol{A}$ 的**行向量组**. 将 $\boldsymbol{A}$ 的每一列看成一个向量，即

$$\boldsymbol{\beta}_1=\begin{pmatrix}a_{11}\\a_{21}\\\vdots\\a_{m1}\end{pmatrix},\boldsymbol{\beta}_2=\begin{pmatrix}a_{12}\\a_{22}\\\vdots\\a_{m2}\end{pmatrix},\cdots,\boldsymbol{\beta}_n=\begin{pmatrix}a_{1n}\\a_{2n}\\\vdots\\a_{mn}\end{pmatrix},$$

称 n 个 m 维向量 $\boldsymbol{\beta}_1,\boldsymbol{\beta}_2,\cdots,\boldsymbol{\beta}_n$ 为矩阵 $\boldsymbol{A}$ 的**列向量组**.

定义 3.10　矩阵 $\boldsymbol{A}$ 的行向量组 $\boldsymbol{\alpha}_1,\boldsymbol{\alpha}_2,\cdots,\boldsymbol{\alpha}_m$ 的秩称为矩阵 $\boldsymbol{A}$ 的**行秩**，矩阵 $\boldsymbol{A}$ 的列向量组 $\boldsymbol{\beta}_1,\boldsymbol{\beta}_2,\cdots,\boldsymbol{\beta}_n$ 的秩称为矩阵 $\boldsymbol{A}$ 的**列秩**.

【例 12】 求解矩阵 $\boldsymbol{A}$ 的行秩和列秩.

$$\boldsymbol{A}=\begin{pmatrix}2 & -1 & 4 & -1\\ 4 & -2 & 5 & 4\\ 2 & -1 & 3 & 1\end{pmatrix}.$$

解 $\boldsymbol{A}$ 的行向量组为 $\boldsymbol{\alpha}_1=(2,-1,4,-1)$, $\boldsymbol{\alpha}_2=(4,-2,5,4)$, $\boldsymbol{\alpha}_3=(2,-1,3,1)$，其中 $\boldsymbol{\alpha}_1$, $\boldsymbol{\alpha}_2$ 线性无关，$\boldsymbol{\alpha}_3=\frac{1}{3}\boldsymbol{\alpha}_1+\frac{1}{3}\boldsymbol{\alpha}_2$，因此 $\boldsymbol{\alpha}_1,\boldsymbol{\alpha}_2$ 是 $\boldsymbol{A}$ 的行向量组 $\boldsymbol{\alpha}_1,\boldsymbol{\alpha}_2,\boldsymbol{\alpha}_3$ 的极大线性无关组，$\boldsymbol{A}$ 的行秩为 2.

同样，$\boldsymbol{A}$ 的列向量组为

$$\boldsymbol{\beta}_1=\begin{pmatrix}2\\4\\2\end{pmatrix},\boldsymbol{\beta}_2=\begin{pmatrix}-1\\-2\\-1\end{pmatrix},\boldsymbol{\beta}_3=\begin{pmatrix}4\\5\\3\end{pmatrix},\boldsymbol{\beta}_4=\begin{pmatrix}-1\\4\\1\end{pmatrix},$$

其中 $\boldsymbol{\beta}_1,\boldsymbol{\beta}_3$ 线性无关，$\boldsymbol{\beta}_2=-\frac{1}{2}\boldsymbol{\beta}_1$, $\boldsymbol{\beta}_4=\frac{7}{2}\boldsymbol{\beta}_1-2\boldsymbol{\beta}_3$，因此 $\boldsymbol{\beta}_1,\boldsymbol{\beta}_3$ 是 $\boldsymbol{A}$ 的列向量组 $\boldsymbol{\beta}_1,\boldsymbol{\beta}_2,\boldsymbol{\beta}_3,\boldsymbol{\beta}_4$ 的极大线性无关组，$\boldsymbol{A}$ 的列秩也为 2.

例 12 中矩阵 $\boldsymbol{A}$ 的行秩等于列秩，这不是偶然的. 后文的定理 3. 13 说明了对于任意 $m\times n$ 矩阵，它的行秩与列秩都相等. 在证明定理 3. 13 之前需要证明一个引理.

引理 矩阵的行秩和列秩在初等变换下保持不变.

证明 证明分两步：第一步证明矩阵 $\boldsymbol{A}$ 的行秩在初等行变换下保持不变；第二步证明矩阵 $\boldsymbol{A}$ 的列秩在初等行变换下保持不变. 因此，矩阵 $\boldsymbol{A}$ 在初等行变换下行秩、列秩保持不变，同理可以得出矩阵 $\boldsymbol{A}$ 在初等列变换下行秩、列秩也保持不变.

设 $\boldsymbol{A}=\begin{pmatrix}a_{11} & a_{12} & \cdots & a_{1n}\\ a_{21} & a_{22} & \cdots & a_{2n}\\ \vdots & \vdots & & \vdots\\ a_{m1} & a_{m2} & \cdots & a_{mn}\end{pmatrix}$ 为 $m\times n$ 矩阵.

第一步：令 $\boldsymbol{\alpha}_i=(a_{i1},a_{i2},\cdots,a_{in})\ (i=1,2,\cdots,m)$ 为 $\boldsymbol{A}$ 的 m 个行向量组，即 $\boldsymbol{A}=\begin{pmatrix}\boldsymbol{\alpha}_1\\ \boldsymbol{\alpha}_2\\ \vdots\\ \boldsymbol{\alpha}_m\end{pmatrix}$.

矩阵的初等行变换分为 3 种，我们分别讨论.

第 1 种初等行变换(第 i 行和第 j 行互换). 显然，两个矩阵的行向量组是等价的，所以行秩相同.

第 2 种初等行变换(一个非零常数 k 乘矩阵第 i 行). 即 $\boldsymbol{A}=\begin{pmatrix}\boldsymbol{\alpha}_1\\ \vdots\\ \boldsymbol{\alpha}_i\\ \vdots\\ \boldsymbol{\alpha}_m\end{pmatrix}$ 化为 $\boldsymbol{B}=\begin{pmatrix}\boldsymbol{\alpha}_1\\ \vdots\\ k\boldsymbol{\alpha}_i\\ \vdots\\ \boldsymbol{\alpha}_m\end{pmatrix}$,

可以看出矩阵 $\boldsymbol{A}$ 的行向量组 $\boldsymbol{\alpha}_1,\cdots,\boldsymbol{\alpha}_i,\cdots,\boldsymbol{\alpha}_m$ 与矩阵 $\boldsymbol{B}$ 的行向量组 $\boldsymbol{\alpha}_1,\cdots,k\boldsymbol{\alpha}_i,\cdots,\boldsymbol{\alpha}_m$ 是等价的，所以秩相等，即矩阵 $\boldsymbol{A}$ 和矩阵 $\boldsymbol{B}$ 的行秩相等.

第 3 种初等行变换(第 i 行的 k 倍加到第 j 行上). 即 $\boldsymbol{A}=\begin{pmatrix}\boldsymbol{\alpha}_1\\ \vdots\\ \boldsymbol{\alpha}_i\\ \vdots\\ \boldsymbol{\alpha}_j\\ \vdots\\ \boldsymbol{\alpha}_m\end{pmatrix}$ 化为 $\boldsymbol{B}=\begin{pmatrix}\boldsymbol{\alpha}_1\\ \vdots\\ \boldsymbol{\alpha}_i\\ \vdots\\ \boldsymbol{\alpha}_j+k\boldsymbol{\alpha}_i\\ \vdots\\ \boldsymbol{\alpha}_m\end{pmatrix}$,

因为 $\boldsymbol{\alpha}_j=(\boldsymbol{\alpha}_j+k\boldsymbol{\alpha}_i)-k\boldsymbol{\alpha}_i$，所以矩阵 $\boldsymbol{A}$ 的行向量组 $\boldsymbol{\alpha}_1,\cdots,\boldsymbol{\alpha}_i,\cdots,\boldsymbol{\alpha}_j,\cdots,\boldsymbol{\alpha}_m$ 与矩阵 $\boldsymbol{B}$ 的行向量组 $\boldsymbol{\alpha}_1,\cdots,\boldsymbol{\alpha}_i,\cdots,\boldsymbol{\alpha}_j+k\boldsymbol{\alpha}_i,\cdots,\boldsymbol{\alpha}_m$ 等价，所以秩相等，即矩阵 $\boldsymbol{A}$ 和矩阵 $\boldsymbol{B}$ 的行秩相等.

综上所述，矩阵 $\boldsymbol{A}$ 的行秩在初等行变换下保持不变.

第二步：设 $\boldsymbol{\beta}_j=\begin{pmatrix}a_{1j}\\ a_{2j}\\ \vdots\\ a_{mj}\end{pmatrix}(j=1,2,\cdots,n)$ 是矩阵 $\boldsymbol{A}$ 的 n 个列向量，即 $\boldsymbol{A}=(\boldsymbol{\beta}_1,\boldsymbol{\beta}_2,\cdots,\boldsymbol{\beta}_n)$，对 $\boldsymbol{A}$ 做初等行变换得矩阵 $\boldsymbol{B}=(\boldsymbol{\gamma}_1,\boldsymbol{\gamma}_2,\cdots,\boldsymbol{\gamma}_n)$. 根据定理 3.12，$\boldsymbol{A}$ 的列向量组 $\boldsymbol{\beta}_1,\boldsymbol{\beta}_2,\cdots,\boldsymbol{\beta}_n$ 与 $\boldsymbol{B}$ 的列向量组 $\boldsymbol{\gamma}_1,\boldsymbol{\gamma}_2,\cdots,\boldsymbol{\gamma}_n$ 的线性相关性相同. 若矩阵 $\boldsymbol{A}$ 的列秩为 r，设 $\boldsymbol{\alpha}_{i_1},\boldsymbol{\alpha}_{i_2},\cdots,\boldsymbol{\alpha}_{i_r}$ 为 $\boldsymbol{\alpha}_1,\boldsymbol{\alpha}_2,\cdots,\boldsymbol{\alpha}_n$ 的极大线性无关组，即 $\boldsymbol{\alpha}_{i_1},\boldsymbol{\alpha}_{i_2},\cdots,\boldsymbol{\alpha}_{i_r}$ 线性无关，多一列后线性相关. 因此 $\boldsymbol{\beta}_{i_1},\boldsymbol{\beta}_{i_2},\cdots,\boldsymbol{\beta}_{i_r}$ 也线性无关，多一列后也线性相关. $\boldsymbol{\beta}_{i_1},\boldsymbol{\beta}_{i_2},\cdots,\boldsymbol{\beta}_{i_r}$ 也是 $\boldsymbol{B}$ 的列向量组的极大线性无关组，$\boldsymbol{B}$ 的列秩也为 r. 所以矩阵 $\boldsymbol{A}$ 在初等行变换下列秩保持不变.

因此，矩阵 $\boldsymbol{A}$ 在初等行变换下行秩、列秩保持不变. 同理可证，矩阵 $\boldsymbol{A}$ 在初等列变换下行秩、列秩也保持不变.

定理 3.13　矩阵的行秩等于列秩.

证明　根据第二章，矩阵 $\boldsymbol{A}$ 经过初等变换可以化为 $\boldsymbol{B}=\begin{pmatrix}\boldsymbol{I}_r & \boldsymbol{O}\\ \boldsymbol{O} & \boldsymbol{O}\end{pmatrix}$. 而矩阵 $\boldsymbol{B}$ 的行秩和列秩相等，都为 r. 根据引理，矩阵 $\boldsymbol{A}$ 的行秩等于矩阵 $\boldsymbol{B}$ 的行秩，矩阵 $\boldsymbol{A}$ 的列秩等于矩阵 $\boldsymbol{B}$ 的列秩，所以矩阵 $\boldsymbol{A}$ 的行秩和列秩都为 r，因此行秩等于列秩.

定义 3.11　矩阵 $\boldsymbol{A}$ 的行秩、列秩统称为矩阵 $\boldsymbol{A}$ 的**秩**，记为 $r(\boldsymbol{A})$ 或秩$(\boldsymbol{A})$.

下面给出关于矩阵的秩的一些定理.

定理 3.14　$r(\boldsymbol{A})=r(\boldsymbol{A}^{\mathrm{T}})$.

定理 3.15　若 $r(\boldsymbol{A})=r$，则 $\boldsymbol{A}$ 的等价标准形为 $\begin{pmatrix}\boldsymbol{I}_r & \boldsymbol{O}\\ \boldsymbol{O} & \boldsymbol{O}\end{pmatrix}$.（证明留给读者完成.）

定理 3.16　对于 $m\times n$ 矩阵 $\boldsymbol{A}$ 和 $\boldsymbol{B}$，$r(\boldsymbol{A}+\boldsymbol{B})\leqslant r(\boldsymbol{A})+r(\boldsymbol{B})$.（证明留作习题.）

定理 3.17　对于 $m\times n$ 矩阵 $\boldsymbol{A}$ 和 $n\times s$ 矩阵 $\boldsymbol{B}$，$r(\boldsymbol{AB})\leqslant\min\{r(\boldsymbol{A}),r(\boldsymbol{B})\}$.

证明　这里只证明 $r(\boldsymbol{AB})\leqslant r(\boldsymbol{A})$，而 $r(\boldsymbol{AB})\leqslant r(\boldsymbol{B})$ 的证明留给读者完成.

设

$$\boldsymbol{A}=\begin{pmatrix}a_{11}&a_{12}&\cdots&a_{1n}\\a_{21}&a_{22}&\cdots&a_{2n}\\\vdots&\vdots&&\vdots\\a_{m1}&a_{m2}&\cdots&a_{mn}\end{pmatrix},\ \boldsymbol{B}=\begin{pmatrix}b_{11}&b_{12}&\cdots&b_{1s}\\b_{21}&b_{22}&\cdots&b_{2s}\\\vdots&\vdots&&\vdots\\b_{n1}&b_{n2}&\cdots&b_{ns}\end{pmatrix}.$$

记 $\boldsymbol{A}$ 的列向量组为 $\boldsymbol{\alpha}_1,\boldsymbol{\alpha}_2,\cdots,\boldsymbol{\alpha}_n$. 则

$$\boldsymbol{AB}=(\boldsymbol{\alpha}_1\quad\boldsymbol{\alpha}_2\quad\cdots\quad\boldsymbol{\alpha}_n)\begin{pmatrix}b_{11}&b_{12}&\cdots&b_{1s}\\b_{21}&b_{22}&\cdots&b_{2s}\\\vdots&\vdots&&\vdots\\b_{n1}&b_{n2}&\cdots&b_{ns}\end{pmatrix}$$

$$=(b_{11}\boldsymbol{\alpha}_1+b_{21}\boldsymbol{\alpha}_2+\cdots+b_{n1}\boldsymbol{\alpha}_n\quad b_{12}\boldsymbol{\alpha}_1+b_{22}\boldsymbol{\alpha}_2+\cdots+b_{n2}\boldsymbol{\alpha}_n\quad\cdots\quad b_{1s}\boldsymbol{\alpha}_1+b_{2s}\boldsymbol{\alpha}_2+\cdots+b_{ns}\boldsymbol{\alpha}_n).$$

可以看到，$\boldsymbol{AB}$ 的列向量组可以由 $\boldsymbol{A}$ 的列向量组线性表示，由定理 3.10，$\boldsymbol{AB}$ 的列秩小于等于 $\boldsymbol{A}$ 的列秩，即 $r(\boldsymbol{AB})\leqslant r(\boldsymbol{A})$.

推论 1 设 $\boldsymbol{A}$ 为 $m\times n$ 矩阵，$\boldsymbol{P}$ 为 m 阶可逆矩阵，则 $r(\boldsymbol{PA})=r(\boldsymbol{A})$.

证明 由定理 3.17 得，$r(\boldsymbol{PA})\leqslant r(\boldsymbol{A})$. 又 $\boldsymbol{A}=\boldsymbol{P}^{-1}\boldsymbol{PA}$，于是 $r(\boldsymbol{A})\leqslant r(\boldsymbol{PA})$. 因此 $r(\boldsymbol{PA})=r(\boldsymbol{A})$.

推论 2 设 $\boldsymbol{A}$ 为 $m\times n$ 矩阵，$\boldsymbol{P}$ 为 m 阶可逆矩阵，$\boldsymbol{Q}$ 为 n 阶可逆矩阵，则 $r(\boldsymbol{PAQ})=r(\boldsymbol{A})$.（证明留给读者完成.）

由此可以看出：对于 $m\times n$ 矩阵 $\boldsymbol{A}$ 和 $\boldsymbol{B}$，如果矩阵 $\boldsymbol{A}$ 和 $\boldsymbol{B}$ 等价，那么 $r(\boldsymbol{A})=r(\boldsymbol{B})$. 即矩阵做初等变换秩不变. 这其实是一个充分必要条件.

推论 3 对于 $m\times n$ 矩阵 $\boldsymbol{A}$ 和 $\boldsymbol{B}$，$\boldsymbol{A}$ 和 $\boldsymbol{B}$ 等价的充分必要条件是 $r(\boldsymbol{A})=r(\boldsymbol{B})$.

证明 这里证明充分性. 假设 $r(\boldsymbol{A})=r(\boldsymbol{B})=r$，则 $\boldsymbol{A}$ 和 $\boldsymbol{B}$ 都等价于矩阵 $\begin{pmatrix}\boldsymbol{I}_r&\boldsymbol{O}\\\boldsymbol{O}&\boldsymbol{O}\end{pmatrix}$，所以 $\boldsymbol{A}$ 和 $\boldsymbol{B}$ 等价.

定理 3.18 $\boldsymbol{A}$ 为 $m\times n$ 矩阵，$\boldsymbol{B}$ 为 $s\times t$ 矩阵，则分块矩阵 $r\begin{pmatrix}\boldsymbol{A}&\boldsymbol{O}\\\boldsymbol{O}&B\end{pmatrix}=r(\boldsymbol{A})+r(\boldsymbol{B})$.

证明 设 $r(\boldsymbol{A})=r_1$，$r(\boldsymbol{B})=r_2$. 则存在可逆矩阵 $\boldsymbol{P}_1,\boldsymbol{P}_2,\boldsymbol{Q}_1,\boldsymbol{Q}_2$，使得

$$\boldsymbol{P}_1\boldsymbol{AQ}_1=\begin{pmatrix}\boldsymbol{I}_{r_1}&\boldsymbol{O}\\\boldsymbol{O}&\boldsymbol{O}\end{pmatrix},\ \boldsymbol{P}_2\boldsymbol{AQ}_2=\begin{pmatrix}\boldsymbol{I}_{r_2}&\boldsymbol{O}\\\boldsymbol{O}&\boldsymbol{O}\end{pmatrix}.$$

则 $\begin{pmatrix}\boldsymbol{P}_1&\boldsymbol{O}\\\boldsymbol{O}&\boldsymbol{P}_2\end{pmatrix}\begin{pmatrix}\boldsymbol{A}&\boldsymbol{O}\\\boldsymbol{O}&\boldsymbol{B}\end{pmatrix}\begin{pmatrix}\boldsymbol{Q}_1&\boldsymbol{O}\\\boldsymbol{O}&\boldsymbol{Q}_2\end{pmatrix}=\begin{pmatrix}\boldsymbol{P}_1\boldsymbol{AQ}_1&\boldsymbol{O}\\\boldsymbol{O}&\boldsymbol{P}_2\boldsymbol{BQ}_2\end{pmatrix}=\begin{pmatrix}\boldsymbol{I}_{r_1}&\boldsymbol{O}&&\\\boldsymbol{O}&\boldsymbol{O}&&\\&&\boldsymbol{I}_{r_2}&\boldsymbol{O}\\&&\boldsymbol{O}&\boldsymbol{O}\end{pmatrix}.$

可以看到 $\begin{pmatrix}\boldsymbol{I}_{r_1}&\boldsymbol{O}&&\\\boldsymbol{O}&\boldsymbol{O}&&\\&&\boldsymbol{I}_{r_2}&\boldsymbol{O}\\&&\boldsymbol{O}&\boldsymbol{O}\end{pmatrix}$ 等价于 $\begin{pmatrix}\boldsymbol{I}_{r_1}&&&\\&\boldsymbol{I}_{r_2}&&\\&&\boldsymbol{O}&\\&&&\boldsymbol{O}\end{pmatrix}$，

所以 $r\begin{pmatrix} \boldsymbol{A} & \boldsymbol{O} \\ \boldsymbol{O} & \boldsymbol{B} \end{pmatrix}=r(\boldsymbol{A})+r(\boldsymbol{B})$.

定理 3.19　对于 $m\times n$ 矩阵 $\boldsymbol{A}$ 和 $n\times s$ 矩阵 $\boldsymbol{B}$，若 $\boldsymbol{AB}=\boldsymbol{O}$，则 $r(\boldsymbol{A})+r(\boldsymbol{B})\leqslant n$.（证明见第四章.）

下面整理几个前面所提及的结论，并对部分结论加以证明.

定理 3.20　n 阶矩阵 $\boldsymbol{A}$ 可逆的充分必要条件是 $r(\boldsymbol{A})=n$.（证明留给读者完成.）

由定理 3.20 可以得出许多重要性质，下面以推论形式列出.

推论 1　对于 n 阶矩阵 $\boldsymbol{A}$，$|\boldsymbol{A}|\neq 0$ 的充分必要条件是 $r(\boldsymbol{A})=n$.

推论 2　齐次线性方程组 $\begin{cases} a_{11}x_1+a_{12}x_2+\cdots+a_{1n}x_n=0 \\ a_{21}x_1+a_{22}x_2+\cdots+a_{2n}x_n=0 \\ \quad\vdots \\ a_{n1}x_1+a_{n2}x_2+\cdots+a_{nn}x_n=0 \end{cases}$ 有非零解的充分必要条件是系数行列式 $\begin{vmatrix} a_{11} & a_{12} & \cdots & a_{1n} \\ a_{21} & a_{22} & \cdots & a_{2n} \\ \vdots & \vdots & & \vdots \\ a_{m1} & a_{m2} & \cdots & a_{mn} \end{vmatrix}=0$.

推论 3　对于 n 个 n 维向量 $\boldsymbol{\alpha}_i=\begin{pmatrix} a_{1i} \\ a_{2i} \\ \vdots \\ a_{ni} \end{pmatrix}(i=1,2,\cdots,n)$，向量组 $\boldsymbol{\alpha}_1,\boldsymbol{\alpha}_2,\cdots,\boldsymbol{\alpha}_n$ 线性无关的充分必要条件是它们组成的行列式 $\begin{vmatrix} a_{11} & a_{12} & \cdots & a_{1n} \\ a_{21} & a_{22} & \cdots & a_{2n} \\ \vdots & \vdots & & \vdots \\ a_{n1} & a_{n2} & \cdots & a_{nn} \end{vmatrix}\neq 0$.（这就是前面的定理 3.1.）

下面换个角度来讨论矩阵的秩. 建立矩阵的秩与行列式之间的关系. 首先定义 k 阶子式，然后给出矩阵的秩的充分必要条件.

定义 3.12　$m\times n$ 矩阵 $\boldsymbol{A}$ 中任取 $k(k\leqslant\min\{m,n\})$ 行 k 列，位于这些行、列交叉处的元素按原来的顺序组成 k 阶行列式，称为矩阵 $\boldsymbol{A}$ 的 k **阶子式**.

例如，矩阵 $\begin{pmatrix} 1 & 3 & 1 & 4 \\ 2 & -3 & 8 & 2 \\ 2 & 12 & -2 & 12 \end{pmatrix}$，选取第 2、3 行和第 2、3 列得一个二阶子式 $\begin{vmatrix} -3 & 8 \\ 12 & -2 \end{vmatrix}$，选取第 1、2、3 行和第 1、3、4 列得一个三阶子式 $\begin{vmatrix} 1 & 1 & 4 \\ 2 & 8 & 2 \\ 2 & -2 & 12 \end{vmatrix}$.

显然，$m\times n$ 矩阵 $\boldsymbol{A}$ 的一阶子式为 $\boldsymbol{A}$ 的元素 a_{ij}，$\boldsymbol{A}$ 的 k 阶子式有 $\mathrm{C}_m^k\mathrm{C}_n^k$ 个. n 阶矩阵 $\boldsymbol{A}$ 的 n 阶子式是 $\boldsymbol{A}$ 的行列式 $|\boldsymbol{A}|$，$n-1$ 阶子式是 $\boldsymbol{A}$ 的余子式 M_{ij}.

定理 3.21　$m\times n$ 矩阵 $\boldsymbol{A}$ 的秩为 r 的充分必要条件是 $\boldsymbol{A}$ 有一个 r 阶子式不为 0，且所有

$r+1$阶子式全为 0.

证明　必要性　设矩阵 $\boldsymbol{A}$ 的秩为 r.

首先，证明 $\boldsymbol{A}$ 有一个 r 阶子式不为 0. 设

$$\boldsymbol{A}=\begin{pmatrix} a_{11} & a_{12} & \cdots & a_{1n} \\ a_{21} & a_{22} & \cdots & a_{2n} \\ \vdots & \vdots & & \vdots \\ a_{m1} & a_{m2} & \cdots & a_{mn} \end{pmatrix}.$$

因为 $\boldsymbol{A}$ 的秩为 r，所以行秩为 r，$\boldsymbol{A}$ 有 r 行线性无关. 不妨假设 $\boldsymbol{A}$ 的前 r 行线性无关，于是由前 r 行组成的矩阵

$$\boldsymbol{B}=\begin{pmatrix} a_{11} & a_{12} & \cdots & a_{1n} \\ a_{21} & a_{22} & \cdots & a_{2n} \\ \vdots & \vdots & & \vdots \\ a_{r1} & a_{r2} & \cdots & a_{rn} \end{pmatrix}$$

的秩也为 r. 于是 $\boldsymbol{B}$ 的列秩也为 r，$\boldsymbol{B}$ 有 r 列线性无关. 不妨假设 $\boldsymbol{B}$ 的前 r 列线性无关，即

$$\begin{pmatrix} a_{11} & a_{12} & \cdots & a_{1r} \\ a_{21} & a_{22} & \cdots & a_{2r} \\ \vdots & \vdots & & \vdots \\ a_{r1} & a_{r2} & \cdots & a_{rr} \end{pmatrix}$$

的 r 列线性无关，所以这个 r 阶子式不为 0. 因此，$\boldsymbol{A}$ 有一个 r 阶子式不为 0.

其次，证明 $\boldsymbol{A}$ 的任意 $r+1$ 阶子式都等于 0. 为了方便解释，只讨论左上角的 $r+1$ 阶子式. 即证明

$$\begin{vmatrix} a_{11} & a_{12} & \cdots & a_{1,r+1} \\ a_{21} & a_{22} & \cdots & a_{2,r+1} \\ \vdots & \vdots & & \vdots \\ a_{r+1,1} & a_{r+1,2} & \cdots & a_{r+1,r+1} \end{vmatrix}=0.$$

根据前面的定理，只需证明这个 $r+1$ 阶子式的行向量组线性相关即可.

因为 $\boldsymbol{A}$ 的秩为 r，所以行秩为 r，于是任意 $r+1$ 行都线性相关. 因此，前 $r+1$ 行线性相关，即

$$(a_{11},a_{12},\cdots,a_{1,r+1},\cdots,a_{1n}),$$
$$(a_{21},a_{22},\cdots,a_{2,r+1},\cdots,a_{2n}),$$
$$\cdots$$
$$(a_{r+1,1},a_{r+2,2},\cdots,a_{r+1,r+1},\cdots,a_{r+1,n})$$

线性相关. 根据定理 3.4 的推论，减少了分量后的 $r+1$ 维向量

$$(a_{11},a_{12},\cdots,a_{1,r+1}),$$
$$(a_{21},a_{22},\cdots,a_{2,r+1}),$$
$$\cdots$$
$$(a_{r+1,1},a_{r+2,2},\cdots,a_{r+1,r+1})$$

也线性相关. 因此它们组成的 $r+1$ 阶行列式为 0，从而 $\boldsymbol{A}$ 的 $r+1$ 阶子式为 0.

充分性　设矩阵 $\boldsymbol{A}$ 有一个 r 阶子式不为 0，且所有 $r+1$ 阶子式全为 0.

首先注意到，根据行列式的展开定理，若 $\boldsymbol{A}$ 的所有 $r+1$ 阶子式全为 0，则所有 $k(k>r)$ 阶子式全为 0.

设矩阵 $\boldsymbol{A}$ 的秩为 t. 根据必要性，$\boldsymbol{A}$ 有一个 t 阶子式不为 0，且所有 $t+1$ 阶子式全为 0. 于是所有 $k(k>t)$ 阶子式也全为 0. 因此，若 $t>r$，根据条件所有 t 阶子式全为 0，这与秩为 t（有一个 t 阶子式不为 0）矛盾. 若 $t<r$，即 $r>t$，根据必要性，矩阵 $\boldsymbol{A}$ 的秩为 t，则所有 r 阶子式全为 0，这与条件有一个 r 阶子式不为 0 矛盾. 所以 $t=r$，即矩阵 $\boldsymbol{A}$ 的秩为 r.

推论 1　若 $\boldsymbol{A}$ 有一个 r 阶子式不为 0，则 $r(\boldsymbol{A})\geqslant r$.

推论 2　若 $\boldsymbol{A}$ 的所有 r 阶子式全为 0，则 $r(\boldsymbol{A})<r$.

【例 13】　用定理 3.21 求例 12 中的矩阵 $\boldsymbol{A}=\begin{pmatrix}2 & -1 & 4 & -1\\ 4 & -2 & 5 & 4\\ 2 & -1 & 3 & 1\end{pmatrix}$的秩.

解　选取矩阵 $\boldsymbol{A}$ 的第 1、2 行和第 1、3 列得二阶子式

$$\begin{vmatrix}2 & 4\\ 4 & 5\end{vmatrix}=-6\neq 0,$$

可以验证 4 个三阶子式都为 0. 所以 $r(\boldsymbol{A})=2$.

定理 3.21 的条件还可以进一步减弱，下面的定理 3.22 说明了这一点.

定理 3.22　$m\times n$ 矩阵 $\boldsymbol{A}$ 的秩为 r 的充分必要条件是 $\boldsymbol{A}$ 有一个 r 阶子式 D 不为 0，且所有含 D 的 $r+1$ 阶子式全为 0.

证明　只需证明充分性. 不妨假设 $\boldsymbol{A}$ 的左上角的 r 阶子式 D 不等于 0，所有含 D 的 $r+1$ 阶子式全为 0.

设 $\boldsymbol{A}=\begin{pmatrix}a_{11} & a_{12} & \cdots & a_{1n}\\ a_{21} & a_{22} & \cdots & a_{2n}\\ \vdots & \vdots & & \vdots\\ a_{m1} & a_{m2} & \cdots & a_{mn}\end{pmatrix}$，$D=\begin{vmatrix}a_{11} & a_{12} & \cdots & a_{1r}\\ a_{21} & a_{22} & \cdots & a_{2r}\\ \vdots & \vdots & & \vdots\\ a_{r1} & a_{r2} & \cdots & a_{rr}\end{vmatrix}\neq 0$.

所以子式$\begin{pmatrix}a_{11} & a_{12} & \cdots & a_{1r}\\ a_{21} & a_{22} & \cdots & a_{2r}\\ \vdots & \vdots & & \vdots\\ a_{r1} & a_{r2} & \cdots & a_{rr}\end{pmatrix}$的秩为 r，$\begin{pmatrix}a_{11} & a_{12} & \cdots & a_{1r}\\ a_{21} & a_{22} & \cdots & a_{2r}\\ \vdots & \vdots & & \vdots\\ a_{r1} & a_{r2} & \cdots & a_{rr}\end{pmatrix}$等价于 $\boldsymbol{I}_r$.

因此，对矩阵 $\boldsymbol{A}$ 前面 r 行 r 列做初等变换可以化为$\begin{pmatrix}\boldsymbol{I}_r & \boldsymbol{B}\\ \boldsymbol{C}_1 & \boldsymbol{C}_2\end{pmatrix}$. 继续对$\begin{pmatrix}\boldsymbol{I}_r & \boldsymbol{B}\\ \boldsymbol{C}_1 & \boldsymbol{C}_2\end{pmatrix}$做第 3 种初等行变换可以化为$\begin{pmatrix}\boldsymbol{I}_r & \boldsymbol{B}_1\\ \boldsymbol{O} & C\end{pmatrix}$. 由于 $\boldsymbol{A}$ 中含 D 的 $r+1$ 阶子式等于 0，于是$\begin{pmatrix}\boldsymbol{I}_r & \boldsymbol{B}\\ \boldsymbol{O} & C\end{pmatrix}$中含 $\boldsymbol{I}_r$ 的 $r+1$ 阶子式也为 0，所以 $\boldsymbol{C}=\boldsymbol{O}$. 即 $\boldsymbol{A}$ 等价于$\begin{pmatrix}\boldsymbol{I}_r & \boldsymbol{B}\\ \boldsymbol{O} & \boldsymbol{O}\end{pmatrix}$. 因此 $r(\boldsymbol{A})=r$.

例如，根据定理 3.22 来计算例 13 中的矩阵的秩. 选取矩阵 $\boldsymbol{A}$ 的第 1、2 行和第 1、3 列得二阶子式

$$D=\begin{vmatrix}2 & 4\\ 4 & 5\end{vmatrix}=-6\neq 0.$$

只需验证含 D 的两个三阶子式

$$\begin{vmatrix}2 & -1 & 4\\ 4 & -2 & 5\\ 2 & -1 & 3\end{vmatrix}=\begin{vmatrix}2 & 4 & -1\\ 4 & 5 & 4\\ 2 & 3 & 1\end{vmatrix}=0,$$

即可得出 $r(\boldsymbol{A})=2$.

如何求矩阵的秩，一种方法是对矩阵做初等行变换化为行阶梯形矩阵，然后得出矩阵的秩；另一种方法是求矩阵的 k 阶子式，得出不等于 0 的子式的最大阶数，然后得出矩阵的秩. 也可以两者结合.

由于矩阵做初等变换不改变秩，我们可以对矩阵 $\boldsymbol{A}$ 做初等行变换化为行阶梯形矩阵（为了书写方便，对 $\boldsymbol{A}$ 做了适当的初等列变换），

$$\boldsymbol{A}\to\begin{pmatrix}b_{11} & b_{12} & \cdots & b_{1r} & \cdots & b_{1n}\\ 0 & b_{22} & \cdots & b_{2r} & \cdots & b_{2n}\\ \vdots & \vdots & & \vdots & & \vdots\\ 0 & 0 & \cdots & b_{rr} & \cdots & b_{rn}\\ 0 & 0 & \cdots & 0 & \cdots & 0\\ \vdots & \vdots & & \vdots & & \vdots\\ 0 & 0 & \cdots & 0 & 0 & 0\end{pmatrix}.$$

根据定理 3.21，行阶梯形矩阵的秩就是不为 $\boldsymbol{O}$ 的行向量的个数（因为 $b_{ii}\neq 0, i=1,2,\cdots,r$）. 因此，矩阵 $\boldsymbol{A}$ 经过初等行变换化为行阶梯形矩阵后，不为 $\boldsymbol{O}$ 的行向量的个数就是矩阵 $\boldsymbol{A}$ 的秩.

【例 14】 对例 13 中的矩阵 $\boldsymbol{A}$ 做初等变换求出 $\boldsymbol{A}$ 的秩.

解

$$\boldsymbol{A}=\begin{pmatrix}2 & -1 & 4 & -1\\ 4 & -2 & 5 & 4\\ 2 & -1 & 3 & 1\end{pmatrix}\to\begin{pmatrix}2 & -1 & 4 & -1\\ 0 & 0 & -3 & 6\\ 0 & 0 & -1 & 2\end{pmatrix}\to\begin{pmatrix}2 & -1 & 4 & -1\\ 0 & 0 & 1 & -2\\ 0 & 0 & 0 & 0\end{pmatrix},$$

所以 $\boldsymbol{A}$ 的秩为 2.

【例 15】 $n(n\geqslant 3)$ 阶矩阵 $\boldsymbol{A}=\begin{pmatrix}a & 1 & \cdots & 1\\ 1 & a & \cdots & 1\\ \vdots & \vdots & & \vdots\\ 1 & 1 & \cdots & a\end{pmatrix}$，根据 a 的取值讨论矩阵 $\boldsymbol{A}$ 的秩.

例 15 步骤讲解

解 由于 $\boldsymbol{A}$ 为 n 阶矩阵且含有参数，做初等变换比较麻烦，因此采用子式的方法来确定矩阵的秩.

矩阵 $\boldsymbol{A}$ 的 n 阶子式即 $|\boldsymbol{A}|=(a+(n-1))(a-1)^{n-1}$.

当 $a\neq 1-n$ 且 $a\neq 1$ 时，$|\boldsymbol{A}|\neq 0$，所以 $r(\boldsymbol{A})=n$.

当 $a=1-n$ 时，矩阵 $\boldsymbol{A}$ 的左上角的 $n-1$ 阶子式为 $(a+(n-2))(a-1)^{n-2}\neq 0$，所以有一

个 $n-1$ 阶子式不等于 0，且所有 n 阶子式都为 0，因此 $r(\boldsymbol{A})=n-1$.

当 $a=1$ 时，显然 $r(\boldsymbol{A})=1$.

【例 16】 $\boldsymbol{A}$ 为 $n(n\geqslant 3)$ 阶矩阵，若 $r(\boldsymbol{A})<n-1$，证明 $\boldsymbol{A}^*=\boldsymbol{O}$.

证明　因为 $r(\boldsymbol{A})<n-1$，所以 $\boldsymbol{A}$ 的所有 $n-1$ 阶子式都等于 0，即所有余子式都等于 0，$M_{ij}=0$，$\forall i,j=1,\cdots,n$，于是代数余子式 $\boldsymbol{A}_{ij}=0$，$\forall i,j=1,\cdots,n$. 因此 $\boldsymbol{A}^*=\boldsymbol{O}$.

习题 3-4

1. 求下列矩阵的秩 .

(1) $\begin{pmatrix}1&2&3\\2&4&6\\3&6&9\end{pmatrix}$；　　(2) $\begin{pmatrix}2&-1&-2\\3&1&1\\-3&4&7\end{pmatrix}$；

(3) $\begin{pmatrix}1&1&1&1\\1&2&3&4\\1&4&9&16\\1&8&27&64\end{pmatrix}$；　(4) $\begin{pmatrix}1&-1&2&1&0\\2&0&4&-2&1\\-3&3&-6&-3&0\\0&3&0&0&1\end{pmatrix}$

2. 矩阵 $\boldsymbol{A}=\begin{pmatrix}\lambda+3&1&2\\\lambda&\lambda-1&1\\3(\lambda+1)&\lambda&\lambda+3\end{pmatrix}$，根据 λ 的不同取值，确定矩阵 $\boldsymbol{A}$ 的秩 .

第五节　向量空间、基和维数

一、向量空间的定义

这里我们简单介绍一下向量空间的定义. 只在元素为 n 维实向量的集合上讨论向量空间的定义以及相应的基和维数这些概念.

定义 3.13　设 V 为 n 维向量的非空集合，如果满足

(1)若 $\boldsymbol{\alpha}\in V$，$\boldsymbol{\beta}\in V$，则 $\boldsymbol{\alpha}+\boldsymbol{\beta}\in V$，

(2)若 $\boldsymbol{\alpha}\in V$，$k\in\mathbf{R}$，则 $k\boldsymbol{\alpha}\in V$，

称集合 V 为向量空间. 条件(1)和条件(2)也分别称为集合 V 关于加法封闭和关于数乘封闭.

显然，由一个零向量构成的集合 $\{0\}$ 是一个空间，称为**零空间**. 全体 n 维实向量所构成的集合 $\mathbf{R}^n$ 是一个向量空间，在不引起混淆的情形下有时也称为 n 维向量空间.

【例 17】　第 n 个分量为 0 的所有 n 维实向量的集合

$$V_0=\{\boldsymbol{\xi}=(x_1,\cdots,x_{n-1},0)\mid x_i\in\mathbf{R},\ i=1,\cdots,n-1\},$$

可以验证 V_0 是一个向量空间.

第 n 个分量为 1 的所有 n 维实向量的集合

$$V_1=\{\boldsymbol{\xi}=(x_1,\cdots,x_{n-1},1)\mid x_i\in\mathbf{R},\ i=1,\cdots,n-1\},$$

可以看到 V_1 不是一个向量空间. 因为 V_1 任取两个向量 $(x_1,\cdots,x_{n-1},1),(y_1,\cdots,y_{n-1},1)$, $(x_1,\cdots,x_{n-1},1)+(y_1,\cdots,y_{n-1},1)=(x_1+y_1,\cdots,x_{n-1}+y_{n-1},2)$，第 n 个分量为 2，不属于集合 V_1.

【例 18】 证明齐次线性方程组 $\boldsymbol{AX}=\boldsymbol{O}$ 的所有解组成的集合是向量空间，称为齐次线性方程组 $\boldsymbol{AX}=\boldsymbol{O}$ 的**解空间**.

证明　设 $\boldsymbol{\xi}_1,\boldsymbol{\xi}_2$ 是齐次线性方程组 $\boldsymbol{AX}=\boldsymbol{O}$ 的任意两个解向量，则 $\boldsymbol{\xi}_1+\boldsymbol{\xi}_2,k\boldsymbol{\xi}_1$ 都是 $\boldsymbol{AX}=\boldsymbol{O}$ 的解，即由 $\boldsymbol{AX}=\boldsymbol{O}$ 的所有解向量组成的集合关于向量加法和数乘运算封闭，因此构成一个空间.

可以看到，非齐次线性方程组 $\boldsymbol{AX}=\boldsymbol{B}$ 的所有解所组成的集合不是一个向量空间. 因为若 $\boldsymbol{\alpha},\boldsymbol{\beta}$ 是 $\boldsymbol{AX}=\boldsymbol{B}$ 的解，则 $\boldsymbol{\alpha}+\boldsymbol{\beta}$ 是 $\boldsymbol{AX}=2\boldsymbol{B}$ 的解，不是 $\boldsymbol{AX}=\boldsymbol{B}$ 的解.

二、子空间

定义 3.14　设 V 是一个向量空间，W 是 V 的一个非空子集，且 W 也是一个向量空间，称 W 为 V 的一个**子空间**.

对任意向量空间 V，零空间 $\{0\}$ 和 V 本身都是 V 的子空间，称为 V 的**平凡子空间**，而 V 的其余子空间(若存在的话)则称为**非平凡子空间**. 可以看到，这里所介绍的向量空间其实都是 $\mathbf{R}^n$ 的子空间.

【例 19】 设 $\boldsymbol{\alpha}_1,\boldsymbol{\alpha}_2,\cdots,\boldsymbol{\alpha}_s$ 为 s 个 n 维向量，所有线性组合组成的集合

$$\{\boldsymbol{\alpha}=k_1\boldsymbol{\alpha}_1+k_2\boldsymbol{\alpha}_2+\cdots+k_s\boldsymbol{\alpha}_s \mid k_i\in\mathbf{R},\ i=1,2,\cdots,s\}$$

为向量空间，称为 $\boldsymbol{\alpha}_1,\boldsymbol{\alpha}_2,\cdots,\boldsymbol{\alpha}_s$ **生成的子空间**，记为 $L(\boldsymbol{\alpha}_1,\boldsymbol{\alpha}_2,\cdots,\boldsymbol{\alpha}_s)$ 或 $\mathrm{span}\{\boldsymbol{\alpha}_1,\boldsymbol{\alpha}_2,\cdots,\boldsymbol{\alpha}_s\}$.

证明　设 $\boldsymbol{\beta}_1=k_1\boldsymbol{\alpha}_1+k_2\boldsymbol{\alpha}_2+\cdots+k_s\boldsymbol{\alpha}_s$，$\boldsymbol{\beta}_2=l_1\boldsymbol{\alpha}_1+l_2\boldsymbol{\alpha}_2+\cdots+l_s\boldsymbol{\alpha}_s$ 是 $L(\boldsymbol{\alpha}_1,\boldsymbol{\alpha}_2,\cdots,\boldsymbol{\alpha}_s)$ 中任意的两个向量，则

$$\boldsymbol{\beta}_1+\boldsymbol{\beta}_2=(k_1+l_1)\boldsymbol{\alpha}_1+(k_2+l_2)\boldsymbol{\alpha}_2+\cdots+(k_s+l_s)\boldsymbol{\alpha}_s\in L(\boldsymbol{\alpha}_1,\boldsymbol{\alpha}_2,\cdots,\boldsymbol{\alpha}_s),$$

$$k\boldsymbol{\beta}_1=kk_1\boldsymbol{\alpha}_1+kk_2\boldsymbol{\alpha}_2+\cdots+kk_s\boldsymbol{\alpha}_s\in L(\boldsymbol{\alpha}_1,\boldsymbol{\alpha}_2,\cdots,\boldsymbol{\alpha}_s),$$

即 $L(\boldsymbol{\alpha}_1,\boldsymbol{\alpha}_2,\cdots,\boldsymbol{\alpha}_s)$ 关于向量加法和数乘运算封闭，因此它是一个向量空间.

三、向量空间的基与维数

定义 3.15　设 $\boldsymbol{V}$ 为向量空间，$\boldsymbol{V}$ 中有 r 个向量 $\boldsymbol{\alpha}_1,\boldsymbol{\alpha}_2,\cdots,\boldsymbol{\alpha}_r$，如果

(1) $\boldsymbol{\alpha}_1,\boldsymbol{\alpha}_2,\cdots,\boldsymbol{\alpha}_r$ 线性无关，

(2) $\boldsymbol{V}$ 中任意一个向量都可由 $\boldsymbol{\alpha}_1,\boldsymbol{\alpha}_2,\cdots,\boldsymbol{\alpha}_r$ 线性表示，

则称 $\boldsymbol{\alpha}_1,\boldsymbol{\alpha}_2,\cdots,\boldsymbol{\alpha}_r$ 为向量空间 $\boldsymbol{V}$ 的一组**基**，称 r 为向量空间 $\boldsymbol{V}$ 的**维数**，记 $\dim\boldsymbol{V}=r$，此时称 $\boldsymbol{V}$ 为 r 维向量空间.

如果将 $\boldsymbol{V}$ 看成由无数个向量组成的向量组，那么 $\boldsymbol{V}$ 的基就是向量组的极大线性无关组，$\boldsymbol{V}$ 的维数就是向量组的秩.

零空间中没有线性无关的向量，所以零空间没有基，规定零空间的维数为 0. 不难看

出，对于 $\mathbf{R}^n$，n 维单位坐标向量组 $\boldsymbol{e}_1,\boldsymbol{e}_2,\cdots,\boldsymbol{e}_n$ 是 $\mathbf{R}^n$ 的基(也称为自然基)，所以 $\mathbf{R}^n$ 的维数为 n.

显然，如果 $\boldsymbol{W}$ 是 $\boldsymbol{V}$ 的子空间，那么 $\dim\boldsymbol{W}\leqslant\dim\boldsymbol{V}$.

这里需要区分向量的维数和空间的维数，这是两个不同的概念. 例 17 中，$\boldsymbol{e}_1=(1,0,\cdots,0,0)$，$\boldsymbol{e}_2=(0,1,\cdots,0,0)$，$\cdots$，$\boldsymbol{e}_{n-1}=(0,0,\cdots,1,0)$是 $\boldsymbol{V}_0$ 的基，所以 $\boldsymbol{V}_0$ 是 $n-1$ 维向量空间，但可以看到 $\boldsymbol{V}_0$ 中的向量是 n 维向量.

下面我们特别讨论例 19 中介绍的生成的子空间 $L(\boldsymbol{\alpha}_1,\boldsymbol{\alpha}_2,\cdots,\boldsymbol{\alpha}_s)$. 向量组 $\boldsymbol{\alpha}_1,\boldsymbol{\alpha}_2,\cdots,\boldsymbol{\alpha}_s$ 的极大线性无关组是 $L(\boldsymbol{\alpha}_1,\boldsymbol{\alpha}_2,\cdots,\boldsymbol{\alpha}_s)$的基，向量组 $\boldsymbol{\alpha}_1,\boldsymbol{\alpha}_2,\cdots,\boldsymbol{\alpha}_s$ 的秩 $r(\boldsymbol{\alpha}_1,\boldsymbol{\alpha}_2,\cdots,\boldsymbol{\alpha}_s)$ 是 $L(\boldsymbol{\alpha}_1,\boldsymbol{\alpha}_2,\cdots,\boldsymbol{\alpha}_s)$的维数.

定理 3.23　设 $\boldsymbol{\alpha}_1,\boldsymbol{\alpha}_2,\cdots,\boldsymbol{\alpha}_s$ 和 $\boldsymbol{\beta}_1,\boldsymbol{\beta}_2,\cdots,\boldsymbol{\beta}_t$ 是向量空间 $\mathbf{R}^n$ 的两个向量组.

(1) $L(\boldsymbol{\alpha}_1,\boldsymbol{\alpha}_2,\cdots,\boldsymbol{\alpha}_s)\subset L(\boldsymbol{\beta}_1,\boldsymbol{\beta}_2,\cdots,\boldsymbol{\beta}_t)$当且仅当 $\boldsymbol{\alpha}_1,\boldsymbol{\alpha}_2,\cdots,\boldsymbol{\alpha}_s$ 可由 $\boldsymbol{\beta}_1,\boldsymbol{\beta}_2,\cdots,\boldsymbol{\beta}_t$ 线性表示.

(2) $L(\boldsymbol{\alpha}_1,\boldsymbol{\alpha}_2,\cdots,\boldsymbol{\alpha}_s)=L(\boldsymbol{\beta}_1,\boldsymbol{\beta}_2,\cdots,\boldsymbol{\beta}_t)$当且仅当向量组 $\boldsymbol{\alpha}_1,\boldsymbol{\alpha}_2,\cdots,\boldsymbol{\alpha}_s$ 和向量组 $\boldsymbol{\beta}_1,\boldsymbol{\beta}_2,\cdots,\boldsymbol{\beta}_t$ 等价.

前面所讨论的向量组的性质也可以从向量空间的角度来理解.

如果向量组 $\boldsymbol{\alpha}_1,\boldsymbol{\alpha}_2,\cdots,\boldsymbol{\alpha}_s$ 可由向量组 $\boldsymbol{\beta}_1,\boldsymbol{\beta}_2,\cdots,\boldsymbol{\beta}_t$ 线性表示，那么 $L(\boldsymbol{\alpha}_1,\boldsymbol{\alpha}_2,\cdots,\boldsymbol{\alpha}_s)\subset L(\boldsymbol{\beta}_1,\boldsymbol{\beta}_2,\cdots,\boldsymbol{\beta}_t)$，从而 $\dim(L(\boldsymbol{\alpha}_1,\boldsymbol{\alpha}_2,\cdots,\boldsymbol{\alpha}_s))\leqslant\dim(L(\boldsymbol{\beta}_1,\boldsymbol{\beta}_2,\cdots,\boldsymbol{\beta}_t))$，$r(\boldsymbol{\alpha}_1,\boldsymbol{\alpha}_2,\cdots,\boldsymbol{\alpha}_s)\leqslant r(\boldsymbol{\beta}_1,\boldsymbol{\beta}_2,\cdots,\boldsymbol{\beta}_t)$.

如果向量组 $\boldsymbol{\alpha}_1,\boldsymbol{\alpha}_2,\cdots,\boldsymbol{\alpha}_s$ 和向量组 $\boldsymbol{\beta}_1,\boldsymbol{\beta}_2,\cdots,\boldsymbol{\beta}_t$ 等价，那么 $L(\boldsymbol{\alpha}_1,\boldsymbol{\alpha}_2,\cdots,\boldsymbol{\alpha}_s)=L(\boldsymbol{\beta}_1,\boldsymbol{\beta}_2,\cdots,\boldsymbol{\beta}_t)$，从而 $\dim(L(\boldsymbol{\alpha}_1,\boldsymbol{\alpha}_2,\cdots,\boldsymbol{\alpha}_s))=\dim(L(\boldsymbol{\beta}_1,\boldsymbol{\beta}_2,\cdots,\boldsymbol{\beta}_t))$，$r(\boldsymbol{\alpha}_1,\boldsymbol{\alpha}_2,\cdots,\boldsymbol{\alpha}_s)=r(\boldsymbol{\beta}_1,\boldsymbol{\beta}_2,\cdots,\boldsymbol{\beta}_t)$.

根据向量空间的定义可以看到：两个向量空间的维数可以相等，但向量空间完全不同. 如果 $\dim(L(\boldsymbol{\alpha}_1,\boldsymbol{\alpha}_2,\cdots,\boldsymbol{\alpha}_s))=\dim(L(\boldsymbol{\beta}_1,\boldsymbol{\beta}_2,\cdots,\boldsymbol{\beta}_t))$，不能得出 $L(\boldsymbol{\alpha}_1,\boldsymbol{\alpha}_2,\cdots,\boldsymbol{\alpha}_s)=L(\boldsymbol{\beta}_1,\boldsymbol{\beta}_2,\cdots,\boldsymbol{\beta}_t)$. 换成向量，如果两个向量组 $\boldsymbol{\alpha}_1,\boldsymbol{\alpha}_2,\cdots,\boldsymbol{\alpha}_s$ 和 $\boldsymbol{\beta}_1,\boldsymbol{\beta}_2,\cdots,\boldsymbol{\beta}_t$ 的秩相等，不能得出 $\boldsymbol{\alpha}_1,\boldsymbol{\alpha}_2,\cdots,\boldsymbol{\alpha}_s$ 和 $\boldsymbol{\beta}_1,\boldsymbol{\beta}_2,\cdots,\boldsymbol{\beta}_t$ 等价.

向量空间是数学理论中一个非常重要的概念. 严格的数学定义及相关理论可以阅读相关的代数图书.

习题 3-5

1. 设向量组 $\boldsymbol{\alpha}_1=\begin{pmatrix}3\\1\\3\\3\end{pmatrix}$，$\boldsymbol{\alpha}_2=\begin{pmatrix}1\\3\\2\\7\end{pmatrix}$，$\boldsymbol{\alpha}_3=\begin{pmatrix}1\\1\\3\\2\end{pmatrix}$，$\boldsymbol{\alpha}_4=\begin{pmatrix}7\\3\\9\\8\end{pmatrix}$，$\boldsymbol{\alpha}_5=\begin{pmatrix}0\\2\\-1\\5\end{pmatrix}$，求生成子空间 $L(\boldsymbol{\alpha}_1,\boldsymbol{\alpha}_2,\boldsymbol{\alpha}_3,\boldsymbol{\alpha}_4,\boldsymbol{\alpha}_5)$的维数和基.

本章小结

向量及其运算	了解 向量的定义和几类特殊矩阵 掌握 向量的线性运算
向量的线性相关性	掌握 向量组线性相关、线性无关的定义 了解 向量组的等价 掌握 极大线性无关组和秩的定义 掌握 极大线性无关组的求解方法
矩阵的秩	了解 矩阵的秩的定义 理解 初等变换不改变矩阵的秩 掌握 利用子式判断矩阵的秩
向量空间	了解 向量空间和子空间的定义和特征 了解 向量空间的基和维数

数学通识：电影评分问题

美国知名视频播放网站 Netflix 于 2006 年举行一场奖金丰厚的竞赛，希望参赛者设计出更好的算法预测用户对电影的评分，从而为每位用户更有针对性地推荐电影. 这项竞赛受到广泛关注，被称为 Netflix prize.

在 Netflix 系统中，用户会对看过的电影进行评分，显然任何用户都不可能看过所有的电影并为每部电影打分. 若 Netflix 能够较为精准地预测用户对未看过电影的评分，就可以为用户更有针对性地推荐更符合其偏好的电影. 如何利用系统中已有的电影评分预测用户对未看过的电影的评分呢？

假设 Netflix 系统中共有 m 个用户和 n 部电影，电影评分共有 1 星到 5 星五种情况. 我们用如下 $m\times n$ 阶矩阵 $\boldsymbol{A}$ 表示用户对电影的评分：

$$
\boldsymbol{A}=\begin{pmatrix} 2 & * & 4 & \cdots & * \\ * & 5 & * & \cdots & 3 \\ 1 & * & * & \cdots & * \\ 3 & * & 2 & \cdots & * \\ \vdots & \vdots & \vdots & & \vdots \\ 5 & 3 & * & \cdots & * \end{pmatrix}
$$

其中，每一行元素代表一位用户对不同电影的评分情况，数字表示该用户对看过的电影给出的评分，$*$ 为未知评分，表示该用户并未看过相应电影. 为了预测用户对未观看电影的评分，我们希望得到一个 $m\times n$ 阶矩阵 $\boldsymbol{X}$，它需要满足对应元素等于矩阵 $\boldsymbol{A}$ 中的已知评分. 此外，类型、风格相似的电影往往具有相似的评分情况，这说明矩阵 $\boldsymbol{X}$ 的列向量具有高度相似性，也就是矩阵的列秩较小. 基于这一点，我们可以将电影评分预测问题建模为如下问题：

$$
\begin{aligned} &\text{minimize rank}(\boldsymbol{X}), \\ &\text{subject to } X_{ij}=\boldsymbol{A}_{ij}, i, j\in\boldsymbol{\Omega}, \end{aligned}
$$

其中，$\text{rank}(\boldsymbol{X})$ 表示矩阵 $\boldsymbol{X}$ 的秩，$\boldsymbol{\Omega}$ 表示矩阵 $\boldsymbol{A}$ 中已有评分的下标组成的集合. 以上问题要求在对应元素等于已知评分的条件下寻找秩最小的矩阵 $\boldsymbol{X}$，属于一类低秩矩阵恢复问题 (matrix completion problem). 矩阵恢复方法是在 Netflix prize 参赛者中广泛采用的一类算法，预测评分的准确性也得到大幅提升.

低秩矩阵恢复问题不仅用在电影推荐算法中，在图像处理、金融数据填补等多个领域也有非常广泛的应用.

总复习题三

1. 设 $\boldsymbol{\alpha}_1=\begin{pmatrix}1\\1\\2\end{pmatrix},\boldsymbol{\alpha}_2=\begin{pmatrix}-1\\3\\-2\end{pmatrix},\boldsymbol{\alpha}_3=\begin{pmatrix}3\\1\\-1\end{pmatrix}$，求 $3\boldsymbol{\alpha}_1-2\boldsymbol{\alpha}_2+\boldsymbol{\alpha}_3$，$\boldsymbol{\alpha}_1+3\boldsymbol{\alpha}_2-2\boldsymbol{\alpha}_3$.

2. 设 $\boldsymbol{\alpha}=\begin{pmatrix}1\\-1\\2\end{pmatrix},\boldsymbol{\beta}=\begin{pmatrix}2\\-1\\1\end{pmatrix},\boldsymbol{\gamma}=\begin{pmatrix}-4\\1\\1\end{pmatrix}$，求常数 k，使得 $2\boldsymbol{\alpha}+k\boldsymbol{\beta}=\boldsymbol{\gamma}$.

3. 将 $\boldsymbol{\beta}$ 表示成 $\boldsymbol{\alpha}_1,\boldsymbol{\alpha}_2,\boldsymbol{\alpha}_3$ 的线性组合.

(1) $\boldsymbol{\alpha}_1=\begin{pmatrix}1\\1\\1\end{pmatrix},\boldsymbol{\alpha}_2=\begin{pmatrix}1\\1\\-1\end{pmatrix},\boldsymbol{\alpha}_3=\begin{pmatrix}1\\-1\\1\end{pmatrix},\boldsymbol{\beta}=\begin{pmatrix}1\\2\\1\end{pmatrix}$；

(2) $\boldsymbol{\alpha}_1=\begin{pmatrix}2\\3\\1\end{pmatrix},\boldsymbol{\alpha}_2=\begin{pmatrix}1\\0\\-1\end{pmatrix},\boldsymbol{\alpha}_3=\begin{pmatrix}3\\2\\1\end{pmatrix},\boldsymbol{\beta}=\begin{pmatrix}4\\4\\2\end{pmatrix}$.

4. 判断下列向量组是否线性相关.

(1) $\boldsymbol{\alpha}_1=\begin{pmatrix}1\\0\\1\end{pmatrix},\boldsymbol{\alpha}_2=\begin{pmatrix}2\\1\\-1\end{pmatrix},\boldsymbol{\alpha}_3=\begin{pmatrix}3\\1\\1\end{pmatrix}$；

(2) $\boldsymbol{\alpha}_1=\begin{pmatrix}1\\2\\2\end{pmatrix},\boldsymbol{\alpha}_2=\begin{pmatrix}-1\\3\\2\end{pmatrix},\boldsymbol{\alpha}_3=\begin{pmatrix}3\\1\\2\end{pmatrix}$；

(3) $\boldsymbol{\alpha}_1=\begin{pmatrix}2\\2\\-1\\3\end{pmatrix},\boldsymbol{\alpha}_2=\begin{pmatrix}1\\-1\\4\\-2\end{pmatrix},\boldsymbol{\alpha}_3=\begin{pmatrix}1\\-2\\-1\\3\end{pmatrix}$.

5. 设 $c_1,c_2,\cdots,c_m$ 是 m 个互不相同的数，其中 $m<n$. 令 $\boldsymbol{\alpha}_i=(1,c_i,c_i^2,\cdots,c_i^{n-1}),i=1,2,\cdots,m$，证明：$\boldsymbol{\alpha}_1,\boldsymbol{\alpha}_2,\cdots,\boldsymbol{\alpha}_m$ 线性无关.

6. 设向量组 $\boldsymbol{\alpha}_i=(a_{i1}\quad a_{i2}\quad\cdots\quad a_{in})$，$i=1,2,\cdots,n$，证明：如果 $|(a_{ij})|\neq 0$，那么 $\boldsymbol{\alpha}_1,\boldsymbol{\alpha}_2,\cdots,\boldsymbol{\alpha}_n$ 线性无关.

7. 向量组 $\boldsymbol{\alpha}_1,\boldsymbol{\alpha}_2,\cdots,\boldsymbol{\alpha}_m$ 线性无关，$\boldsymbol{\beta}_i=\sum\limits_{j=1}^{m}a_{ij}\boldsymbol{\alpha}_j$，$i=1,2,\cdots,m$，证明：$\boldsymbol{\beta}_1,\boldsymbol{\beta}_2,\cdots,\boldsymbol{\beta}_m$ 线性无关的充分必要条件是 $|a_{ij}|\neq 0$.

8. 设 n 维向量组 $\boldsymbol{\alpha}_1,\boldsymbol{\alpha}_2,\cdots,\boldsymbol{\alpha}_m$ 和 $\boldsymbol{\beta}$，$\boldsymbol{\beta}$ 可以由 $\boldsymbol{\alpha}_1,\boldsymbol{\alpha}_2,\cdots,\boldsymbol{\alpha}_m$ 线性表示，证明：

(1) 如果向量组 $\boldsymbol{\alpha}_1,\boldsymbol{\alpha}_2,\cdots,\boldsymbol{\alpha}_m$ 线性无关，那么表示法唯一；

(2) 如果向量组 $\boldsymbol{\alpha}_1,\boldsymbol{\alpha}_2,\cdots,\boldsymbol{\alpha}_m$ 线性相关，那么表示法不唯一.

9. 设 $\boldsymbol{\alpha}_1=\begin{pmatrix}2\\1\\1\end{pmatrix},\boldsymbol{\alpha}_2=\begin{pmatrix}-1\\2\\7\end{pmatrix},\boldsymbol{\alpha}_3=\begin{pmatrix}1\\-1\\-4\end{pmatrix},\boldsymbol{\beta}=\begin{pmatrix}1\\2\\\lambda\end{pmatrix}$，$\lambda$ 为何值时，$\boldsymbol{\beta}$ 可以由 $\boldsymbol{\alpha}_1,\boldsymbol{\alpha}_2,\boldsymbol{\alpha}_3$ 线性表示，并写出表达式.

10. 设 $\boldsymbol{\alpha}_1=\begin{pmatrix}a\\2\\10\end{pmatrix},\boldsymbol{\alpha}_2=\begin{pmatrix}-2\\1\\5\end{pmatrix},\boldsymbol{\alpha}_3=\begin{pmatrix}-1\\1\\4\end{pmatrix},\boldsymbol{\beta}=\begin{pmatrix}1\\b\\c\end{pmatrix}$，当 a,b,c 满足何值时，

(1) $\boldsymbol{\beta}$ 可以由 $\boldsymbol{\alpha}_1,\boldsymbol{\alpha}_2,\boldsymbol{\alpha}_3$ 线性表示，而且表示法唯一；

(2) $\boldsymbol{\beta}$ 可以由 $\boldsymbol{\alpha}_1,\boldsymbol{\alpha}_2,\boldsymbol{\alpha}_3$ 线性表示，而且表示法不唯一；

(3) $\boldsymbol{\beta}$ 不可以由 $\boldsymbol{\alpha}_1,\boldsymbol{\alpha}_2,\boldsymbol{\alpha}_3$ 线性表示.

11. 求下列向量组的一个极大线性无关组和秩，并将其余向量用该极大线性无关组线性表示.

(1) $\begin{pmatrix}1\\4\\1\\0\end{pmatrix},\begin{pmatrix}2\\1\\-1\\-3\end{pmatrix},\begin{pmatrix}1\\0\\-3\\-1\end{pmatrix},\begin{pmatrix}0\\2\\-6\\3\end{pmatrix}$；　(2) $\begin{pmatrix}1\\-1\\2\\4\end{pmatrix},\begin{pmatrix}0\\3\\1\\2\end{pmatrix},\begin{pmatrix}3\\0\\7\\14\end{pmatrix},\begin{pmatrix}1\\-1\\2\\0\end{pmatrix},\begin{pmatrix}2\\1\\5\\6\end{pmatrix}$.

12. 试确定 a 为何值时，向量组 $\boldsymbol{\alpha}_1,\boldsymbol{\alpha}_2,\boldsymbol{\alpha}_3,\boldsymbol{\alpha}_4$ 的秩为 3.

$$\boldsymbol{\alpha}_1=\begin{pmatrix}3\\a\\0\end{pmatrix},\boldsymbol{\alpha}_2=\begin{pmatrix}a\\1\\2\end{pmatrix},\boldsymbol{\alpha}_3=\begin{pmatrix}1\\-2\\1\end{pmatrix},\boldsymbol{\alpha}_4=\begin{pmatrix}2\\-4\\2\end{pmatrix}.$$

13. 对于 n 维向量组 $\boldsymbol{\alpha}_1,\boldsymbol{\alpha}_2,\cdots,\boldsymbol{\alpha}_n$，证明：如果 n 维单位坐标向量 $\boldsymbol{e}_1,\boldsymbol{e}_2,\cdots,\boldsymbol{e}_n$ 可以由 $\boldsymbol{\alpha}_1,\boldsymbol{\alpha}_2,\cdots,\boldsymbol{\alpha}_n$线性表示，那么 $\boldsymbol{\alpha}_1,\boldsymbol{\alpha}_2,\cdots,\boldsymbol{\alpha}_n$ 线性无关.

14. 对于 n 维向量组 $\boldsymbol{\alpha}_1,\boldsymbol{\alpha}_2,\cdots,\boldsymbol{\alpha}_n$，证明：$\boldsymbol{\alpha}_1,\boldsymbol{\alpha}_2,\cdots,\boldsymbol{\alpha}_n$ 线性无关的充分必要条件是任意 n 维向量都可以由它们线性表示.

15. 向量组 $\boldsymbol{\alpha}_1,\boldsymbol{\alpha}_2,\cdots,\boldsymbol{\alpha}_m$ 的秩为 r，证明：

(1) $\boldsymbol{\alpha}_1,\boldsymbol{\alpha}_2,\cdots,\boldsymbol{\alpha}_{m-1}$的秩大于等于 $r-1$；

(2) $\boldsymbol{\alpha}_1,\boldsymbol{\alpha}_2,\cdots,\boldsymbol{\alpha}_m$，$\boldsymbol{\alpha}_{m+1}$的秩小于等于 $r+1$.

16. 设有向量组：

(Ⅰ) $\boldsymbol{\alpha}_1,\boldsymbol{\alpha}_2,\cdots,\boldsymbol{\alpha}_m$；

(Ⅱ) $\boldsymbol{\beta}_1,\boldsymbol{\beta}_2,\cdots,\boldsymbol{\beta}_t$；

(Ⅲ) $\boldsymbol{\alpha}_1,\boldsymbol{\alpha}_2,\cdots,\boldsymbol{\alpha}_m$，$\boldsymbol{\beta}_1,\boldsymbol{\beta}_2,\cdots,\boldsymbol{\beta}_t$.

它们的秩分别为 r_1,r_2,r_3，证明：$\max\{r_1,r_2\}\leqslant r_3\leqslant r_1+r_2$.

17. 用子式求下列矩阵的秩.

(1) $\begin{pmatrix}1&2&3&4\\1&-2&4&5\\1&10&1&2\end{pmatrix}$；

(2) $\begin{pmatrix}2&-3&8&2\\2&12&-2&12\\1&3&1&4\end{pmatrix}$.

18. 用初等变换法求下列矩阵的秩.

(1) $\begin{pmatrix} 1 & -1 & 2 & 1 & 0 \\ 2 & -2 & 4 & -2 & 0 \\ 3 & 0 & 6 & -1 & 1 \\ 0 & 0 & 0 & 0 & 1 \end{pmatrix}$； (2) $\begin{pmatrix} 3 & -3 & -1 & 5 \\ 1 & -2 & -1 & 2 \\ 5 & -1 & 5 & 3 \\ -2 & 2 & 3 & -4 \end{pmatrix}$.

19. 已知矩阵 $\boldsymbol{A}=\begin{pmatrix} 1+a & 2 & 3 & 4 \\ 1 & 2+a & 3 & 4 \\ 1 & 2 & 3+a & 4 \\ 1 & 2 & 3 & 4+a \end{pmatrix}$，试对 a 取不同值，并求矩阵 $\boldsymbol{A}$ 的秩.

20. 设有向量组(Ⅰ) $\boldsymbol{\alpha}_1=\begin{pmatrix} 1 \\ 0 \\ 2 \end{pmatrix}, \boldsymbol{\alpha}_2=\begin{pmatrix} 1 \\ 1 \\ 3 \end{pmatrix}, \boldsymbol{\alpha}_3=\begin{pmatrix} 1 \\ -1 \\ a+2 \end{pmatrix}$，向量组(Ⅱ) $\boldsymbol{\beta}_1=\begin{pmatrix} 1 \\ 2 \\ a+3 \end{pmatrix}, \boldsymbol{\beta}_2=\begin{pmatrix} 2 \\ 1 \\ a+6 \end{pmatrix}, \boldsymbol{\beta}_3=\begin{pmatrix} 2 \\ 1 \\ a+4 \end{pmatrix}$，当 a 为何值时，向量组(Ⅰ)和(Ⅱ)等价.

21. 对于 $m\times n$ 矩阵 $\boldsymbol{A}$ 和 $m\times t$ 矩阵 $\boldsymbol{B}$，有分块矩阵 $(\boldsymbol{A} \quad \boldsymbol{B})$，证明：$r(\boldsymbol{A} \quad \boldsymbol{B})\leqslant r(\boldsymbol{A})+r(\boldsymbol{B})$.

22. 对于 $m\times n$ 矩阵 $\boldsymbol{A}$ 和 $\boldsymbol{B}$，证明：$r(\boldsymbol{A}+\boldsymbol{B})\leqslant r(\boldsymbol{A})+r(\boldsymbol{B})$.

23. $\boldsymbol{A}$ 为 n 阶矩阵，若 $r(\boldsymbol{A})=1$，证明：

(1) $\boldsymbol{A}=\begin{pmatrix} a_1 \\ a_2 \\ \vdots \\ a_n \end{pmatrix}(b_1 \quad b_2 \quad \cdots \quad b_n)$；

(2) $\boldsymbol{A}^2=k\boldsymbol{A}$.

24. 设 $\boldsymbol{A}$ 为 $m\times n$ 矩阵，$r(\boldsymbol{A})=r$. 从 $\boldsymbol{A}$ 中任取 s 行，构成一个 $s\times n$ 矩阵 $\boldsymbol{B}$，证明：$r(\boldsymbol{B})\geqslant r+s-m$.

第四章　线性方程组

学习线性代数的主要目的就是解决线性方程组的相关问题. 本章引入线性方程组的 3 种等价形式，即一般形式、矩阵形式和向量形式，以便在相关问题的讨论中相互转换. 本章的重点在于研究和解决线性方程组的如下 3 个问题.

(1)一个线性方程组在什么条件下有解，在什么条件下无解，即线性方程组的相容性问题.

(2)若一个线性方程组有解，则仅有唯一解还是有无穷多组解，即线性方程组解的判定问题.

(3)若一个线性方程组有无穷多组解，则如何用有限个解将该方程组的全部解表示出来，即线性方程组解的结构问题.

在本章中，我们将以矩阵和向量为工具，深入地讨论一般线性方程组的求解问题.

第一节　线性方程组的相容性和解的判定

一、线性方程组的表示形式及其相容性

考虑下列一般形式的 n 元线性方程组，

$$\begin{cases} a_{11}x_1+a_{12}x_2+\cdots+a_{1n}x_n=b_1 \\ a_{21}x_1+a_{22}x_2+\cdots+a_{2n}x_n=b_2 \\ \qquad\vdots \\ a_{m1}x_1+a_{m2}x_2+\cdots+a_{mn}x_n=b_m \end{cases}, \tag{4.1}$$

其中系数 $a_{ij}(i=1,\cdots,m;j=1,\cdots,n)$ 和右端项 $b_i(i=1,\cdots,m)$ 已知，$x_i(i=1,\cdots,n)$ 是未知量. 记

$$\boldsymbol{A}=\begin{pmatrix} a_{11} & a_{12} & \cdots & a_{1n} \\ a_{21} & a_{22} & \cdots & a_{2n} \\ \vdots & \vdots & & \vdots \\ a_{m1} & a_{m2} & \cdots & a_{mn} \end{pmatrix},\boldsymbol{X}=\begin{pmatrix} x_1 \\ x_2 \\ \vdots \\ x_n \end{pmatrix},\boldsymbol{B}=\begin{pmatrix} b_1 \\ b_2 \\ \vdots \\ b_m \end{pmatrix},$$

则方程组(4.1)可以写成矩阵形式：

$$\boldsymbol{AX}=\boldsymbol{B}. \tag{4.2}$$

我们称矩阵 $\boldsymbol{A},\boldsymbol{X},\boldsymbol{B}$ 分别为系数矩阵、变量矩阵和右端矩阵.

为了讨论和求解方程组，我们将方程组(4.1)的系数和常数项构成一个矩阵，记作 $\overline{\boldsymbol{A}}$：

$$\overline{\boldsymbol{A}}=\begin{pmatrix} a_{11} & a_{12} & \cdots & a_{1n} & b_1 \\ a_{21} & a_{22} & \cdots & a_{2n} & b_2 \\ \vdots & \vdots & & \vdots & \vdots \\ a_{m1} & a_{m2} & \cdots & a_{mn} & b_m \end{pmatrix}.$$

矩阵 $\overline{\boldsymbol{A}}$ 称为方程组(4.1)的**增广矩阵**. 若记

$$\boldsymbol{\alpha}_j=\begin{pmatrix} a_{1j} \\ a_{2j} \\ \vdots \\ a_{mj} \end{pmatrix},\ j=1,2,\cdots,n,\ \boldsymbol{\beta}=\begin{pmatrix} b_1 \\ b_2 \\ \vdots \\ b_m \end{pmatrix},$$

则方程组(4.1)又可以写成向量形式：

$$\boldsymbol{\alpha}_1x_1+\boldsymbol{\alpha}_2x_2+\cdots+\boldsymbol{\alpha}_nx_n=\boldsymbol{\beta}. \tag{4.3}$$

因此，式(4.1)、式(4.2)、式(4.3)是同一个方程组的 3 种不同表示形式，可以根据需要选择使用.

如果未知数 $x_1,x_2,\cdots,x_n$ 的一组值 $k_1,k_2,\cdots,k_n$ 满足线性方程组(4.1)，则称这一组数 $k_1,k_2,\cdots,k_n$ 是方程组(4.1)的一组解，并且由这一组数所构成的列向量

$$\boldsymbol{\zeta}=\begin{pmatrix} k_1 \\ k_2 \\ \vdots \\ k_n \end{pmatrix}$$

称为方程组(4.1)的一个**解向量**.

如果方程组(4.1)有解，则称方程组(4.1)是**相容的**，否则称方程组(4.1)是**不相容的**.

二、线性方程组解的判定

根据线性方程组的 3 种不同表示形式，可以得到如下结论：

线性方程组(4.1)有解的充分必要条件是 $\boldsymbol{\beta}$ 可由 $\boldsymbol{\alpha}_1,\boldsymbol{\alpha}_2,\cdots,\boldsymbol{\alpha}_n$ 线性表示；

线性方程组(4.1)有唯一解的充分必要条件是 $\boldsymbol{\beta}$ 可由 $\boldsymbol{\alpha}_1,\boldsymbol{\alpha}_2,\cdots,\boldsymbol{\alpha}_n$ 唯一线性表示.

而将线性方程组(4.1)的系数矩阵 $\boldsymbol{A}$ 和增广矩阵 $\overline{\boldsymbol{A}}$ 都按列分块，则矩阵 $\boldsymbol{A}$ 和 $\overline{\boldsymbol{A}}$ 可以写成列向量组的形式：

$$\boldsymbol{A}=(\boldsymbol{\alpha}_1,\boldsymbol{\alpha}_2,\cdots,\boldsymbol{\alpha}_n),\ \overline{\boldsymbol{A}}=(\boldsymbol{\alpha}_1,\boldsymbol{\alpha}_2,\cdots,\boldsymbol{\alpha}_n,\ \boldsymbol{\beta}).$$

又根据第三章中列向量组与矩阵的秩之间的联系，我们可以利用矩阵的秩来对线性方程组的解进行判定.

定理 4.1　设线性方程组(4.1)的系数矩阵为 $\boldsymbol{A}$，增广矩阵为 $\overline{\boldsymbol{A}}$，则有下列结论：

(1) 当 $r(\boldsymbol{A})=r(\overline{\boldsymbol{A}})=n$ 时，线性方程组(4.1)有唯一解；

(2) 当 $r(\boldsymbol{A})=r(\overline{\boldsymbol{A}})<n$ 时，线性方程组(4.1)有无穷多组解；

(3) 当 $r(\boldsymbol{A})\neq r(\overline{\boldsymbol{A}})$ 时，线性方程组(4.1)无解.

证明　(1)由于 $r(\boldsymbol{A})=r(\overline{\boldsymbol{A}})=n$，$\boldsymbol{A}$ 的列向量组 $\boldsymbol{\alpha}_1,\boldsymbol{\alpha}_2,\cdots,\boldsymbol{\alpha}_n$ 线性无关，而 $\overline{\boldsymbol{A}}$ 的列向量组 $\boldsymbol{\alpha}_1,\boldsymbol{\alpha}_2,\cdots,\boldsymbol{\alpha}_n$，$\boldsymbol{\beta}$ 线性相关，因此 $\boldsymbol{\beta}$ 可以由 $\boldsymbol{\alpha}_1,\boldsymbol{\alpha}_2,\cdots,\boldsymbol{\alpha}_n$ 线性表示. 也就是说，线性方程组(4.1)有解.

设这一组解为 $x_1=k_1,x_2=k_2,\cdots,x_n=k_n$，假如还有另外一组解为 $x_1=c_1,x_2=c_2,\cdots,x_n=c_n$，分别代入式(4.3)得：

$$\boldsymbol{\alpha}_1k_1+\boldsymbol{\alpha}_2k_2+\cdots+\boldsymbol{\alpha}_nk_n=\boldsymbol{\beta},$$
$$\boldsymbol{\alpha}_1c_1+\boldsymbol{\alpha}_2c_2+\cdots+\boldsymbol{\alpha}_nc_n=\boldsymbol{\beta},$$

因此 $\boldsymbol{\alpha}_1k_1+\boldsymbol{\alpha}_2k_2+\cdots+\boldsymbol{\alpha}_nk_n=\boldsymbol{\alpha}_1c_1+\boldsymbol{\alpha}_2c_2+\cdots+\boldsymbol{\alpha}_nc_n$，移项并整理得：

$$(k_1-c_1)\boldsymbol{\alpha}_1+(k_2-c_2)\boldsymbol{\alpha}_2+\cdots+(k_n-c_n)\boldsymbol{\alpha}_n=0.$$

由于向量组 $\boldsymbol{\alpha}_1,\boldsymbol{\alpha}_2,\cdots,\boldsymbol{\alpha}_n$ 线性无关，所以

$$k_1-c_1=0,k_2-c_2=0,\cdots,k_n-c_n=0,$$

即 $k_1=c_1,k_2=c_2,\cdots,k_n=c_n$. 也就是说，线性方程组(4.1)有唯一解.

(2)由于 $r(\boldsymbol{A})=r(\overline{\boldsymbol{A}})<n$，$\boldsymbol{A}$ 的列向量组 $\boldsymbol{\alpha}_1,\boldsymbol{\alpha}_2,\cdots,\boldsymbol{\alpha}_n$ 线性相关，若令 $r(\boldsymbol{A})=r$，则向量组 $\boldsymbol{\alpha}_1,\boldsymbol{\alpha}_2,\cdots,\boldsymbol{\alpha}_n$ 中有一组含有 r 个向量的极大线性无关组. 不妨设这个极大线性无关组为 $\boldsymbol{\alpha}_1,\boldsymbol{\alpha}_2,\cdots,\boldsymbol{\alpha}_r$(这样假定并不失一般性，如若不然，可以对 $\boldsymbol{\alpha}_i$ 的次序进行适当的调整，将极大线性无关组的 r 个向量换到最前面，这样并不会改变矩阵的秩，故不影响结论). 又因为 $r(\overline{\boldsymbol{A}})=r(\boldsymbol{A})=r$，所以 $\boldsymbol{\alpha}_1,\boldsymbol{\alpha}_2,\cdots,\boldsymbol{\alpha}_r$ 也是 $\overline{\boldsymbol{A}}$ 的列向量组 $\boldsymbol{\alpha}_1,\boldsymbol{\alpha}_2,\cdots,\boldsymbol{\alpha}_n$，$\boldsymbol{\beta}$ 的极大线性无关组，即 $\boldsymbol{\beta}$ 可以由 $\boldsymbol{\alpha}_1,\boldsymbol{\alpha}_2,\cdots,\boldsymbol{\alpha}_r$ 线性表示，自然 $\boldsymbol{\beta}$ 也可以由 $\boldsymbol{\alpha}_1,\boldsymbol{\alpha}_2,\cdots,\boldsymbol{\alpha}_n$ 线性表示. 也就是说，线性方程组(4.1)有解.

由于 $\boldsymbol{\beta}$ 可以由 $\boldsymbol{\alpha}_1,\boldsymbol{\alpha}_2,\cdots,\boldsymbol{\alpha}_r$ 线性表示，记为

$$\boldsymbol{\beta}=k_1\boldsymbol{\alpha}_1+k_2\boldsymbol{\alpha}_2+\cdots+k_r\boldsymbol{\alpha}_r. \tag{4.4}$$

由于 $r<n$，所以 $\boldsymbol{\alpha}_1,\boldsymbol{\alpha}_2,\cdots,\boldsymbol{\alpha}_n$ 线性相关，即存在一组不全为 0 的数 $l_1,l_2,\cdots,l_r,l_{r+1},\cdots,l_n$，使得

$$l_1\boldsymbol{\alpha}_1+l_2\boldsymbol{\alpha}_2+\cdots+l_r\boldsymbol{\alpha}_r+l_{r+1}\boldsymbol{\alpha}_{r+1}+\cdots+l_n\boldsymbol{\alpha}_n=0, \tag{4.5}$$

以参数 t 乘式(4.5)的两端得

$$tl_1\boldsymbol{\alpha}_1+tl_2\boldsymbol{\alpha}_2+\cdots+tl_r\boldsymbol{\alpha}_r+tl_{r+1}\boldsymbol{\alpha}_{r+1}+\cdots+tl_n\boldsymbol{\alpha}_n=0, \tag{4.6}$$

再将式(4.4)与式(4.6)相加并整理得

$$(tl_1+k_1)\boldsymbol{\alpha}_1+(tl_2+k_2)\boldsymbol{\alpha}_2+\cdots+(tl_r+k_r)\boldsymbol{\alpha}_r+tl_{r+1}\boldsymbol{\alpha}_{r+1}+\cdots+tl_n\boldsymbol{\alpha}_n=\boldsymbol{\beta}. \tag{4.7}$$

这表明

$$x_1=tl_1+k_1,x_2=tl_2+k_2,\cdots,x_r=tl_r+k_r,x_{r+1}=tl_{r+1},\cdots,x_n=tl_n$$

是线性方程组(4.1)的解. 由于 t 是一个参数，可以取无穷多个数值，而 $l_1,l_2,\cdots,l_r,l_{r+1},\cdots,l_n$ 不全为 0，因此 $x_1,x_2,\cdots,x_r,x_{r+1},\cdots,x_n$ 可以取无穷多个值，即线性方程组(4.1)有无穷多组解.

(3)由于 $r(\boldsymbol{A})\neq r(\overline{\boldsymbol{A}})$，而 $\overline{\boldsymbol{A}}$ 的列向量组 $\boldsymbol{\alpha}_1,\boldsymbol{\alpha}_2,\cdots,\boldsymbol{\alpha}_n$，$\boldsymbol{\beta}$ 仅比 $\boldsymbol{A}$ 的列向量组 $\boldsymbol{\alpha}_1,\boldsymbol{\alpha}_2,\cdots,\boldsymbol{\alpha}_n$ 多了一个向量 $\boldsymbol{\beta}$，因此 $\boldsymbol{\beta}$ 不能由 $\boldsymbol{\alpha}_1,\boldsymbol{\alpha}_2,\cdots,\boldsymbol{\alpha}_n$ 线性表示. 也就是说，线性方程组(4.1)无解.

由定理 4.1 可得线性方程组(4.1)有解的充分必要条件是 $r(\boldsymbol{A})=r(\overline{\boldsymbol{A}})$.

【例 1】　判定方程组 $\begin{cases} 2x_1-x_2+3x_3-x_4=1 \\ 3x_1-2x_2-2x_3+3x_4=3 \\ x_1-x_2-5x_3+4x_4=2 \\ 7x_1-5x_2-9x_3+10x_4=8 \end{cases}$ 解的情况.

解　对增广矩阵 $\overline{\boldsymbol{A}}$ 进行初等行变换：

$$\overline{\boldsymbol{A}}=\begin{pmatrix} 2 & -1 & 3 & -1 & 1 \\ 3 & -2 & -2 & 3 & 3 \\ 1 & -1 & -5 & 4 & 2 \\ 7 & -5 & -9 & 10 & 8 \end{pmatrix}\to\begin{pmatrix} 1 & -1 & -5 & 4 & 2 \\ 0 & 1 & 13 & -9 & -3 \\ 0 & 1 & 13 & -9 & -3 \\ 0 & 2 & 26 & -18 & -6 \end{pmatrix}\to\begin{pmatrix} 1 & -1 & -5 & 4 & 2 \\ 0 & 1 & 13 & -9 & -3 \\ 0 & 0 & 0 & 0 & 0 \\ 0 & 0 & 0 & 0 & 0 \end{pmatrix}.$$

由此可见，$r(\boldsymbol{A})=r(\overline{\boldsymbol{A}})=2$，由于未知数个数 $n=4$，所以该方程组有无穷多组解.

【例 2】　λ 为何值时，线性方程组

$$\begin{cases} x_1-x_2+2x_3=1 \\ x_1+(\lambda-1)x_2+2x_3+x_4=2\lambda \\ 2x_1-2x_2+7x_3=\lambda \\ x_1-x_2+2x_3+(\lambda+1)x_4=\lambda \end{cases}$$

有唯一解、有无穷多组解及无解.

例 2 步骤讲解

解　由于该方程组中方程的个数与未知数的个数相等，所以我们可以先使用克莱姆法则讨论有唯一解的情况.

方程组的系数行列式

$$D=\begin{vmatrix} 1 & -1 & 2 & 0 \\ 1 & \lambda-1 & 2 & 1 \\ 2 & -2 & 7 & 0 \\ 1 & -1 & 2 & \lambda+1 \end{vmatrix}=\begin{vmatrix} 1 & -1 & 2 & 0 \\ 0 & \lambda & 0 & 1 \\ 0 & 0 & 3 & 0 \\ 0 & 0 & 0 & \lambda+1 \end{vmatrix}=3\lambda(\lambda+1).$$

当 $\lambda\neq0$ 且 $\lambda\neq-1$ 时，$D\neq0$，由克莱姆法则可知，方程组有唯一解.

当 $\lambda=-1$ 时，对增广矩阵 $\overline{\boldsymbol{A}}$ 进行初等行变换：

$$\overline{\boldsymbol{A}}=\begin{pmatrix} 1 & -1 & 2 & 0 & 1 \\ 1 & -2 & 2 & 1 & -2 \\ 2 & -2 & 7 & 0 & -1 \\ 1 & -1 & 2 & 0 & -1 \end{pmatrix}\to\begin{pmatrix} 1 & -1 & 2 & 0 & 1 \\ 0 & -1 & 0 & 1 & -3 \\ 0 & 0 & 3 & 0 & -3 \\ 0 & 0 & 0 & 0 & -2 \end{pmatrix}.$$

由此可见，$r(\boldsymbol{A})=3$，$r(\overline{\boldsymbol{A}})=4$，由于 $r(\boldsymbol{A})\neq r(\overline{\boldsymbol{A}})$，所以方程组无解.

当 $\lambda=0$ 时，对增广矩阵 $\overline{\boldsymbol{A}}$ 进行初等行变换：

$$\overline{\boldsymbol{A}}=\begin{pmatrix} 1 & -1 & 2 & 0 & 1 \\ 1 & -1 & 2 & 1 & 0 \\ 2 & -2 & 7 & 0 & 0 \\ 1 & -1 & 2 & 1 & 0 \end{pmatrix}\to\begin{pmatrix} 1 & -1 & 2 & 0 & 1 \\ 0 & 0 & 0 & 1 & -1 \\ 0 & 0 & 3 & 0 & -2 \\ 0 & 0 & 0 & 1 & -1 \end{pmatrix}\to\begin{pmatrix} 1 & -1 & 2 & 0 & 1 \\ 0 & 0 & 3 & 0 & -2 \\ 0 & 0 & 0 & 1 & -1 \\ 0 & 0 & 0 & 0 & 0 \end{pmatrix}\to\begin{pmatrix} 1 & -1 & 0 & 0 & \frac{7}{3} \\ 0 & 0 & 1 & 0 & \frac{-2}{3} \\ 0 & 0 & 0 & 1 & -1 \\ 0 & 0 & 0 & 0 & 0 \end{pmatrix}.$$

由此可见，$r(\overline{\boldsymbol{A}})=r(\boldsymbol{A})=3<4$，则方程组有无穷多组解.

【例 3】 对于线性方程组

$$\begin{cases} x_1+x_2+x_3-x_4+kx_5=1 \\ x_1+2x_2-3x_4-x_5=2 \\ 2x_1+3x_2+kx_3-4x_4+x_5=t \\ 3x_1+5x_2+x_3+(k-8)x_4=5 \end{cases},$$

讨论 k，t 取何值时，方程组无解、有唯一解和有无穷多组解.

解 对增广矩阵 $\overline{\boldsymbol{A}}$ 进行初等行变换：

$$\overline{\boldsymbol{A}}=\begin{pmatrix} 1 & 1 & 1 & -1 & k & 1 \\ 1 & 2 & 0 & -3 & -1 & 2 \\ 2 & 3 & k & -4 & 1 & t \\ 3 & 5 & 1 & k-8 & 0 & 5 \end{pmatrix}\to\begin{pmatrix} 1 & 1 & 1 & -1 & k & 1 \\ 0 & 1 & -1 & -2 & -1-k & 1 \\ 0 & 1 & k-2 & -2 & 1-2k & t-2 \\ 0 & 2 & -2 & k-5 & -3k & 2 \end{pmatrix}$$

$$\to\begin{pmatrix} 1 & 1 & 1 & -1 & k & 1 \\ 0 & 1 & -1 & -2 & -1-k & 1 \\ 0 & 0 & k-1 & 0 & 2-k & t-3 \\ 0 & 0 & 0 & k-1 & 2-k & 0 \end{pmatrix}.$$

当 $k\neq1$ 时，$r(\boldsymbol{A})=r(\overline{\boldsymbol{A}})=4<5$，方程组有无穷多组解.

当 $k=1$ 时，

$$\overline{\boldsymbol{A}}\to\begin{pmatrix} 1 & 1 & 1 & -1 & 1 & 1 \\ 0 & 1 & -1 & -2 & -2 & 1 \\ 0 & 0 & 0 & 0 & 1 & t-3 \\ 0 & 0 & 0 & 0 & 0 & 3-t \end{pmatrix}.$$

若 $t=3$，$r(\boldsymbol{A})=r(\overline{\boldsymbol{A}})=3<5$，方程组有无穷多组解.

若 $t\neq3$，$r(\boldsymbol{A})=3$，$r(\overline{\boldsymbol{A}})=4$，方程组无解.

【例 4】 求实数 b，使得向量 $\boldsymbol{\beta}=(0,b,1)^{\mathrm{T}}$ 可由向量组 $\boldsymbol{\alpha}_1=(1,1,0)^{\mathrm{T}},\boldsymbol{\alpha}_2=(0,1,1)^{\mathrm{T}}$，$\boldsymbol{\alpha}_3=(-1,0,1)^{\mathrm{T}}$ 线性表示.

解 $\boldsymbol{\beta}$ 可由 $\boldsymbol{\alpha}_1,\boldsymbol{\alpha}_2,\boldsymbol{\alpha}_3$ 线性表示，设 $\boldsymbol{\beta}=x_1\boldsymbol{\alpha}_1+x_2\boldsymbol{\alpha}_2+x_3\boldsymbol{\alpha}_3$，即对应的线性方程组 $\boldsymbol{AX}=\boldsymbol{B}$ 有解.

$$\overline{\boldsymbol{A}}=\begin{pmatrix} 1 & 0 & -1 & 0 \\ 1 & 1 & 0 & b \\ 0 & 1 & 1 & 1 \end{pmatrix}\to\begin{pmatrix} 1 & 0 & -1 & 0 \\ 0 & 1 & 1 & b \\ 0 & 0 & 0 & 1-b \end{pmatrix},$$

由 $r(\overline{\boldsymbol{A}})=r(\boldsymbol{A})$，得 $b=1$.

三、齐次线性方程组解的判定

在线性方程组(4.1)中，如果它的常数项 $b_1,b_2,\cdots,b_m$ 不全为 0，那么这种线性方程组就称为**非齐次线性方程组**. 仍用式(4.1)、式(4.2)、式(4.3)表示其一般形式、矩阵形式、向量形式. 如果它的常数项 $b_1,b_2,\cdots,b_m$ 全为 0，那么这种线性方程组就称为**齐次线性方程组**.

齐次线性方程组的一般形式为：

$$\begin{cases}a_{11}x_1+a_{12}x_2+\cdots+a_{1n}x_n=0\\a_{21}x_1+a_{22}x_2+\cdots+a_{2n}x_n=0\\\quad\vdots\\a_{m1}x_1+a_{m2}x_2+\cdots+a_{mn}x_n=0\end{cases}.\tag{4.8}$$

矩阵形式为：

$$\boldsymbol{AX}=\boldsymbol{O}.\tag{4.9}$$

向量形式为：

$$\boldsymbol{\alpha}_1x_1+\boldsymbol{\alpha}_2x_2+\cdots+\boldsymbol{\alpha}_nx_n=0.\tag{4.10}$$

齐次线性方程组(4.8)总是相容的. $x_1=0,x_2=0,\cdots,x_n=0$ 一定是方程组(4.8)的一组解，这一组解称为线性方程组(4.8)的**零解**；如果在一组解中，至少有一个未知数的值不为0，则这组解就称为**非零解**. 线性方程组(4.8)只有零解的充分必要条件是 $\boldsymbol{\alpha}_1,\boldsymbol{\alpha}_2,\cdots,\boldsymbol{\alpha}_n$ 线性无关.

因为齐次线性方程组(4.8)是线性方程组(4.1)的特殊情况，所以我们根据定理4.1就可得到以下定理.

定理4.2　设齐次线性方程组(4.8)的系数矩阵 $\boldsymbol{A}$ 的秩等于 r，即 $r(\boldsymbol{A})=r$，则：

(1)当 $r=n$ 时，方程组(4.8)仅有零解；

(2)当 $r<n$ 时，方程组(4.8)有无穷多组解(有非零解).

定理4.2指出了含有 m 个方程、n 个未知数的齐次线性方程组 $\boldsymbol{AX}=\boldsymbol{O}$ 有非零解的充分必要条件是其系数矩阵 $\boldsymbol{A}$ 的秩小于未知数的个数，即 $r(\boldsymbol{A})=r<n$. 当齐次线性方程组(4.8)中的方程个数等于未知数个数，即 $m=n$ 时，其系数矩阵 $\boldsymbol{A}$ 就是一个 n 阶方阵，当 $r(\boldsymbol{A})=r<n$时，$|\boldsymbol{A}|=0$，于是我们就有以下推论.

推论　含有 n 个方程、n 个未知数的齐次线性方程组 $\boldsymbol{AX}=\boldsymbol{O}$ 有非零解的充分必要条件是其系数矩阵 $\boldsymbol{A}$ 的行列式 $|\boldsymbol{A}|=0$.

【例5】　k 为何值时，齐次线性方程组

$$\begin{cases}x_1+x_2+kx_3=0\\-x_1+kx_2+x_3=0\\x_1-x_2+2x_3=0\end{cases}$$

仅有零解、有非零解.

解法一　对系数矩阵 $\boldsymbol{A}$ 做初等行变换：

$$\boldsymbol{A}=\begin{pmatrix}1&1&k\\-1&k&1\\1&-1&2\end{pmatrix}\to\begin{pmatrix}1&1&k\\0&k+1&k+1\\0&-2&2-k\end{pmatrix}\to\begin{pmatrix}1&1&k\\0&-2&2-k\\0&0&\dfrac{-k^2+3k+4}{2}\end{pmatrix}.$$

当 $k\neq-1$ 且 $k\neq4$ 时，$r(\boldsymbol{A})=3$，等于未知数个数，所以方程组仅有零解.

当 $k=-1$ 时，

$$\boldsymbol{A}\to\begin{pmatrix}1&1&-1\\0&-2&3\\0&0&0\end{pmatrix},$$

可见 $r(\boldsymbol{A})=2<3$(未知数个数)，所以方程组有非零解.

当 $k=4$ 时，

$$\boldsymbol{A}\to\begin{pmatrix}1&1&4\\0&-2&-2\\0&0&0\end{pmatrix},$$

可见 $r(\boldsymbol{A})=2<3$(未知数个数)，所以方程组有非零解.

综合上述讨论可知：

当 $k\neq-1$ 且 $k\neq4$ 时，方程组仅有零解；

当 $k=-1$ 或 $k=4$ 时，方程组有非零解.

解法二　由于该方程组中方程的个数与未知数的个数相等，所以我们可以用克莱姆法则讨论解的情况.

方程组的系数行列式 $D=\begin{vmatrix}1&1&k\\-1&k&1\\1&-1&2\end{vmatrix}=\begin{vmatrix}1&1&k\\0&k+1&k+1\\0&-2&2-k\end{vmatrix}=(k+1)(4-k).$

当 $k\neq-1$ 且 $k\neq4$ 时，$D\neq0$，由克莱姆法则可知，方程组仅有零解.

当 $k=-1$ 或 $k=4$ 时，$D=0$，由定理 4.2 的推论可知，方程组有非零解.

【例 6】　求实数 a，使得向量组 $\boldsymbol{\alpha}_1=(1,1,3,-1)^{\mathrm{T}}$，$\boldsymbol{\alpha}_2=(1,a,-1,1)^{\mathrm{T}}$，$\boldsymbol{\alpha}_3=(a,1,a+4,-2)^{\mathrm{T}}$ 线性相关.

解　$\boldsymbol{\alpha}_1,\boldsymbol{\alpha}_2,\boldsymbol{\alpha}_3$ 线性相关，设 $x_1\boldsymbol{\alpha}_1+x_2\boldsymbol{\alpha}_2+x_3\boldsymbol{\alpha}_3=0$，即对应的齐次线性方程组 $\boldsymbol{AX}=\boldsymbol{O}$ 有非零解.

对系数矩阵 $\boldsymbol{A}$ 做初等行变换：

$$\boldsymbol{A}=\begin{pmatrix}1&1&a\\1&a&1\\3&-1&a+4\\-1&1&-2\end{pmatrix}\to\begin{pmatrix}1&1&a\\0&a-1&1-a\\0&-4&-2a+4\\0&2&a-2\end{pmatrix}\to\begin{pmatrix}1&1&a\\0&2&a-2\\0&0&\dfrac{a(1-a)}{2}\\0&0&0\end{pmatrix},$$

因为方程组有非零解，所以 $r(\boldsymbol{A})<3$(未知数个数)，而要使 $r(\boldsymbol{A})<3$，需有

$$\frac{1}{2}a(1-a)=0,$$

由此可得，$a=0$ 或 $a=1$.

习题 4-1

1. 设齐次线性方程组 $\begin{cases}x_1+x_2+x_3+5x_4=0\\x_1+x_2+2x_3+4x_4=0\\x_1-x_2-\lambda x_3+6x_4=0\\x_1-x_2-4x_3-x_4=0\end{cases}$ 有非零解，求 λ 的值.

2. 判断方程组$\begin{cases}x_1+x_2+2x_3+2x_4=1\\x_1+2x_2+2x_3-x_4=-4\\-2x_1-2x_2+x_3+x_4=6\\3x_1+x_2+x_3+7x_4=5\end{cases}$解的情况.

3. 证明：非齐次线性方程组

$$\begin{cases}x_1-x_2=b_1\\x_2-x_3=b_2\\x_3-x_4=b_3\\x_4-x_1=b_4\end{cases}$$

有解的充分必要条件是：$b_1+b_2+b_3+b_4=0$.

4. 讨论线性方程组

$$\begin{cases}x_1+x_2+2x_3+3x_4=0\\2x_1+x_2+6x_3+4x_4=-2\\3x_1+2x_2+kx_3+7x_4=t\\x_1-x_2+6x_3-x_4=-4\end{cases}$$

何时有唯一解？何时有无穷多组解？何时无解？

第二节　齐次线性方程组及其基础解系

一、齐次线性方程组解的性质

为了方便，我们运用齐次线性方程组的矩阵形式(4.9)来讨论齐次线性方程组解的性质.

性质 1　若 $\boldsymbol{X}=\boldsymbol{\xi}_1$，$\boldsymbol{X}=\boldsymbol{\xi}_2$ 是齐次线性方程组(4.9)的两个解，则 $\boldsymbol{X}=\boldsymbol{\xi}_1+\boldsymbol{\xi}_2$ 也是齐次线性方程组(4.9)的解.

证明　由条件，$\boldsymbol{A\xi}_1=\boldsymbol{O}$，$\boldsymbol{A\xi}_2=\boldsymbol{O}$，于是有

$$\boldsymbol{A}(\boldsymbol{\xi}_1+\boldsymbol{\xi}_2)=\boldsymbol{A\xi}_1+\boldsymbol{A\xi}_2=\boldsymbol{O}+\boldsymbol{O}=\boldsymbol{O},$$

所以 $\boldsymbol{X}=\boldsymbol{\xi}_1+\boldsymbol{\xi}_2$ 也是齐次线性方程组(4.9)的解.

性质 2　若 $\boldsymbol{X}=\boldsymbol{\xi}$ 是齐次线性方程组(4.9)的解，λ 是任意实数，则 $\boldsymbol{X}=\lambda\boldsymbol{\xi}$ 也是齐次线性方程组(4.9)的解.

证明　由条件，$\boldsymbol{A\xi}=\boldsymbol{O}$，则对任意实数 λ，有

$$\boldsymbol{A}(\lambda\boldsymbol{\xi})=\lambda\boldsymbol{A\xi}=\lambda\boldsymbol{O}=\boldsymbol{O},$$

所以 $\boldsymbol{X}=\lambda\boldsymbol{\xi}$ 也是齐次线性方程组(4.9)的解.

性质 3　若 $\boldsymbol{\xi}_1,\boldsymbol{\xi}_2,\cdots,\boldsymbol{\xi}_t$ 是齐次线性方程组(4.9)的解，$\lambda_1,\lambda_2,\cdots,\lambda_t$ 是任意实数，则 $\lambda_1\boldsymbol{\xi}_1+\lambda_2\boldsymbol{\xi}_2+\cdots+\lambda_t\boldsymbol{\xi}_t$ 也是齐次线性方程组(4.9)的解.

证明　由条件得 $\boldsymbol{A\xi}_i=\boldsymbol{O}(i=1,2,\cdots,t)$，于是有

$$\boldsymbol{A}(\lambda_1\boldsymbol{\xi}_1+\lambda_2\boldsymbol{\xi}_2+\cdots+\lambda_t\boldsymbol{\xi}_t)=\boldsymbol{A}(\lambda_1\boldsymbol{\xi}_1)+\boldsymbol{A}(\lambda_2\boldsymbol{\xi}_2)+\cdots+\boldsymbol{A}(\lambda_t\boldsymbol{\xi}_t)=\boldsymbol{O},$$

所以 $\lambda_1\boldsymbol{\xi}_1+\lambda_2\boldsymbol{\xi}_2+\cdots+\lambda_t\boldsymbol{\xi}_t$ 也是齐次线性方程组(4.9)的解.

二、齐次线性方程组的基础解系和通解

定义 4.1　设 V 表示齐次线性方程组(4.8)的全体解向量所构成的集合，$\boldsymbol{\xi}_1,\boldsymbol{\xi}_2,\cdots,\boldsymbol{\xi}_k$ 是 V 中的一部分解向量，如果满足

(1)$\boldsymbol{\xi}_1,\boldsymbol{\xi}_2,\cdots,\boldsymbol{\xi}_k$线性无关，

(2)方程组(4.8)的任意一个解向量均可由 $\boldsymbol{\xi}_1,\boldsymbol{\xi}_2,\cdots,\boldsymbol{\xi}_k$线性表示，

则称 $\boldsymbol{\xi}_1,\boldsymbol{\xi}_2,\cdots,\boldsymbol{\xi}_k$为方程组(4.8)的一个**基础解系**.

当齐次线性方程组(4.8)的系数矩阵 $\boldsymbol{A}$ 的秩 $r(\boldsymbol{A})=r=n$ 时，方程组(4.8)仅有零解，此时方程组(4.8)不存在基础解系. 当 $r(\boldsymbol{A})=r<n$ 时，方程组(4.8)的基础解系是否存在？若存在，则如何求出它的一个基础解系？

对此，我们有下面的定理.

定理 4.3　如果齐次线性方程组(4.8)的系数矩阵 $\boldsymbol{A}$ 的秩 $r(\boldsymbol{A})=r<n$，则方程组(4.8)必存在基础解系，且它的任意一个基础解系中的解向量个数为 $n-r$.

证明　设方程组(4.8)的系数矩阵 $\boldsymbol{A}$ 的秩 $r(\boldsymbol{A})=r<n$，则 $\boldsymbol{A}$ 中必有一个 r 阶子式 $D_r\neq 0$. 不妨设 $\boldsymbol{A}$ 的左上角的 r 阶子式 $D_r\neq0$，即

$$D_r=\begin{vmatrix} a_{11} & a_{12} & \cdots & a_{1r} \\ a_{21} & a_{22} & \cdots & a_{2r} \\ \vdots & \vdots & & \vdots \\ a_{r1} & a_{r2} & \cdots & a_{rr} \end{vmatrix}\neq0.$$

则系数矩阵 $\boldsymbol{A}$ 经过适当的初等行变换后一定可化为一个行最简形式的矩阵，即

$$\boldsymbol{A}\to\begin{pmatrix} 1 & 0 & \cdots & 0 & a'_{1r+1} & a'_{1r+2} & \cdots & a'_{1n} \\ 0 & 1 & \cdots & 0 & a'_{2r+1} & a'_{2r+2} & \cdots & a'_{2n} \\ \vdots & \vdots & & \vdots & \vdots & \vdots & & \vdots \\ 0 & 0 & \cdots & 1 & a'_{rr+1} & a'_{rr+2} & \cdots & a'_{rn} \\ 0 & 0 & \cdots & 0 & 0 & 0 & \cdots & 0 \\ \vdots & \vdots & & \vdots & \vdots & \vdots & & \vdots \\ 0 & 0 & \cdots & 0 & 0 & 0 & \cdots & 0 \end{pmatrix}.$$

于是得到方程组(4.8)的一个同解方程组

$$\begin{cases} x_1=-a'_{1r+1}x_{r+1}-a'_{1r+2}x_{r+2}-\cdots-a'_{1n}x_n \\ x_2=-a'_{2r+1}x_{r+1}-a'_{2r+2}x_{r+2}-\cdots-a'_{2n}x_n \\ \qquad\vdots \\ x_r=-a'_{rr+1}x_{r+1}-a'_{rr+2}x_{r+2}-\cdots-a'_{rn}x_n \end{cases},\tag{4.11}$$

其中 $x_{r+1},x_{r+2},\cdots,x_n$ 称为**自由未知量**(可以任意取值的未知量)，若对它们分别取

$$\begin{pmatrix} x_{r+1} \\ x_{r+2} \\ \vdots \\ x_n \end{pmatrix}=\begin{pmatrix} 1 \\ 0 \\ \vdots \\ 0 \end{pmatrix},\begin{pmatrix} 0 \\ 1 \\ \vdots \\ 0 \end{pmatrix},\cdots,\begin{pmatrix} 0 \\ 0 \\ \vdots \\ 1 \end{pmatrix}(\text{共有 } n-r \text{ 组}),$$

则由方程组(4.11)可求得方程组(4.8)的 $n-r$ 个解

$$\boldsymbol{\xi}_1=\begin{pmatrix}-a'_{1r+1}\\-a'_{2r+1}\\\vdots\\-a'_{rr+1}\\1\\0\\\vdots\\0\end{pmatrix},\boldsymbol{\xi}_2=\begin{pmatrix}-a'_{1r+2}\\-a'_{2r+2}\\\vdots\\-a'_{rr+2}\\0\\1\\\vdots\\0\end{pmatrix},\cdots,\boldsymbol{\xi}_{n-r}=\begin{pmatrix}-a'_{1n}\\-a'_{2n}\\\vdots\\-a'_{rn}\\0\\0\\\vdots\\1\end{pmatrix}.$$

下面我们证明 $\boldsymbol{\xi}_1,\boldsymbol{\xi}_2,\cdots,\boldsymbol{\xi}_{n-r}$ 就是方程组(4.8)的一个基础解系.

因为 $(x_{r+1},x_{r+2},\cdots,x_n)^{\mathrm{T}}$ 所取的 $n-r$ 个 $n-r$ 维向量

$$\begin{pmatrix}1\\0\\\vdots\\0\end{pmatrix},\begin{pmatrix}0\\1\\\vdots\\0\end{pmatrix},\cdots,\begin{pmatrix}0\\0\\\vdots\\1\end{pmatrix}$$

线性无关，所以它们的加维向量组 $\boldsymbol{\xi}_1,\boldsymbol{\xi}_2,\cdots,\boldsymbol{\xi}_{n-r}$ 也线性无关. 设

$$\boldsymbol{\zeta}=\begin{pmatrix}k_1\\k_2\\\vdots\\k_r\\k_{r+1}\\\vdots\\k_n\end{pmatrix},$$

是方程组(4.8)的任意一个解，因而 $\boldsymbol{\zeta}$ 也是方程组(4.11)的解，因此把 $x_1=k_1,x_2=k_2,\cdots,$ $x_n=k_n$ 代入方程组(4.11)，成立

$$\begin{cases}k_1=-a'_{1r+1}k_{r+1}-a'_{1r+2}k_{r+2}-\cdots-a'_{1n}k_n\\k_2=-a'_{2r+1}k_{r+1}-a'_{2r+2}k_{r+2}-\cdots-a'_{2n}k_n\\\qquad\vdots\\k_r=-a'_{rr+1}k_{r+1}-a'_{rr+2}k_{r+2}-\cdots-a'_{rn}k_n\\k_{r+1}=k_{r+1}\\k_{r+2}=k_{r+2}\\\qquad\vdots\\k_n=k_n\end{cases},$$

用列向量表示上述结果，有

$$\begin{pmatrix} k_1 \\ k_2 \\ \vdots \\ k_r \\ k_{r+1} \\ k_{r+2} \\ \vdots \\ k_n \end{pmatrix} = k_{r+1}\begin{pmatrix} -a'_{1r+1} \\ -a'_{2r+1} \\ \vdots \\ -a'_{rr+1} \\ 1 \\ 0 \\ \vdots \\ 0 \end{pmatrix} + k_{r+2}\begin{pmatrix} -a'_{1r+2} \\ -a'_{2r+2} \\ \vdots \\ -a'_{rr+2} \\ 0 \\ 1 \\ \vdots \\ 0 \end{pmatrix} + \cdots + k_n\begin{pmatrix} -a'_{1n} \\ -a'_{2n} \\ \vdots \\ -a'_{rn} \\ 0 \\ 0 \\ \vdots \\ 1 \end{pmatrix},$$

即 $\boldsymbol{\zeta}=k_{r+1}\boldsymbol{\xi}_1+k_{r+2}\boldsymbol{\xi}_2+\cdots+k_n\boldsymbol{\xi}_{n-r}$.

这就说明方程组(4.8)的任意一个解可由解向量 $\boldsymbol{\xi}_1,\boldsymbol{\xi}_2,\cdots,\boldsymbol{\xi}_{n-r}$ 线性表示，所以 $\boldsymbol{\xi}_1,\boldsymbol{\xi}_2,\cdots,\boldsymbol{\xi}_{n-r}$ 就是方程组(4.8)的一个基础解系.

定理 4.3 的证明过程为我们提供了一种求齐次线性方程组(4.8)的基础解系的方法. 当然，求基础解系的方法有很多，事实上，由定理 4.3 可知，当方程组(4.8)的系数矩阵 $\boldsymbol{A}$ 的秩 $r(\boldsymbol{A})=r<n$ 时，方程组(4.8)必存在由 $n-r$ 个解向量构成的基础解系，且 V 中任意 $n-r$ 个线性无关的解向量均是 V 的一个基础解系，因此，方程组(4.8)的任意 $n-r$ 个线性无关的解向量均是方程组(4.8)的一个基础解系.

如果 $\boldsymbol{\xi}_1,\boldsymbol{\xi}_2,\cdots,\boldsymbol{\xi}_{n-r}$ 是方程组(4.8)的一个基础解系，则方程组(4.8)的任意解可表示为：

$$X=k_1\boldsymbol{\xi}_1+k_2\boldsymbol{\xi}_2+\cdots+k_{n-r}\boldsymbol{\xi}_{n-r}.$$

其中 $k_1,k_2,\cdots,k_{n-r}$ 是任意实数，由于它包含方程组(4.8)的所有解，所以称它为方程组(4.8)的**通解**.

例 7 步骤讲解

【例 7】 求下列齐次线性方程组的一个基础解系，并写出它的通解.

$$\begin{cases} x_1-x_2-2x_3+3x_4+2x_5=0 \\ 3x_1-3x_2-x_3+5x_4-x_5=0 \\ 2x_1-2x_2+x_3+2x_4-3x_5=0 \end{cases}.$$

解 对系数矩阵 $\boldsymbol{A}$ 进行初等行变换：

$$\boldsymbol{A}=\begin{pmatrix} 1 & -1 & -2 & 3 & 2 \\ 3 & -3 & -1 & 5 & -1 \\ 2 & -2 & 1 & 2 & -3 \end{pmatrix} \to \begin{pmatrix} 1 & -1 & -2 & 3 & 2 \\ 0 & 0 & 5 & -4 & -7 \\ 0 & 0 & 5 & -4 & -7 \end{pmatrix} \to \begin{pmatrix} 1 & -1 & 0 & \frac{7}{5} & \frac{-4}{5} \\ 0 & 0 & 1 & \frac{-4}{5} & \frac{-7}{5} \\ 0 & 0 & 0 & 0 & 0 \end{pmatrix}.$$

于是得到同解方程组 $\begin{cases} x_1=x_2-\dfrac{7}{5}x_4+\dfrac{4}{5}x_5 \\ x_3=\dfrac{4}{5}x_4+\dfrac{7}{5}x_5 \end{cases}$，对自由未知量 x_2,x_4,x_5 分别取

$\begin{pmatrix} x_2 \\ x_4 \\ x_5 \end{pmatrix}=\begin{pmatrix} 1 \\ 0 \\ 0 \end{pmatrix},\begin{pmatrix} 0 \\ 5 \\ 0 \end{pmatrix},\begin{pmatrix} 0 \\ 0 \\ 5 \end{pmatrix}$，代入同解方程组，得

$$\begin{pmatrix} x_1 \\ x_3 \end{pmatrix}=\begin{pmatrix} 1 \\ 0 \end{pmatrix},\begin{pmatrix} -7 \\ 4 \end{pmatrix},\begin{pmatrix} 4 \\ 7 \end{pmatrix},$$

从而得到方程组的一个基础解系 $\boldsymbol{\xi}_1=\begin{pmatrix}1\\1\\0\\0\\0\end{pmatrix}$，$\boldsymbol{\xi}_2=\begin{pmatrix}-7\\0\\4\\5\\0\end{pmatrix}$，$\boldsymbol{\xi}_3=\begin{pmatrix}4\\0\\7\\0\\5\end{pmatrix}$，

因此该方程组的通解为 $X=k_1\boldsymbol{\xi}_1+k_2\boldsymbol{\xi}_2+k_3\boldsymbol{\xi}_3$（$k_1,k_2,k_3$ 为任意实数）.

注意　自由未知量的取值除了简单的单位坐标向量组以外，还可以取任意一个线性无关的向量组.

【例 8】　当参数 a 为何值时，齐次线性方程组 $\begin{cases}x_1+2x_2+3x_3=0\\2x_1+ax_2+3x_3=0\\x_1+9x_3=0\end{cases}$ 有非零解，并求通解.

解　由克莱姆法则，系数行列式 $\begin{vmatrix}1&2&3\\2&a&3\\1&0&9\end{vmatrix}=9a+6-3a-36=6a-30=0$，即 $a=5$ 时，方程组有非零解.

对系数矩阵 $\boldsymbol{A}$ 进行初等行变换：

$$\boldsymbol{A}=\begin{pmatrix}1&2&3\\2&5&3\\1&0&9\end{pmatrix}\to\begin{pmatrix}1&2&3\\0&1&-3\\0&-2&6\end{pmatrix}\to\begin{pmatrix}1&0&9\\0&1&-3\\0&0&0\end{pmatrix}.$$

于是得到同解方程组 $\begin{cases}x_1=-9x_3\\x_2=3x_3\end{cases}$，对自由未知量 x_3 取 1，代入同解方程组，得 $\begin{pmatrix}x_1\\x_2\end{pmatrix}=\begin{pmatrix}-9\\3\end{pmatrix}$，

从而得到方程组的一个基础解系 $\boldsymbol{\xi}=\begin{pmatrix}-9\\3\\1\end{pmatrix}$，因此该方程组的通解为 $X=k\boldsymbol{\xi}$（k 为任意实数）.

【例 9】　设 $\boldsymbol{A}$ 为 $m\times n$ 矩阵，$\boldsymbol{A}^{\mathrm{T}}$ 是 $\boldsymbol{A}$ 的转置矩阵，证明：$r(\boldsymbol{A}^{\mathrm{T}}\boldsymbol{A})=r(\boldsymbol{A})$.

证明　若能证明齐次线性方程组 $\boldsymbol{AX}=\boldsymbol{O}$ 与 $\boldsymbol{A}^{\mathrm{T}}\boldsymbol{AX}=\boldsymbol{O}$ 是同解方程，则根据定理 4.3 得 $n-r(\boldsymbol{A}^{\mathrm{T}}\boldsymbol{A})=n-r(\boldsymbol{A})$，即 $r(\boldsymbol{A}^{\mathrm{T}}\boldsymbol{A})=r(\boldsymbol{A})$.

显然齐次线性方程组 $\boldsymbol{AX}=\boldsymbol{O}$ 的解也是 $\boldsymbol{A}^{\mathrm{T}}\boldsymbol{AX}=\boldsymbol{O}$ 的解.

设 $\boldsymbol{\beta}$ 是 $\boldsymbol{A}^{\mathrm{T}}\boldsymbol{AX}=\boldsymbol{O}$ 的解，则 $\boldsymbol{A}^{\mathrm{T}}\boldsymbol{A\beta}=\boldsymbol{O}$，得 $\boldsymbol{\beta}^{\mathrm{T}}\boldsymbol{A}^{\mathrm{T}}\boldsymbol{A\beta}=(\boldsymbol{A\beta})^{\mathrm{T}}\boldsymbol{A\beta}=\boldsymbol{O}$，由内积的性质得 $\boldsymbol{A\beta}=\boldsymbol{O}$，即 $\boldsymbol{\beta}$ 是 $\boldsymbol{AX}=\boldsymbol{O}$ 的解. 所以齐次线性方程组 $\boldsymbol{AX}=\boldsymbol{O}$ 与 $\boldsymbol{A}^{\mathrm{T}}\boldsymbol{AX}=\boldsymbol{O}$ 是同解方程，则 $r(\boldsymbol{A}^{\mathrm{T}}\boldsymbol{A})=r(\boldsymbol{A})$.

习题 4-2

1. 求齐次线性方程组 $\begin{cases}x_1+2x_2-x_3+x_4=0\\2x_1+6x_2+3x_3-x_4=0\\5x_1+10x_2-5x_3+x_4=0\end{cases}$ 的一个基础解系，并写出它的通解.

2. 设 $\boldsymbol{A}$ 为 $m\times n$ 矩阵，$\boldsymbol{B}$ 为 $n\times s$ 矩阵，若 $\boldsymbol{AB}=\boldsymbol{O}$，则

$$r(\boldsymbol{A})+r(\boldsymbol{B})\leqslant n$$

第三节　非齐次线性方程组的解的结构

一、非齐次线性方程组解的性质

在非齐次线性方程组 $\boldsymbol{AX}=\boldsymbol{B}$(4.2)中，若把等式右边的非零矩阵 $\boldsymbol{B}$ 换成零矩阵 $\boldsymbol{O}$，则得到一个相应的齐次线性方程组 $\boldsymbol{AX}=\boldsymbol{O}$(4.9).

我们称方程组(4.9)为方程组(4.2)的**导出方程组**，简称**导出组**.

方程组(4.2)的解与其导出组(4.9)的解有着密切的关系.

性质 1　若 $\boldsymbol{X}=\boldsymbol{\eta}$ 是非齐次线性方程组(4.2)的一个解，$\boldsymbol{X}=\boldsymbol{\zeta}$ 是其导出组(4.9)的一个解，则 $\boldsymbol{X}=\boldsymbol{\eta}+\boldsymbol{\zeta}$ 也是非齐次线性方程组(4.2)的一个解.

证明　由条件，$\boldsymbol{A\eta}=\boldsymbol{B}$，$\boldsymbol{A\zeta}=\boldsymbol{O}$，于是 $\boldsymbol{A}(\boldsymbol{\eta}+\boldsymbol{\zeta})=\boldsymbol{A\eta}+\boldsymbol{A\zeta}=\boldsymbol{B}+\boldsymbol{O}=\boldsymbol{B}$，所以 $\boldsymbol{X}=\boldsymbol{\eta}+\boldsymbol{\zeta}$ 也是非齐次线性方程组(4.2)的一个解.

性质 2　若 $\boldsymbol{X}=\boldsymbol{\eta}_1$，$\boldsymbol{X}=\boldsymbol{\eta}_2$ 是非齐次线性方程组(4.2)的两个解，则 $\boldsymbol{X}=\boldsymbol{\eta}_1-\boldsymbol{\eta}_2$ 是其导出组(4.9)的一个解.

证明　由条件，$\boldsymbol{A\eta}_1=\boldsymbol{B}$，$\boldsymbol{A\eta}_2=\boldsymbol{B}$，于是 $\boldsymbol{A}(\boldsymbol{\eta}_1-\boldsymbol{\eta}_2)=\boldsymbol{A\eta}_1-\boldsymbol{A\eta}_2=\boldsymbol{B}-\boldsymbol{B}=\boldsymbol{O}$，所以 $\boldsymbol{X}=\boldsymbol{\eta}_1-\boldsymbol{\eta}_2$ 是其导出组(4.9)的一个解.

二、非齐次线性方程组的通解

定理 4.4　如果 $\boldsymbol{\eta}^*$ 是非齐次线性方程组(4.2)的一个已知解，$\boldsymbol{\zeta}$ 是其导出组(4.9)的通解，则非齐次线性方程组(4.2)的通解为

$$\boldsymbol{X}=\boldsymbol{\eta}^*+\boldsymbol{\zeta}.$$

证明　由性质 4 可知，$\boldsymbol{X}=\boldsymbol{\eta}^*+\boldsymbol{\zeta}$ 一定是非齐次线性方程组(4.2)的解.

设 $\boldsymbol{X}_1$ 是非齐次线性方程组(4.2)的任意一个解，由于 $\boldsymbol{\eta}^*$ 是非齐次线性方程组(4.2)的一个已知解，则由性质 4 可知，

$$\boldsymbol{\zeta}_1=\boldsymbol{X}_1-\boldsymbol{\eta}^*$$

是其导出组(4.9)的一个解，于是

$$\boldsymbol{X}_1=\boldsymbol{\eta}^*+\boldsymbol{\zeta}_1.$$

这就说明非齐次线性方程组(4.2)的任意一个解是非齐次线性方程组(4.2)的一个已知解与其导出组(4.9)的某一个解之和，所以非齐次线性方程组(4.2)的通解为

$$\boldsymbol{X}=\boldsymbol{\eta}^*+\boldsymbol{\zeta}.$$

由定理 4.4 可知，如果非齐次线性方程组(4.2)有解，且 $r(\boldsymbol{A})=r(\overline{\boldsymbol{A}})=r<n$，则只要求出它的一个解 $\boldsymbol{\eta}^*$(称为**特解**)，再求出其导出组(4.9)的一个基础解系 $\boldsymbol{\xi}_1,\boldsymbol{\xi}_2,\cdots,\boldsymbol{\xi}_{n-r}$，即可得到非齐次线性方程组(4.2)的通解

$$\boldsymbol{X}=\boldsymbol{\eta}^*+k_1\boldsymbol{\xi}_1+k_2\boldsymbol{\xi}_2+\cdots+k_{n-r}\boldsymbol{\xi}_{n-r},$$

其中 $k_1,k_2,\cdots,k_{n-r}$ 是任意实数.

由此可见，当非齐次线性方程组有解时，它有唯一解的充分必要条件是其导出组仅有零解，它有无穷多组解的充分必要条件是其导出组有无穷多组解.

【例 10】 求非齐次线性方程组 $\begin{cases}x_1+2x_2-x_3-x_4=0\\x_1+2x_2+x_4=4\\-x_1-2x_2+2x_3+4x_4=5\end{cases}$ 的通解.

解 对增广矩阵 $\overline{\boldsymbol{A}}$ 进行初等行变换：

$$\overline{\boldsymbol{A}}=\begin{pmatrix}1&2&-1&-1&0\\1&2&0&1&4\\-1&-2&2&4&5\end{pmatrix}\to\begin{pmatrix}1&2&-1&-1&0\\0&0&1&2&4\\0&0&1&3&5\end{pmatrix}\to\begin{pmatrix}1&2&0&1&4\\0&0&1&2&4\\0&0&0&1&1\end{pmatrix}\to\begin{pmatrix}1&2&0&0&3\\0&0&1&0&2\\0&0&0&1&1\end{pmatrix}.$$

于是得到同解方程组 $\begin{cases}x_1=-2x_2+3\\x_3=2\\x_4=1\end{cases}$ 和对应的导出组 $\begin{cases}x_1=-2x_2\\x_3=0\\x_4=0\end{cases}$.

对自由未知量 x_2 取 1，代入同解方程组的导出组，得 $\begin{pmatrix}x_1\\x_3\\x_4\end{pmatrix}=\begin{pmatrix}-2\\0\\0\end{pmatrix}$，从而得到 $\boldsymbol{AX}=\boldsymbol{O}$ 的一个基础解系 $\boldsymbol{\xi}=\begin{pmatrix}-2\\1\\0\\0\end{pmatrix}$.

对自由未知量 x_2 取 0，代入同解方程组，得 $\begin{pmatrix}x_1\\x_3\\x_4\end{pmatrix}=\begin{pmatrix}3\\2\\1\end{pmatrix}$，从而得到方程组 $\boldsymbol{AX}=\boldsymbol{B}$ 的一个特解 $\boldsymbol{\eta}^*=\begin{pmatrix}3\\0\\2\\1\end{pmatrix}$.

因此该非齐次线性方程组的通解为 $\boldsymbol{X}=k\boldsymbol{\xi}+\boldsymbol{\eta}^*$（$k$ 为任意实数）.

【例 11】 当参数 a，b 为何值时，线性方程组 $\begin{cases}x_1+x_2+x_3+x_4=0\\x_2+2x_3+2x_4=1\\-x_2+(a-3)x_3-2x_4=b\\3x_1+2x_2+x_3+ax_4=-1\end{cases}$ 有唯一解、无解、有无穷多组解，并在有解时求出它的通解.

解 由克莱姆法则，系数行列式

$$\begin{vmatrix}1&1&1&1\\0&1&2&2\\0&-1&a-3&-2\\3&2&1&a\end{vmatrix}=\begin{vmatrix}1&1&1&1\\0&1&2&2\\0&-1&a-3&-2\\0&-1&-2&a-3\end{vmatrix}=\begin{vmatrix}1&1&1&1\\0&1&2&2\\0&0&a-1&0\\0&0&0&a-1\end{vmatrix}=(a-1)^2\neq0,$$

即 $a\neq1$ 时，方程组有唯一解.

当 $a=1$ 时，对增广矩阵 $\overline{\boldsymbol{A}}$ 进行初等行变换：

$$\overline{A}=\begin{pmatrix}1&1&1&1&0\\0&1&2&2&1\\0&-1&-2&-2&b\\3&2&1&1&-1\end{pmatrix}\to\begin{pmatrix}1&1&1&1&0\\0&1&2&2&1\\0&-1&-2&-2&b\\0&-1&-2&-2&-1\end{pmatrix}\to\begin{pmatrix}1&1&1&1&0\\0&1&2&2&1\\0&0&0&0&b+1\\0&0&0&0&0\end{pmatrix}.$$

当 $b\neq-1$ 时，$r(\overline{A})\neq r(A)$，则方程组无解.

当 $b=-1$ 时，$r(\overline{A})=r(A)=2<4$，则方程组有无穷多组解. 此时

$$\overline{A}\to\begin{pmatrix}1&0&-1&-1&-1\\0&1&2&2&1\\0&0&0&0&0\\0&0&0&0&0\end{pmatrix}.$$

于是得到同解方程组 $\begin{cases}x_1=x_3+x_4-1\\x_2=-2x_3-2x_4+1\end{cases}$ 和对应的导出组 $\begin{cases}x_1=x_3+x_4\\x_2=-2x_3-2x_4\end{cases}$.

对自由未知量取 $\begin{pmatrix}x_3\\x_4\end{pmatrix}=\begin{pmatrix}1\\0\end{pmatrix},\begin{pmatrix}0\\1\end{pmatrix}$，代入同解方程组的导出组，得 $\begin{pmatrix}x_1\\x_2\end{pmatrix}=\begin{pmatrix}1\\-2\end{pmatrix},\begin{pmatrix}1\\-2\end{pmatrix}$，从而得到方程组的导出组的一个基础解系 $\boldsymbol{\xi}_1=\begin{pmatrix}1\\-2\\1\\0\end{pmatrix},\boldsymbol{\xi}_2=\begin{pmatrix}1\\-2\\0\\1\end{pmatrix}$.

对自由未知量取 $\begin{pmatrix}x_3\\x_4\end{pmatrix}=\begin{pmatrix}0\\0\end{pmatrix}$，代入同解方程组，得 $\begin{pmatrix}x_1\\x_2\end{pmatrix}=\begin{pmatrix}-1\\1\end{pmatrix}$，从而得到方程组的一个特解 $\boldsymbol{\eta}^*=\begin{pmatrix}-1\\1\\0\\0\end{pmatrix}$. 因此该方程组的通解为 $\boldsymbol{X}=k_1\boldsymbol{\xi}_1+k_2\boldsymbol{\xi}_2+\boldsymbol{\eta}^*$（$k_1$，$k_2$ 为任意实数）.

【例 12】 设四元方程组 $\boldsymbol{AX}=\boldsymbol{B}$ 的系数矩阵 $\boldsymbol{A}$ 的秩等于 3，已知 $\boldsymbol{\alpha}_1,\boldsymbol{\alpha}_2,\boldsymbol{\alpha}_3$ 是它的 3 个解向量，且 $\boldsymbol{\alpha}_1+\boldsymbol{\alpha}_2=\begin{pmatrix}1\\0\\5\\1\end{pmatrix},\boldsymbol{\alpha}_3=\begin{pmatrix}1\\2\\3\\-1\end{pmatrix}$，求该方程组 $\boldsymbol{AX}=\boldsymbol{B}$ 的通解.

例 12 步骤讲解

解　方程组 $\boldsymbol{AX}=\boldsymbol{B}$ 的导出组为 $\boldsymbol{AX}=\boldsymbol{O}$，$r(\boldsymbol{A})=3<4$，所以 $\boldsymbol{AX}=\boldsymbol{O}$ 的基础解系中含有一个解向量，而 $\boldsymbol{\xi}=\boldsymbol{\alpha}_1+\boldsymbol{\alpha}_2-2\boldsymbol{\alpha}_3=(-1\quad -4\quad -1\quad 3)^{\mathrm{T}}\neq 0$ 是 $\boldsymbol{AX}=\boldsymbol{O}$ 的解，而且 $\boldsymbol{\xi}$ 线性无关，故导出组的基础解系为 $\boldsymbol{\xi}$.

而 $\boldsymbol{AX}=\boldsymbol{B}$ 的一个特解为 $\boldsymbol{\eta}^*=\boldsymbol{\alpha}_3$，所以 $\boldsymbol{AX}=\boldsymbol{B}$ 的通解为

$$\boldsymbol{X}=k\boldsymbol{\xi}+\boldsymbol{\eta}^*=k\begin{pmatrix}-1\\-4\\-1\\3\end{pmatrix}+\begin{pmatrix}1\\2\\3\\-1\end{pmatrix}\ (k\text{ 为任意实数}).$$

【例 13】　设 $\boldsymbol{\alpha}_1=(1,0,2,3)^{\mathrm{T}}$，$\boldsymbol{\alpha}_2=(1,-1,a+2,1)^{\mathrm{T}}$，$\boldsymbol{\alpha}_3=(1,2,4,a+8)^{\mathrm{T}}$，$\boldsymbol{\alpha}_4=(1,1,3,5)^{\mathrm{T}}$，$\boldsymbol{\beta}=(1,1,b+3,5)^{\mathrm{T}}$. 试问：当 a，b 满足什么条件时，

(1)$\boldsymbol{\beta}$ 可由 $\boldsymbol{\alpha}_1,\boldsymbol{\alpha}_2,\boldsymbol{\alpha}_3,\boldsymbol{\alpha}_4$ 线性表示，且表达式唯一；

(2)$\boldsymbol{\beta}$ 不能由 $\boldsymbol{\alpha}_1,\boldsymbol{\alpha}_2,\boldsymbol{\alpha}_3,\boldsymbol{\alpha}_4$ 线性表示；

(3)$\boldsymbol{\beta}$ 可由 $\boldsymbol{\alpha}_1,\boldsymbol{\alpha}_2,\boldsymbol{\alpha}_3,\boldsymbol{\alpha}_4$ 线性表示，但表达式不唯一，并请写出一般表达式.

解　设 $\boldsymbol{\beta}=k_1\boldsymbol{\alpha}_1+k_2\boldsymbol{\alpha}_2+k_3\boldsymbol{\alpha}_3+k_4\boldsymbol{\alpha}_4$，

得方程组 $\boldsymbol{AX}=\boldsymbol{B}$，

其中 $\boldsymbol{A}=(\boldsymbol{\alpha}_1,\boldsymbol{\alpha}_2,\boldsymbol{\alpha}_3,\boldsymbol{\alpha}_4)$，$\boldsymbol{B}=\boldsymbol{\beta}$，$\boldsymbol{X}=\begin{pmatrix}k_1\\k_2\\k_3\\k_4\end{pmatrix}$.

方程组的系数行列式 $|\boldsymbol{A}|=\begin{vmatrix}1&1&1&1\\0&-1&2&1\\2&a+2&4&3\\3&1&a+8&5\end{vmatrix}=\begin{vmatrix}1&1&1&1\\0&-1&2&1\\0&a&2&1\\0&-2&a+5&2\end{vmatrix}=(a+1)^2$.

(1)$a\neq-1$ 时，$|\boldsymbol{A}|\neq0$，方程组 $\boldsymbol{AX}=\boldsymbol{B}$ 有唯一解，$\boldsymbol{\beta}$ 可由 $\boldsymbol{\alpha}_1,\boldsymbol{\alpha}_2,\boldsymbol{\alpha}_3,\boldsymbol{\alpha}_4$ 线性表示，且表达式唯一.

(2)$a=-1$ 时，

$$\overline{\boldsymbol{A}}=\begin{pmatrix}1&1&1&1&1\\0&-1&2&1&1\\2&1&4&3&b+3\\3&1&7&5&5\end{pmatrix}\to\begin{pmatrix}1&1&1&1&1\\0&-1&2&1&1\\0&-1&2&1&b+1\\0&-2&4&2&2\end{pmatrix}\to\begin{pmatrix}1&1&1&1&1\\0&-1&2&1&1\\0&0&0&0&b\\0&0&0&0&0\end{pmatrix},$$

若 $b\neq0$，则 $r(\boldsymbol{A})\neq r(\overline{\boldsymbol{A}})$，方程组 $\boldsymbol{AX}=\boldsymbol{B}$ 无解，$\boldsymbol{\beta}$ 不能由 $\boldsymbol{\alpha}_1,\boldsymbol{\alpha}_2,\boldsymbol{\alpha}_3,\boldsymbol{\alpha}_4$ 线性表示.

(3)$a=-1$，$b=0$ 时，$r(\boldsymbol{A})=r(\overline{\boldsymbol{A}})=2<4$，方程组 $\boldsymbol{AX}=\boldsymbol{B}$ 有无穷多组解，$\boldsymbol{\beta}$ 可由 $\boldsymbol{\alpha}_1$，$\boldsymbol{\alpha}_2,\boldsymbol{\alpha}_3,\boldsymbol{\alpha}_4$ 线性表示，但表达式不唯一. 此时，

$$\overline{\boldsymbol{A}}\to\begin{pmatrix}1&0&3&2&2\\0&1&-2&-1&-1\\0&0&0&0&0\\0&0&0&0&0\end{pmatrix},$$

方程组 $\boldsymbol{AX}=\boldsymbol{B}$ 的通解为

$$\boldsymbol{X}=t\begin{pmatrix}-3\\2\\1\\0\end{pmatrix}+k\begin{pmatrix}-2\\1\\0\\1\end{pmatrix}+\begin{pmatrix}2\\-1\\0\\0\end{pmatrix},$$

即 $\boldsymbol{\beta}=(-3t-2k+2)\boldsymbol{\alpha}_1+(2t+k-1)\boldsymbol{\alpha}_2+t\boldsymbol{\alpha}_3+k\boldsymbol{\alpha}_4$（$t$，$k$ 为任意实数）.

习题 4-3

1. 求解非齐次线性方程组 $\begin{cases} x_1+x_2-3x_3-x_4=1 \\ 3x_1-x_2-3x_3+4x_4=4 \\ x_1+5x_2-9x_3-5x_4=0 \end{cases}$

2. λ 为何值时，线性方程组

$$\begin{cases} \lambda x_1+x_2+x_3=1 \\ x_1+\lambda x_2+x_3=\lambda \\ x_1+x_2+\lambda x_3=\lambda^2 \end{cases}$$

有唯一解？有无穷多组解及无解？并在有解时求出它的全部解 .

3. 设 $\boldsymbol{\eta}_1,\boldsymbol{\eta}_2,\cdots,\boldsymbol{\eta}_s$ 是非齐次线性方程组 $\boldsymbol{AX}=\boldsymbol{B}$ 的 s 个解，$k_1,k_2,\cdots,k_s$ 均是实数，则 $\boldsymbol{X}=k_1\boldsymbol{\eta}_1+k_2\boldsymbol{\eta}_2+\cdots+k_s\boldsymbol{\eta}_s$ 也是该非齐次线性方程组的解的充分必要条件是 $k_1+k_2+\cdots+k_s=1$.

本章小结

线性方程组解的判定	了解 线性方程组的表示形式 掌握 线性方程组解的判定方法
齐次线性方程组	掌握 齐次线性方程组解的性质 掌握 齐次线性方程组基础解系和通解的求解方法
非齐次线性方程组	掌握 非齐次线性方程组解的性质 掌握 非齐次线性方程组基础解系和通解的求解方法

数学通识：Leontief 投入产出模型

现代经济体系可以看成由若干企业(或者部门)组成的系统. 现代经济体系中，每个企业在进行产品生产、为其他企业提供产品的过程中也要消耗其他企业所生产的产品. 除了需要满足该经济体系的产品需求，企业可能还需满足体系外部的某些需求. 投入产出模型是由美国著名经济学家 Wassily Leontief(1906 年—1999 年)首次提出的，主要研究经济体系中各部门投入和产出之间的关系，模型中重要的工具就是本章所学习的矩阵.

现假设某经济体系由 n 个企业组成，我们来讨论如何协调各部门的生产产量以满足系统内部和外部对产品的需求. 为简单起见，假设企业个数为 n，每个企业仅生产一种产品. 首先引入几组参变量：

c_{ij}表示第 j 个企业生产一单位产品需要消耗第 i 个企业所生产产品的数量，也称为第 j 个企业对第 i 个企业的直接消耗系数；

d_i表示系统外部消费者对第 i 个企业的产品的需求量；

x_i表示第 i 个企业的总生产量.

记

$$\boldsymbol{C}=\begin{pmatrix} c_{11} & c_{12} & \cdots & c_{1n} \\ c_{21} & c_{22} & \cdots & c_{2n} \\ \vdots & \vdots & & \vdots \\ c_{n1} & c_{n2} & \cdots & c_{nn} \end{pmatrix},\boldsymbol{d}=\begin{pmatrix} d_1 \\ d_2 \\ \vdots \\ d_n \end{pmatrix},\boldsymbol{X}=\begin{pmatrix} x_1 \\ x_2 \\ \vdots \\ x_n \end{pmatrix},$$

矩阵 $\boldsymbol{C}$ 称为直接消耗系数矩阵，向量 $\boldsymbol{d},\boldsymbol{X}$ 分别称为外部消费者需求向量、生产向量.

在投入和产出恰好平衡的情况下，第 i 个企业生产的产品恰好分为两部分，一部分为系统内部各企业消耗，另一部分满足系统外部消费者的需求，即

$$x_i=c_{i1}x_1+c_{i2}x_2+\cdots+c_{in}x_n+d_i,i=1,2,\cdots,n,$$

以上即投入产出模型的分配平衡线性方程组，其矩阵形式为：

$$\boldsymbol{X}=\boldsymbol{CX}+\boldsymbol{d},$$

即

$$(\boldsymbol{I}-\boldsymbol{C})\boldsymbol{X}=\boldsymbol{d}.$$

已知直接消耗系数矩阵 $\boldsymbol{C}$ 和系统外部需求 $\boldsymbol{d}$，求各部门生产向量 $\boldsymbol{X}$ 的问题即矩阵方程问题.

假设某大型企业有三个生产部门，部门之间的直接消耗系数矩阵和企业外部需求分别为：

$$\boldsymbol{C}=\begin{pmatrix}0.25 & 0.1 & 0.1\\ 0.2 & 0.2 & 0.1\\ 0.1 & 0.1 & 0.2\end{pmatrix},\boldsymbol{d}=\begin{pmatrix}490\\ 180\\ 350\end{pmatrix}.$$

为使投入与产出达到平衡状态，该企业应如何安排三个部门的生产量？

为求解该问题，我们对$(\boldsymbol{I}-\boldsymbol{C}\mid\boldsymbol{d})$进行初等行变换：

$$(\boldsymbol{I}-\boldsymbol{C}\mid\boldsymbol{d})=\begin{pmatrix}0.75 & -0.1 & -0.1 & 490\\ -0.2 & 0.8 & -0.1 & 180\\ -0.1 & -0.1 & 0.8 & 350\end{pmatrix}\to\begin{pmatrix}1 & 0 & 0 & 800\\ 0 & 1 & 0 & 500\\ 0 & 0 & 1 & 600\end{pmatrix},$$

可知该企业的三个部门分别按照 800,500,600 进行生产即可达到投入与产出的分配平衡.

总复习题四

1. 判断下列方程组解的情况.

(1) $\begin{cases}4x_1+2x_2-x_3=2\\3x_1-x_2+2x_3=10\\7x_1+x_2+2x_3=6\end{cases}$；　(2) $\begin{cases}x_1-2x_2+x_3+x_4-x_5=1\\2x_1+x_2-x_3-x_4-x_5=2\\x_1+3x_2-2x_3-2x_4=4\\3x_1-x_2-2x_5=3\end{cases}$；

(3) $\begin{cases}x_1+x_2+4x_3=4\\-x_1+4x_2+x_3=16\\3x_1-x_2+8x_3=-4\\-x_1+x_2-2x_3=4\end{cases}$.

2. 讨论以下线性方程组何时有唯一解，何时有无穷多组解，何时无解.

$$\begin{cases}x_1+x_2+kx_3=4\\-x_1+kx_2+x_3=k^2\\x_1-x_2+2x_3=-4\end{cases}.$$

3. 设齐次线性方程组 $\begin{cases}x_1+x_2+\lambda x_3=0\\x_1+\lambda x_2+x_3=0\\3x_1-x_2+(\lambda+4)x_3=0\\-x_1+x_2-2x_3=0\end{cases}$ 有非零解，求 λ 的值.

4. 求下列齐次线性方程组的一个基础解系，并写出它的通解.

(1) $\begin{cases}2x_1+3x_2+7x_3+5x_4=0\\3x_1+x_2+2x_3+4x_4=0\\4x_1-x_2-3x_3+6x_4=0\\x_1-2x_2-4x_3-x_4=0\end{cases}$；　(2) $\begin{cases}x_1+2x_2+3x_3-x_4=0\\2x_1+4x_2+5x_3-3x_4-x_5=0\\-x_1-2x_2-3x_3+3x_4+4x_5=0\end{cases}$.

5. 求解下列非齐次线性方程组.

(1) $\begin{cases}x_1-x_2+2x_3=1\\x_1-2x_2-x_3=2\\3x_1-x_2+5x_3=3\\2x_1-2x_2-3x_3=4\end{cases}$；　(2) $\begin{cases}x_1+2x_2+3x_3-x_4=2\\2x_1+4x_2+5x_3-3x_4-x_5=3\\x_1+2x_2+3x_3-3x_4-4x_5=2\end{cases}$；

(3) $\begin{cases}x_1-2x_2+x_3-3x_4-x_5=1\\3x_1-6x_2-x_3-3x_4+4x_5=4\\x_1-2x_2+5x_3-9x_4-8x_5=0\\2x_1-4x_2-2x_3+5x_5=3\end{cases}$.

6. 当参数 a,b 为何值时，线性方程组 $\begin{cases}ax_1-x_2+x_3=1\\x_1+x_2+(2a+1)x_3=2\\(a-1)x_1-2x_2-2ax_3=b\end{cases}$ 有唯一解、无解、有无穷多组解，并请在有解时求出它的通解.

7. 设 $\boldsymbol{AX}=\boldsymbol{B}$ 是含有 n 个方程的 n 元线性方程组，分块矩阵 $\boldsymbol{P}=\begin{pmatrix}\boldsymbol{A} & \boldsymbol{B}\\\boldsymbol{B}^{\mathrm{T}} & k\end{pmatrix}$，$k$ 是一个实数，若 $r(\boldsymbol{P})=r(\boldsymbol{A})$，证明：

(1)方程组 $\boldsymbol{AX}=\boldsymbol{B}$ 必有解；

(2)方程组 $\boldsymbol{PY}=\boldsymbol{O}$ 必有非零解.

8. 设 n 阶方阵 $\boldsymbol{A}$ 满足 $\boldsymbol{A}^2=\boldsymbol{A}$，证明：$r(\boldsymbol{A})+r(\boldsymbol{A}-\boldsymbol{I})=n$.

9. 设 $\boldsymbol{\eta}^*$ 是 n 元非齐次线性方程组 $\boldsymbol{AX}=\boldsymbol{B}$ 的一个解，$\boldsymbol{\xi}_1,\boldsymbol{\xi}_2,\cdots,\boldsymbol{\xi}_{n-r}$ 是该方程组的导出组 $\boldsymbol{AX}=\boldsymbol{O}$ 的一个基础解系，证明：

(1)$\boldsymbol{\eta}^*,\boldsymbol{\xi}_1,\boldsymbol{\xi}_2,\cdots,\boldsymbol{\xi}_{n-r}$ 线性无关；

(2)$\boldsymbol{\eta}^*,\boldsymbol{\eta}^*+\boldsymbol{\xi}_1,\boldsymbol{\eta}^*+\boldsymbol{\xi}_2,\cdots,\boldsymbol{\eta}^*+\boldsymbol{\xi}_{n-r}$ 线性无关.

10. 设四元方程组 $\boldsymbol{AX}=\boldsymbol{B}$ 的系数矩阵 $\boldsymbol{A}$ 的秩等于 3，已知 $\boldsymbol{\alpha}_1,\boldsymbol{\alpha}_2,\boldsymbol{\alpha}_3$ 是它的 3 个解向量，且 $\boldsymbol{\alpha}_1=\begin{pmatrix}2\\0\\5\\-1\end{pmatrix},\boldsymbol{\alpha}_2+\boldsymbol{\alpha}_3=\begin{pmatrix}1\\9\\8\\8\end{pmatrix}$，求该方程组 $\boldsymbol{AX}=\boldsymbol{B}$ 的通解.

11. 求实数 a,b，使得向量组 $\boldsymbol{\alpha}_1=(1,1,0)^{\mathrm{T}},\boldsymbol{\alpha}_2=(0,1,1)^{\mathrm{T}},\boldsymbol{\alpha}_3=(-1,0,1)^{\mathrm{T}}$ 与向量组 $\boldsymbol{\beta}_1=(-1,0,1)^{\mathrm{T}},\boldsymbol{\beta}_2=(2,a,1)^{\mathrm{T}},\boldsymbol{\beta}_3=(0,b,1)^{\mathrm{T}}$ 等价.

12. 设向量组 $\boldsymbol{\alpha}_1=(1,2,3)^{\mathrm{T}},\boldsymbol{\alpha}_2=(a,2,4)^{\mathrm{T}},\boldsymbol{\alpha}_3=(-1,2,1)^{\mathrm{T}},\boldsymbol{\beta}=(b,2,c)^{\mathrm{T}}$. 试问：当 a,b,c 满足什么条件时，

(1)$\boldsymbol{\beta}$ 可由 $\boldsymbol{\alpha}_1,\boldsymbol{\alpha}_2,\boldsymbol{\alpha}_3$ 线性表示，且表达式唯一；

(2)$\boldsymbol{\beta}$ 不能由 $\boldsymbol{\alpha}_1,\boldsymbol{\alpha}_2,\boldsymbol{\alpha}_3$ 线性表示；

(3)$\boldsymbol{\beta}$ 可由 $\boldsymbol{\alpha}_1,\boldsymbol{\alpha}_2,\boldsymbol{\alpha}_3$ 线性表示，但表达式不唯一，并写出一般表达式.

第五章　矩阵的特征值

本章讨论矩阵的特征值与特征向量的问题，它在理论和实践中都有着广泛的应用，如数学中的微分方程的约化问题、统计学中的方差估计、动力系统中的震动问题、工程技术领域中的静态稳定分析等，实质上都是矩阵的特征值问题.

本章首先介绍向量的长度、夹角以及向量之间的正交等度量性质；其次引入矩阵的特征值与特征向量的概念并介绍它们的性质；最后讨论矩阵相似对角化的条件以及实对称矩阵正交对角化的方法. 本章的重点是有关相似对角化与实对称矩阵正交对角化的理论.

第一节　向量的内积与正交

在空间解析几何中，向量的长度和夹角等度量性质都可由向量的内积 $\boldsymbol{\alpha}\cdot\boldsymbol{\beta}=\|\boldsymbol{\alpha}\|\,\|\boldsymbol{\beta}\|\cos\theta$ 来表示，即

$$\|\boldsymbol{\alpha}\|=\sqrt{\boldsymbol{\alpha}\cdot\boldsymbol{\alpha}},\ \cos\theta=\frac{\boldsymbol{\alpha}\cdot\boldsymbol{\beta}}{\|\boldsymbol{\alpha}\|\,\|\boldsymbol{\beta}\|}.$$

并且在直角坐标系下，向量 $\boldsymbol{\alpha}=(a_1,a_2,a_3)$ 与 $\boldsymbol{\beta}=(b_1,b_2,b_3)$ 的内积的分量表示形式为

$$\boldsymbol{\alpha}\cdot\boldsymbol{\beta}=a_1b_1+a_2b_2+a_3b_3.$$

本节仿照三维几何空间的方法，先介绍 n 维向量的内积运算，再引入向量的长度、夹角以及向量之间的正交等度量性质.

一、向量的内积

用 $\mathbf{R}^n$ 表示 n 维实向量的全体.

向量的内积讲解

定义 5.1　设 $\boldsymbol{\alpha}=\begin{pmatrix}a_1\\a_2\\\vdots\\a_n\end{pmatrix},\boldsymbol{\beta}=\begin{pmatrix}b_1\\b_2\\\vdots\\b_n\end{pmatrix}\in\mathbf{R}^n$，称 $a_1b_1+a_2b_2+\cdots+a_nb_n$ 为向量 $\boldsymbol{\alpha}$ 与 $\boldsymbol{\beta}$ 的内积，记作 $(\boldsymbol{\alpha},\boldsymbol{\beta})$，即

$$(\boldsymbol{\alpha},\boldsymbol{\beta})=a_1b_1+a_2b_2+\cdots+a_nb_n.$$

内积是向量之间的一种运算，其结果是一个实数，用矩阵形式也可以表示为

$$(\boldsymbol{\alpha},\boldsymbol{\beta})=\boldsymbol{\alpha}^{\mathrm{T}}\boldsymbol{\beta}=(a_1,a_2,\cdots,a_n)\begin{pmatrix}b_1\\b_2\\\vdots\\b_n\end{pmatrix}.$$

由内积的定义，不难验证内积具有以下运算性质：

性质 1　$(\boldsymbol{\alpha},\boldsymbol{\beta})=(\boldsymbol{\beta},\boldsymbol{\alpha})$；

性质 2　$(k\boldsymbol{\alpha},\boldsymbol{\beta})=k(\boldsymbol{\alpha},\boldsymbol{\beta})$；

性质 3　$(\boldsymbol{\alpha}+\boldsymbol{\beta},\boldsymbol{\gamma})=(\boldsymbol{\alpha},\boldsymbol{\gamma})+(\boldsymbol{\beta},\boldsymbol{\gamma})$；

性质 4　$(\boldsymbol{\alpha},\boldsymbol{\alpha})\geqslant 0$，仅当 $\boldsymbol{\alpha}=0$ 时，$(\boldsymbol{\alpha},\boldsymbol{\alpha})=0$. 其中 $\boldsymbol{\alpha},\boldsymbol{\beta},\boldsymbol{\gamma}$ 为 $\mathbf{R}^n$ 中的任意向量，k 是任意实数.

基于内积的性质 4，与三维几何空间一样，我们可用内积运算定义 n 维向量的长度.

定义 5.2　非负实数 $\sqrt{(\boldsymbol{\alpha},\boldsymbol{\alpha})}$ 称为向量 $\boldsymbol{\alpha}$ 的**长度**(**或范数**)，记为 $\|\boldsymbol{\alpha}\|$，即

$$\|\boldsymbol{\alpha}\|=\sqrt{(\boldsymbol{\alpha},\boldsymbol{\alpha})}=\sqrt{a_1^2+a_2^2+\cdots+a_n^2}.$$

向量的长度具有下述性质.

性质 1　**非负性**：$\|\boldsymbol{\alpha}\|\geqslant 0$，仅当 $\boldsymbol{\alpha}=0$ 时，$\|\boldsymbol{\alpha}\|=0$.

性质 2　**齐次性**：$\|k\boldsymbol{\alpha}\|=|k|\,\|\boldsymbol{\alpha}\|$.

性质 3　**三角不等式**：$\|\boldsymbol{\alpha}+\boldsymbol{\beta}\|\leqslant\|\boldsymbol{\alpha}\|+\|\boldsymbol{\beta}\|$.

性质 4　**柯西-施瓦茨(Cauchy-Schwarz)不等式**：对任意 n 维向量 $\boldsymbol{\alpha},\boldsymbol{\beta}$，有

$$|(\boldsymbol{\alpha},\boldsymbol{\beta})|\leqslant\|\boldsymbol{\alpha}\|\,\|\boldsymbol{\beta}\|.$$

长度等于 1 的向量称为**单位向量**. 设 $\boldsymbol{\alpha}$ 为非零向量，则 $\dfrac{1}{\|\boldsymbol{\alpha}\|}\boldsymbol{\alpha}$ 是一个与 $\boldsymbol{\alpha}$ 同方向的单位向量，称为向量 $\boldsymbol{\alpha}$ 的**单位化**向量.

对于非零向量 $\boldsymbol{\alpha}$ 与 $\boldsymbol{\beta}$，柯西-施瓦茨不等式可改写为

$$-1\leqslant\frac{(\boldsymbol{\alpha},\boldsymbol{\beta})}{\|\boldsymbol{\alpha}\|\,\|\boldsymbol{\beta}\|}\leqslant 1.$$

于是可用内积运算定义向量的夹角.

定义 5.3　设 $\boldsymbol{\alpha},\boldsymbol{\beta}$ 都是非零向量，定义 $\boldsymbol{\alpha}$ 与 $\boldsymbol{\beta}$ 的夹角 θ 为：

$$\cos\theta=\frac{(\boldsymbol{\alpha},\boldsymbol{\beta})}{\|\boldsymbol{\alpha}\|\,\|\boldsymbol{\beta}\|},\quad 0\leqslant\theta\leqslant\pi.$$

特别地，当 $(\boldsymbol{\alpha},\boldsymbol{\beta})=0$ 时，即 $\theta=\dfrac{\pi}{2}$，称 $\boldsymbol{\alpha}$ 与 $\boldsymbol{\beta}$ **正交**(**或垂直**)，记为 $\boldsymbol{\alpha}\perp\boldsymbol{\beta}$.

显然 n 维零向量与任意 n 维向量正交；与自己正交的向量只有零向量.

【例 1】　已知 $\boldsymbol{\alpha}_1=\begin{pmatrix}1\\2\\1\end{pmatrix},\boldsymbol{\alpha}_2=\begin{pmatrix}1\\0\\-1\end{pmatrix}$，求单位向量 $\boldsymbol{\alpha}_3\in\mathbf{R}^3$，使得 $\boldsymbol{\alpha}_3$ 与 $\boldsymbol{\alpha}_1,\boldsymbol{\alpha}_2$ 都正交.

解　先考虑正交性. 令 $\boldsymbol{\alpha}_3=(x_1,x_2,x_3)^{\mathrm{T}}$，则由 $(\boldsymbol{\alpha}_3,\boldsymbol{\alpha}_1)=0,(\boldsymbol{\alpha}_3,\boldsymbol{\alpha}_2)=0$ 得到齐次线性方程组

$$\begin{pmatrix}1&2&1\\1&0&-1\end{pmatrix}\begin{pmatrix}x_1\\x_2\\x_3\end{pmatrix}=\begin{pmatrix}0\\0\end{pmatrix},$$

其基础解系为 $\boldsymbol{\xi}=\begin{pmatrix}1\\-1\\1\end{pmatrix}$. 再对 $\boldsymbol{\xi}$ 单位化，则取 $\boldsymbol{\alpha}_3=\pm\dfrac{\boldsymbol{\xi}}{\|\boldsymbol{\xi}\|}=\pm\dfrac{1}{\sqrt{3}}\begin{pmatrix}1\\-1\\1\end{pmatrix}$ 即可.

二、标准正交向量组和施密特正交化方法

定义 5.4　设 n 维向量组 $\boldsymbol{\alpha}_1,\boldsymbol{\alpha}_2,\cdots,\boldsymbol{\alpha}_s$ 中不含零向量，且向量组中任意两个向量都正交，则称 $\boldsymbol{\alpha}_1,\boldsymbol{\alpha}_2,\cdots,\boldsymbol{\alpha}_s$ 为**正交向量组**.

定理 5.1　正交向量组 $\boldsymbol{\alpha}_1,\boldsymbol{\alpha}_2,\cdots,\boldsymbol{\alpha}_s$ 必定线性无关.

证明　设 $k_1\boldsymbol{\alpha}_1+k_2\boldsymbol{\alpha}_2+\cdots+k_s\boldsymbol{\alpha}_s=0$，分别用 $\boldsymbol{\alpha}_i$ 与之做内积运算，得

$$(\boldsymbol{\alpha}_i,k_1\boldsymbol{\alpha}_1+k_2\boldsymbol{\alpha}_2+\cdots+k_s\boldsymbol{\alpha}_s)=(\boldsymbol{\alpha}_i,0),\ i=1,2,\cdots,s,$$

即

$$k_1(\boldsymbol{\alpha}_i,\boldsymbol{\alpha}_1)+k_2(\boldsymbol{\alpha}_i,\boldsymbol{\alpha}_2)+\cdots+k_s(\boldsymbol{\alpha}_i,\boldsymbol{\alpha}_s)=0.$$

因为 $\boldsymbol{\alpha}_1,\boldsymbol{\alpha}_2,\cdots,\boldsymbol{\alpha}_s$ 两两正交，所以当 $j\neq i$ 时，$(\boldsymbol{\alpha}_i,\boldsymbol{\alpha}_j)=0$，于是上式简化为

$$k_i(\boldsymbol{\alpha}_i,\boldsymbol{\alpha}_i)=0,\ i=1,2,\cdots,s.$$

又由 $\boldsymbol{\alpha}_i\neq 0$ 知 $(\boldsymbol{\alpha}_i,\boldsymbol{\alpha}_i)>0$，从而必有 $k_i=0$，这就证明了 $\boldsymbol{\alpha}_1,\boldsymbol{\alpha}_2,\cdots,\boldsymbol{\alpha}_s$ 线性无关.

定义 5.5　若 $\boldsymbol{\eta}_1,\boldsymbol{\eta}_2,\cdots,\boldsymbol{\eta}_s$ 为正交向量组，且其中的每个 $\boldsymbol{\eta}_i$ 都是单位向量，则称 $\boldsymbol{\eta}_1,\boldsymbol{\eta}_2,\cdots,\boldsymbol{\eta}_s$ 为**标准正交向量组**或**单位正交向量组**.

用内积来描述，$\boldsymbol{\eta}_1,\boldsymbol{\eta}_2,\cdots,\boldsymbol{\eta}_s$ 是标准正交向量组的充分必要条件是

$$(\boldsymbol{\eta}_i,\boldsymbol{\eta}_j)=\begin{cases}1, & i=j\\ 0, & i\neq j\end{cases},\ i,j=1,2,\cdots,s.$$

例如，三维单位坐标向量组 $\boldsymbol{e}_1,\boldsymbol{e}_2,\boldsymbol{e}_3$ 就是一个标准正交向量组. 进一步，因为几何旋转保持向量的长度和角度不变，所以将 $\boldsymbol{e}_1,\boldsymbol{e}_2,\boldsymbol{e}_3$ 绕固定的轴同时旋转 θ，所得的新向量组仍是标准正交向量组.

下面着重介绍**施密特**(Schmidt)**正交化方法**，它表明任一线性无关的向量组 $\boldsymbol{\alpha}_1,\boldsymbol{\alpha}_2,\cdots,\boldsymbol{\alpha}_s$ 都可化为与之等价的标准正交向量组，其具体步骤分如下两步.

(1)正交化：令

$$\boldsymbol{\beta}_1=\boldsymbol{\alpha}_1,$$

$$\boldsymbol{\beta}_2=\boldsymbol{\alpha}_2-\frac{(\boldsymbol{\alpha}_2,\boldsymbol{\beta}_1)}{(\boldsymbol{\beta}_1,\boldsymbol{\beta}_1)}\boldsymbol{\beta}_1,$$

$$\cdots$$

$$\boldsymbol{\beta}_s=\boldsymbol{\alpha}_s-\frac{(\boldsymbol{\alpha}_s,\boldsymbol{\beta}_1)}{(\boldsymbol{\beta}_1,\boldsymbol{\beta}_1)}\boldsymbol{\beta}_1-\frac{(\boldsymbol{\alpha}_s,\boldsymbol{\beta}_2)}{(\boldsymbol{\beta}_2,\boldsymbol{\beta}_2)}\boldsymbol{\beta}_2-\cdots-\frac{(\boldsymbol{\alpha}_s,\boldsymbol{\beta}_{s-1})}{(\boldsymbol{\beta}_{s-1},\boldsymbol{\beta}_{s-1})}\boldsymbol{\beta}_{s-1},$$

则不难验证 $\boldsymbol{\beta}_1,\boldsymbol{\beta}_2,\cdots,\boldsymbol{\beta}_s$ 两两正交，且 $\boldsymbol{\beta}_1,\boldsymbol{\beta}_2,\cdots,\boldsymbol{\beta}_s$ 与 $\boldsymbol{\alpha}_1$，$\boldsymbol{\alpha}_2$，…，$\boldsymbol{\alpha}_s$ 等价.

(2)单位化：令

$$\boldsymbol{\eta}_1=\frac{\boldsymbol{\beta}_1}{\|\boldsymbol{\beta}_1\|},\boldsymbol{\eta}_2=\frac{\boldsymbol{\beta}_2}{\|\boldsymbol{\beta}_2\|},\cdots,\boldsymbol{\eta}_s=\frac{\boldsymbol{\beta}_s}{\|\boldsymbol{\beta}_s\|},$$

则 $\boldsymbol{\eta}_1,\boldsymbol{\eta}_2,\cdots,\boldsymbol{\eta}_s$ 成为一个标准正交向量组，且与 $\boldsymbol{\alpha}_1,\boldsymbol{\alpha}_2,\cdots,\boldsymbol{\alpha}_s$ 等价.

【例 2】　将向量组 $\boldsymbol{\alpha}_1=\begin{pmatrix}1\\2\\1\end{pmatrix},\boldsymbol{\alpha}_2=\begin{pmatrix}2\\-1\\2\end{pmatrix},\boldsymbol{\alpha}_3=\begin{pmatrix}1\\-1\\3\end{pmatrix}$ 化为标准正交向量组.

解　令

$$\boldsymbol{\beta}_1=\boldsymbol{\alpha}_1=\begin{pmatrix}1\\2\\1\end{pmatrix},$$

$$\boldsymbol{\beta}_2=\boldsymbol{\alpha}_2-\frac{(\boldsymbol{\alpha}_2,\boldsymbol{\beta}_1)}{(\boldsymbol{\beta}_1,\boldsymbol{\beta}_1)}\boldsymbol{\beta}_1=\begin{pmatrix}2\\-1\\2\end{pmatrix}-\frac{2}{6}\begin{pmatrix}1\\2\\1\end{pmatrix}=\frac{5}{3}\begin{pmatrix}1\\-1\\1\end{pmatrix},$$

$$\boldsymbol{\beta}_3=\boldsymbol{\alpha}_3-\frac{(\boldsymbol{\alpha}_3,\boldsymbol{\beta}_1)}{(\boldsymbol{\beta}_1,\boldsymbol{\beta}_1)}\boldsymbol{\beta}_1-\frac{(\boldsymbol{\alpha}_3,\boldsymbol{\beta}_2)}{(\boldsymbol{\beta}_2,\boldsymbol{\beta}_2)}\boldsymbol{\beta}_2=\begin{pmatrix}1\\-1\\3\end{pmatrix}-\frac{2}{6}\begin{pmatrix}1\\2\\1\end{pmatrix}-\frac{5}{3}\begin{pmatrix}1\\-1\\1\end{pmatrix}=\begin{pmatrix}-1\\0\\1\end{pmatrix},$$

再将$\boldsymbol{\beta}_1,\boldsymbol{\beta}_2,\boldsymbol{\beta}_3$单位化，得到标准正交向量组

$$\boldsymbol{\eta}_1=\frac{\boldsymbol{\beta}_1}{\|\boldsymbol{\beta}_1\|}=\frac{1}{\sqrt{6}}\begin{pmatrix}1\\2\\1\end{pmatrix},\boldsymbol{\eta}_2=\frac{\boldsymbol{\beta}_2}{\|\boldsymbol{\beta}_2\|}=\frac{1}{\sqrt{3}}\begin{pmatrix}1\\-1\\1\end{pmatrix},\boldsymbol{\eta}_3=\frac{\boldsymbol{\beta}_3}{\|\boldsymbol{\beta}_3\|}=\frac{1}{\sqrt{2}}\begin{pmatrix}-1\\0\\1\end{pmatrix}.$$

三、正交矩阵与正交变换

定义 5.6　如果 n 阶实矩阵 $\boldsymbol{A}$ 满足 $\boldsymbol{A}^{\mathrm{T}}\boldsymbol{A}=\boldsymbol{A}\boldsymbol{A}^{\mathrm{T}}=\boldsymbol{I}$，即 $\boldsymbol{A}^{-1}=\boldsymbol{A}^{\mathrm{T}}$，则称 $\boldsymbol{A}$ 为 n 阶**正交矩阵**.

例如，单位矩阵 $\boldsymbol{I}$ 是正交矩阵；平面 $\mathbf{R}^2$ 中的两直角坐标系间的坐标变换矩阵

$$\begin{pmatrix}\cos\theta & -\sin\theta\\ \sin\theta & \cos\theta\end{pmatrix},\begin{pmatrix}\cos\theta & \sin\theta\\ \sin\theta & -\cos\theta\end{pmatrix}$$

均为正交矩阵，其中前者的行列式为 1，后者的行列式为−1.

正交矩阵具有下列性质.

性质 1　若 $\boldsymbol{A}$ 为正交矩阵，则 $|\boldsymbol{A}|=\pm1$.

性质 2　若 $\boldsymbol{A}$ 为正交矩阵，则 $\boldsymbol{A}^{-1}=\boldsymbol{A}^{\mathrm{T}}$ 也是正交矩阵.

性质 3　正交矩阵的积仍为正交矩阵. 即若 $\boldsymbol{A},\boldsymbol{B}$ 均为 n 阶正交矩阵，则 $\boldsymbol{AB}$ 也为正交矩阵.

性质 4　n 阶矩阵 $\boldsymbol{A}$ 为正交矩阵的充分必要条件是 $\boldsymbol{A}$ 的列(行)向量组是标准正交向量组.

性质 1、性质 2、性质 3 的证明留给读者完成. 下面证明性质 4.

证明　将矩阵 $\boldsymbol{A}$ 按列分块

$$\boldsymbol{A}=(\boldsymbol{\alpha}_1,\boldsymbol{\alpha}_2,\cdots,\boldsymbol{\alpha}_n),$$

则

$$\boldsymbol{A}^{\mathrm{T}}=\begin{pmatrix}\boldsymbol{\alpha}_1^{\mathrm{T}}\\ \boldsymbol{\alpha}_2^{\mathrm{T}}\\ \vdots\\ \boldsymbol{\alpha}_n^{\mathrm{T}}\end{pmatrix},$$

因而

$$A^{\mathrm{T}}A=\begin{pmatrix}\boldsymbol{\alpha}_1^{\mathrm{T}}\\ \boldsymbol{\alpha}_2^{\mathrm{T}}\\ \vdots\\ \boldsymbol{\alpha}_n^{\mathrm{T}}\end{pmatrix}(\boldsymbol{\alpha}_1,\boldsymbol{\alpha}_2,\cdots,\boldsymbol{\alpha}_n)$$

$$=\begin{pmatrix}\boldsymbol{\alpha}_1^{\mathrm{T}}\boldsymbol{\alpha}_1 & \boldsymbol{\alpha}_1^{\mathrm{T}}\boldsymbol{\alpha}_2 & \cdots & \boldsymbol{\alpha}_1^{\mathrm{T}}\boldsymbol{\alpha}_n\\ \boldsymbol{\alpha}_2^{\mathrm{T}}\boldsymbol{\alpha}_1 & \boldsymbol{\alpha}_2^{\mathrm{T}}\boldsymbol{\alpha}_2 & \cdots & \boldsymbol{\alpha}_2^{\mathrm{T}}\boldsymbol{\alpha}_n\\ \vdots & \vdots & & \vdots\\ \boldsymbol{\alpha}_n^{\mathrm{T}}\boldsymbol{\alpha}_1 & \boldsymbol{\alpha}_n^{\mathrm{T}}\boldsymbol{\alpha}_2 & \cdots & \boldsymbol{\alpha}_n^{\mathrm{T}}\boldsymbol{\alpha}_n\end{pmatrix}$$

$$=\begin{pmatrix}(\boldsymbol{\alpha}_1,\boldsymbol{\alpha}_1) & (\boldsymbol{\alpha}_1,\boldsymbol{\alpha}_2) & \cdots & (\boldsymbol{\alpha}_1,\boldsymbol{\alpha}_n)\\ (\boldsymbol{\alpha}_2,\boldsymbol{\alpha}_1) & (\boldsymbol{\alpha}_2,\boldsymbol{\alpha}_2) & \cdots & (\boldsymbol{\alpha}_2,\boldsymbol{\alpha}_n)\\ \vdots & \vdots & & \vdots\\ (\boldsymbol{\alpha}_n,\boldsymbol{\alpha}_1) & (\boldsymbol{\alpha}_n,\boldsymbol{\alpha}_2) & \cdots & (\boldsymbol{\alpha}_n,\boldsymbol{\alpha}_n)\end{pmatrix}.$$

于是根据定义 5.6，矩阵 $\boldsymbol{A}$ 为正交矩阵的充分必要条件是 $\boldsymbol{A}^{\mathrm{T}}\boldsymbol{A}=\boldsymbol{A}\boldsymbol{A}^{\mathrm{T}}=\boldsymbol{I}$，即

$$(\boldsymbol{\alpha}_i,\boldsymbol{\alpha}_j)=\boldsymbol{\alpha}_i^{\mathrm{T}}\boldsymbol{\alpha}_j=\begin{cases}0, & i\neq j\\ 1, & i=j\end{cases},$$

也即 $\boldsymbol{A}$ 的列向量组两两正交，且每个列向量都是单位向量.

性质 4 表明：n 阶正交矩阵与 n 个向量组成的标准正交向量组是等同的概念.

定义 5.7　如果 $\boldsymbol{A}$ 为 n 阶正交矩阵，则称线性变换 $\begin{pmatrix}y_1\\ y_2\\ \vdots\\ y_n\end{pmatrix}=\boldsymbol{A}\begin{pmatrix}x_1\\ x_2\\ \vdots\\ x_n\end{pmatrix}$ 为**正交变换**.

性质 5　不变性：正交变换保持向量的内积不变，从而保持向量的长度和向量之间的夹角不变.

证明　设正交变换 $\boldsymbol{Y}=\boldsymbol{A}\boldsymbol{X}$ 把 n 维向量 $\boldsymbol{\alpha}_1,\boldsymbol{\alpha}_2$ 分别变为 $\boldsymbol{\beta}_1,\boldsymbol{\beta}_2$，即

$$\boldsymbol{\beta}_1=\boldsymbol{A}\boldsymbol{\alpha}_1,\boldsymbol{\beta}_2=\boldsymbol{A}\boldsymbol{\alpha}_2,$$

则由 $\boldsymbol{A}^{\mathrm{T}}\boldsymbol{A}=\boldsymbol{I}$，得

$$(\boldsymbol{\beta}_1,\boldsymbol{\beta}_2)=\boldsymbol{\beta}_1^{\mathrm{T}}\boldsymbol{\beta}_2=(\boldsymbol{A}\boldsymbol{\alpha}_1)^{\mathrm{T}}\boldsymbol{A}\boldsymbol{\alpha}_2=\boldsymbol{\alpha}_1^{\mathrm{T}}(\boldsymbol{A}^{\mathrm{T}}\boldsymbol{A})\boldsymbol{\alpha}_2=\boldsymbol{\alpha}_1^{\mathrm{T}}\boldsymbol{\alpha}_2=(\boldsymbol{\alpha}_1,\boldsymbol{\alpha}_2),$$

即变换前后内积相等. 进一步，上式中令 $\boldsymbol{\alpha}_2=\boldsymbol{\alpha}_1$，则有 $\|\boldsymbol{\beta}_1\|^2=\|\boldsymbol{\alpha}_1\|^2$. 最后根据长度、内积的不变性，由夹角公式易见 $\boldsymbol{\alpha}_1,\boldsymbol{\alpha}_2$ 的夹角等于 $\boldsymbol{\beta}_1,\boldsymbol{\beta}_2$ 的夹角.

由上述不变性可得到如下推论.

推论　设列向量组 $\boldsymbol{\eta}_1,\boldsymbol{\eta}_2,\cdots,\boldsymbol{\eta}_s$ 为 n 维标准正交向量组，$\boldsymbol{A}$ 为 n 阶正交矩阵，则 $\boldsymbol{A}\boldsymbol{\eta}_1,\boldsymbol{A}\boldsymbol{\eta}_2,\cdots,\boldsymbol{A}\boldsymbol{\eta}_s$ 仍是标准正交向量组.

习题 5-1

1. 设向量

$$\boldsymbol{\alpha}=\begin{pmatrix}1\\2\\1\end{pmatrix},\boldsymbol{\beta}=\begin{pmatrix}-2\\2\\1\end{pmatrix}.$$

(1)求内积$(\boldsymbol{\alpha},\boldsymbol{\beta})$；　　(2)确定 k 的值，使 $\boldsymbol{\alpha}+\boldsymbol{\beta}$ 与 $\boldsymbol{\alpha}+k\boldsymbol{\beta}$ 正交.

2. 在 $\mathbf{R}^3$ 中，求一单位向量与向量 $\boldsymbol{\alpha}_1=\begin{pmatrix}1\\-1\\-2\end{pmatrix},\boldsymbol{\alpha}_2=\begin{pmatrix}0\\1\\1\end{pmatrix}$ 均正交.

3. 用施密特正交化方法将 $\mathbf{R}^3$ 中的 $\boldsymbol{\alpha}_1=\begin{pmatrix}1\\2\\-1\end{pmatrix},\boldsymbol{\alpha}_2=\begin{pmatrix}-1\\3\\1\end{pmatrix},\boldsymbol{\alpha}_3=\begin{pmatrix}4\\-1\\0\end{pmatrix}$ 化为标准正交向量组.

4. 设 $\boldsymbol{\xi}_1,\boldsymbol{\xi}_2,\boldsymbol{\xi}_3$ 是 $\mathbf{R}^3$ 的一组标准正交向量组，证明

$$\boldsymbol{\eta}_1=\frac{1}{3}\boldsymbol{\xi}_1+\frac{2}{3}\boldsymbol{\xi}_2+\frac{2}{3}\boldsymbol{\xi}_3,\boldsymbol{\eta}_2=\frac{2}{3}\boldsymbol{\xi}_1+\frac{1}{3}\boldsymbol{\xi}_2-\frac{2}{3}\boldsymbol{\xi}_3,\boldsymbol{\eta}_3=\frac{2}{3}\boldsymbol{\xi}_1-\frac{2}{3}\boldsymbol{\xi}_2+\frac{1}{3}\boldsymbol{\xi}_3$$

也 $\mathbf{R}^3$ 的一组标准正交向量组.

第二节　矩阵的特征值与特征向量

一、特征值与特征向量的定义

从现在开始，本章所研究的矩阵均为方阵.

给定一个 n 阶矩阵 $\boldsymbol{A}$，就有相应的矩阵变换 $\boldsymbol{Y}=\boldsymbol{AX}$，它把列向量 $\boldsymbol{X}$ 变为另一个列向量 $\boldsymbol{AX}$，我们关心的是这类变换的不变性. 如 $\boldsymbol{A}=\begin{pmatrix}-2&2\\-2&3\end{pmatrix}$，若记 $\boldsymbol{\xi}_1=\begin{pmatrix}2\\1\end{pmatrix}$，$\boldsymbol{\xi}_2=\begin{pmatrix}1\\2\end{pmatrix}$，则有

$$\boldsymbol{A\xi}_1=-\boldsymbol{\xi}_1,\ \boldsymbol{A\xi}_2=2\boldsymbol{\xi}_2.$$

这表明在 $\boldsymbol{A}$ 的作用下，所得的方向 $\boldsymbol{A\xi}_1$(或 $\boldsymbol{A\xi}_2$)与原方向 $\boldsymbol{\xi}_1$(或 $\boldsymbol{\xi}_2$)共线. 我们把具有这种不变性的非零向量 $\boldsymbol{\xi}_1,\boldsymbol{\xi}_2$ 称为矩阵 $\boldsymbol{A}$ 的特征向量，而缩放因子-1 和 2 就是分别对应的特征值.

一般地，对于 n 阶矩阵引入如下概念.

定义 5.8　设 $\boldsymbol{A}$ 为 n 阶矩阵，如果存在数 λ 以及一个非零 n 维向量 $\boldsymbol{\xi}$，使得关系式

$$\boldsymbol{A\xi}=\lambda\boldsymbol{\xi} \tag{5.1}$$

成立，则称 λ 为 $\boldsymbol{A}$ 的一个**特征值**，非零向量 $\boldsymbol{\xi}$ 为 $\boldsymbol{A}$ 的对应于特征值 λ 的**特征向量**.

由式(5.1)，不难得到以下简单性质.

性质 1　如果向量 $\boldsymbol{\xi}$ 是 $\boldsymbol{A}$ 的对应于特征值 λ 的特征向量，则 $k\boldsymbol{\xi}$ 也是 $\boldsymbol{A}$ 的对应于 λ 的特征向量，这里的 k 是任意非零常数. 即若 $\boldsymbol{A\xi}=\lambda\boldsymbol{\xi}$，则 $\boldsymbol{A}(k\boldsymbol{\xi})=\lambda(k\boldsymbol{\xi})$.

性质 2　如果向量 $\boldsymbol{\xi}_1,\boldsymbol{\xi}_2$ 都是 $\boldsymbol{A}$ 的对应于特征值 λ 的特征向量，且 $\boldsymbol{\xi}_1+\boldsymbol{\xi}_2\neq 0$，则 $\boldsymbol{\xi}_1+\boldsymbol{\xi}_2$ 也是 $\boldsymbol{A}$ 的对应于 λ 的特征向量. 即若 $\boldsymbol{A\xi}_1=\lambda\boldsymbol{\xi}_1,\boldsymbol{A\xi}_2=\lambda\boldsymbol{\xi}_2$，则

$$\boldsymbol{A}(\boldsymbol{\xi}_1+\boldsymbol{\xi}_2)=\lambda(\boldsymbol{\xi}_1+\boldsymbol{\xi}_2).$$

一般地，我们有下面的性质.

性质 3　设 $\boldsymbol{\xi}_1,\boldsymbol{\xi}_2,\cdots,\boldsymbol{\xi}_s$ 线性无关，且都是矩阵 $\boldsymbol{A}$ 的对应于特征值 λ 的特征向量，则 $k_1\boldsymbol{\xi}_1+k_2\boldsymbol{\xi}_2+\cdots+k_s\boldsymbol{\xi}_s$ 也是 $\boldsymbol{A}$ 的对应于 λ 的特征向量，其中 $k_1,k_2,\cdots,k_s$ 是不全为 0 的一组数.

从上述性质可以看到：如果 λ 是 n 阶矩阵 $\boldsymbol{A}$ 的一个特征值，则对应于 λ 的特征向量有无穷多个. 需要指出的是：因为任意 $n+1$ 个 n 维向量一定线性相关，所以线性无关的特征向量不会超过 n 个. 因此由性质 3 可见，属于特征值 λ 的特征向量一定可由有限个线性无关的特征向量来表示，这就是下面要讨论的计算问题.

二、特征值与特征向量的计算

将式(5.1)改写为

$$(\lambda\boldsymbol{I}-\boldsymbol{A})\boldsymbol{\xi}=0,$$

这说明 $\boldsymbol{\xi}$ 是齐次线性方程组

$$(\lambda\boldsymbol{I}-\boldsymbol{A})\boldsymbol{X}=\boldsymbol{O} \tag{5.2}$$

的一个非零解向量，从而其系数矩阵的行列式等于 0，即有

$$|\lambda\boldsymbol{I}-\boldsymbol{A}|=0. \tag{5.3}$$

反过来，如果 λ 为方程(5.3)的一个根，则方程组(5.2)必有非零解向量 $\boldsymbol{\xi}$，即有 $\boldsymbol{A\xi}=\lambda\boldsymbol{\xi}$，这表明满足方程(5.3)的 λ 必是 $\boldsymbol{A}$ 的一个特征值.

为了叙述方便，引入如下术语.

定义 5.9　设 $\boldsymbol{A}$ 是一个 n 阶矩阵，λ 是一个未知量，称矩阵 $\lambda\boldsymbol{I}-\boldsymbol{A}$ 为 $\boldsymbol{A}$ 的**特征矩阵**，其行列式

$$|\lambda\boldsymbol{I}-\boldsymbol{A}|=\begin{vmatrix} \lambda-a_{11} & -a_{12} & \cdots & -a_{1n} \\ -a_{21} & \lambda-a_{22} & \cdots & -a_{2n} \\ \vdots & \vdots & & \vdots \\ -a_{n1} & -a_{n2} & \cdots & \lambda-a_{nn} \end{vmatrix}$$

称为 $\boldsymbol{A}$ 的**特征多项式**，记作 $f(\lambda)$. $|\lambda\boldsymbol{I}-\boldsymbol{A}|=0$ 称为 $\boldsymbol{A}$ 的**特征方程**.

任何一个 n 阶矩阵，在复数范围内都有 n 个特征值. 这是因为：从行列式的定义可知，特征多项式 $f(\lambda)$ 是 λ 的 n 次多项式，所以根据代数基本定理，在复数范围内它有 n 个根(重根按重数计算)，它们就是矩阵 $\boldsymbol{A}$ 的特征值.

综上所述，求 n 阶矩阵 $\boldsymbol{A}$ 的全部特征值和特征向量的步骤如下：

(1)计算特征多项式 $|\lambda\boldsymbol{I}-\boldsymbol{A}|$；

(2)求 $\boldsymbol{A}$ 的特征方程 $|\lambda\boldsymbol{I}-\boldsymbol{A}|=0$ 的全部根，即求出全部特征值 $\lambda_1,\lambda_2,\cdots,\lambda_n$(其中可

能有重根或虚根)；

(3)对于 $\boldsymbol{A}$ 的每一个特征值 λ_i，求出齐次线性方程组 $(\lambda_i\boldsymbol{I}-\boldsymbol{A})\boldsymbol{X}=\boldsymbol{O}$ 的一个基础解系 $\boldsymbol{\xi}_{i_1},\boldsymbol{\xi}_{i_2},\cdots,\boldsymbol{\xi}_{i_{n-r}}$，则对应于 λ_i 的全部特征向量为

$$k_1\boldsymbol{\xi}_{i_1}+k_2\boldsymbol{\xi}_{i_2}+\cdots+k_{n-r}\boldsymbol{\xi}_{i_{n-r}},$$

其中 $k_1,k_2,\cdots,k_{n-r}$ 是不全为 0 的任意数.

【例 3】 求上三角矩阵 $\boldsymbol{A}=\begin{pmatrix} a_{11} & a_{12} & \cdots & a_{1n} \\ 0 & a_{22} & \cdots & a_{2n} \\ \vdots & \vdots & & \vdots \\ 0 & 0 & \cdots & a_{nn} \end{pmatrix}$ 的特征值.

解 矩阵 $\boldsymbol{A}$ 的特征方程为 $|\lambda\boldsymbol{I}-\boldsymbol{A}|=(\lambda-a_{11})(\lambda-a_{22})\cdots(\lambda-a_{nn})=0$，所以上三角矩阵 $\boldsymbol{A}$ 的 n 个特征值为其对角元素，即 $\lambda_1=a_{11},\lambda_2=a_{22},\cdots,\lambda_n=a_{nn}$.

由例 3 可见，对角矩阵的特征值是其对角元素. 特别地，单位矩阵的特征值全为 1；但反之不对，即特征值全为 1 的 n 阶矩阵未必是单位矩阵(请读者举例说明).

【例 4】 求矩阵 $\boldsymbol{A}=\begin{pmatrix} 2 & -3 & 3 \\ 3 & -4 & 3 \\ 6 & -6 & 5 \end{pmatrix}$ 的特征值和特征向量.

解 矩阵 $\boldsymbol{A}$ 的特征多项式为

$$|\lambda\boldsymbol{I}-\boldsymbol{A}|=\begin{vmatrix} \lambda-2 & 3 & -3 \\ -3 & \lambda+4 & -3 \\ -6 & 6 & \lambda-5 \end{vmatrix}=(\lambda+1)^2(\lambda-5),$$

所以 $\boldsymbol{A}$ 的特征值为 $\lambda_1=\lambda_2=-1,\lambda_3=5$.

将特征值 $\lambda_1=\lambda_2=-1$ 代入齐次线性方程组 $(\lambda\boldsymbol{I}-\boldsymbol{A})\boldsymbol{X}=\boldsymbol{O}$，由

$$-\boldsymbol{I}-\boldsymbol{A}=\begin{pmatrix} -3 & 3 & -3 \\ -3 & 3 & -3 \\ -6 & 6 & -6 \end{pmatrix}\rightarrow\begin{pmatrix} 1 & -1 & 1 \\ 0 & 0 & 0 \\ 0 & 0 & 0 \end{pmatrix}$$

得基础解系 $\boldsymbol{\xi}_1=\begin{pmatrix} 1 \\ 1 \\ 0 \end{pmatrix},\boldsymbol{\xi}_2=\begin{pmatrix} -1 \\ 0 \\ 1 \end{pmatrix}$，所以对应于 $\lambda_1=\lambda_2=-1$ 的全部特征向量为 $k_1\boldsymbol{\xi}_1+k_2\boldsymbol{\xi}_2$，其中 k_1,k_2 不同时为 0.

将特征值 $\lambda_3=5$ 代入齐次线性方程组 $(\lambda\boldsymbol{I}-\boldsymbol{A})\boldsymbol{X}=\boldsymbol{O}$，由

$$5\boldsymbol{I}-\boldsymbol{A}=\begin{pmatrix} 3 & 3 & -3 \\ -3 & 9 & -3 \\ -6 & 6 & 0 \end{pmatrix}\rightarrow\begin{pmatrix} 2 & 0 & -1 \\ 0 & 2 & -1 \\ 0 & 0 & 0 \end{pmatrix}$$

得基础解系 $\boldsymbol{\xi}_3=\begin{pmatrix} 1 \\ 1 \\ 2 \end{pmatrix}$，所以对应于 $\lambda_3=5$ 的全部特征向量为 $k_3\boldsymbol{\xi}_3$，其中 $k_3\neq 0$.

【例 5】 求矩阵 $\boldsymbol{A}=\begin{pmatrix} 2 & 1 & -1 \\ -1 & 0 & 0 \\ 0 & 0 & 2 \end{pmatrix}$ 的特征值和特征向量.

解　$\boldsymbol{A}$ 的特征多项式为

$$|\lambda\boldsymbol{I}-\boldsymbol{A}|=\begin{vmatrix}\lambda-2 & -1 & 1\\ 1 & \lambda & 0\\ 0 & 0 & \lambda-2\end{vmatrix}=(\lambda-1)^2(\lambda-2),$$

所以 $\boldsymbol{A}$ 的特征值为 $\lambda_1=\lambda_2=1$，$\lambda_3=2$.

将特征值 $\lambda_1=\lambda_2=1$ 代入齐次线性方程组 $(\lambda\boldsymbol{I}-\boldsymbol{A})\boldsymbol{X}=\boldsymbol{O}$，由

$$\boldsymbol{I}-\boldsymbol{A}=\begin{pmatrix}-1 & -1 & 1\\ 1 & 1 & 0\\ 0 & 0 & -1\end{pmatrix}\rightarrow\begin{pmatrix}1 & 1 & 0\\ 0 & 0 & 1\\ 0 & 0 & 0\end{pmatrix}$$

得基础解系 $\boldsymbol{\alpha}_1=\begin{pmatrix}-1\\ 1\\ 0\end{pmatrix}$，所以对应于 $\lambda_1=\lambda_2=1$ 的全部特征向量为 $k_1\boldsymbol{\alpha}_1$，其中 $k_1\neq0$.

将特征值 $\lambda_3=2$ 代入齐次线性方程组 $(\lambda\boldsymbol{I}-\boldsymbol{A})\boldsymbol{X}=\boldsymbol{O}$，由

$$2\boldsymbol{I}-\boldsymbol{A}=\begin{pmatrix}0 & -1 & 1\\ 1 & 2 & 0\\ 0 & 0 & 0\end{pmatrix}\rightarrow\begin{pmatrix}1 & 0 & 2\\ 0 & 1 & -1\\ 0 & 0 & 0\end{pmatrix}$$

得基础解系 $\boldsymbol{\alpha}_2=\begin{pmatrix}-2\\ 1\\ 1\end{pmatrix}$，所以对应于 $\lambda_3=2$ 的全部特征向量为 $k_2\boldsymbol{\alpha}_2$，其中 $k_2\neq0$.

三、特征值与特征向量的性质

定理 5.2　矩阵 $\boldsymbol{A}$ 与其转置矩阵 $\boldsymbol{A}^{\mathrm{T}}$ 有相同的特征多项式，从而有相同的特征值.

证明　由 $\lambda\boldsymbol{I}-\boldsymbol{A}^{\mathrm{T}}=(\lambda\boldsymbol{I}-\boldsymbol{A})^{\mathrm{T}}$，两边取行列式得

$$|\lambda\boldsymbol{I}-\boldsymbol{A}^{\mathrm{T}}|=|(\lambda\boldsymbol{I}-\boldsymbol{A})^{\mathrm{T}}|=|\lambda\boldsymbol{I}-\boldsymbol{A}|,$$

即 $\boldsymbol{A}$ 与 $\boldsymbol{A}^{\mathrm{T}}$ 有相同的特征多项式，从而有相同的特征值.

但应注意，虽然 $\boldsymbol{A}$ 与 $\boldsymbol{A}^{\mathrm{T}}$ 有相同的特征值，特征向量却不一定相同. 如例 5 中的 $\boldsymbol{\alpha}_1=\begin{pmatrix}-1\\ 1\\ 0\end{pmatrix}$ 有 $\boldsymbol{A}\boldsymbol{\alpha}_1=\boldsymbol{\alpha}_1$，但 $\boldsymbol{A}^{\mathrm{T}}\boldsymbol{\alpha}_1=\begin{pmatrix}-3\\ -1\\ 1\end{pmatrix}$ 表明 $\boldsymbol{\alpha}_1$ 不是 $\boldsymbol{A}^{\mathrm{T}}$ 的特征向量.

定理 5.3　设 n 阶矩阵 $\boldsymbol{A}$ 的 n 个特征值为 $\lambda_1,\lambda_2,\cdots,\lambda_n$（其中可能有重根或虚根），则

$$\lambda_1+\lambda_2+\cdots+\lambda_n=\mathrm{tr}(\boldsymbol{A}),$$
$$\lambda_1\lambda_2\cdots\lambda_n=|\boldsymbol{A}|,$$

其中 $\mathrm{tr}(\boldsymbol{A})=a_{11}+a_{22}+\cdots+a_{nn}$ 称为矩阵 $\boldsymbol{A}$ 的迹.

证明　由 n 阶行列式的定义，可将特征多项式

$$f(\lambda)=|\lambda\boldsymbol{I}-\boldsymbol{A}|=\begin{vmatrix}\lambda-a_{11} & -a_{12} & \cdots & -a_{1n}\\ -a_{21} & \lambda-a_{22} & \cdots & -a_{2n}\\ \vdots & \vdots & & \vdots\\ -a_{n1} & -a_{n2} & \cdots & \lambda-a_{nn}\end{vmatrix}=(\lambda-a_{11})(\lambda-a_{22})\cdots(\lambda-a_{nn})+f_{n-2}(\lambda)$$

分成两部分，第一部分是对角元素的乘积项，而第二部分 $f_{n-2}(\lambda)$ 表示其他 $n!-1$ 个项的和，它是一个次数不超过 $n-2$ 的多项式，因而第一部分完全决定了 $f(\lambda)$ 中 λ^n 和 λ^{n-1} 的系数，故上式可以改写为

$$f(\lambda)=\lambda^n-(a_{11}+a_{22}+\cdots+a_{nn})\lambda^{n-1}+g_{n-2}(\lambda),$$

其中 $g_{n-2}(\lambda)$ 是一个次数不超过 $n-2$ 的多项式.

另外，由于 $\lambda_1,\lambda_2,\cdots,\lambda_n$ 是 $\boldsymbol{A}$ 的 n 个特征值，所以

$$\begin{aligned}f(\lambda)&=|\lambda\boldsymbol{I}-\boldsymbol{A}|=(\lambda-\lambda_1)(\lambda-\lambda_2)\cdots(\lambda-\lambda_n)\\&=\lambda^n-(\lambda_1+\lambda_2+\cdots+\lambda_n)\lambda^{n-1}+\cdots+(-1)^n\lambda_1\lambda_2\cdots\lambda_n.\end{aligned}$$

比较上述两式中 λ^{n-1} 的系数，得 $\lambda_1+\lambda_2+\cdots+\lambda_n=\mathrm{tr}(\boldsymbol{A})$. 上式中，令 $\lambda=0$，有

$$|0\cdot\boldsymbol{I}-\boldsymbol{A}|=(-1)^n|\boldsymbol{A}|=(-1)^n\lambda_1\lambda_2\cdots\lambda_n,$$

即 $|\boldsymbol{A}|=\lambda_1\lambda_2\cdots\lambda_n$.

熟知，矩阵 $\boldsymbol{A}$ 可逆的等价条件是 $|\boldsymbol{A}|\neq 0$，因此由定理 5.3 的第二个等式直接得出如下推论.

推论　矩阵 $\boldsymbol{A}$ 可逆的充分必要条件是 $\boldsymbol{A}$ 的特征值都不为 0. 换言之，$\boldsymbol{A}$ 不可逆当且仅当 0 是 $\boldsymbol{A}$ 的一个特征值.

定理 5.4　设 λ 是矩阵 $\boldsymbol{A}$ 的特征值，$\boldsymbol{\xi}$ 是 $\boldsymbol{A}$ 的对应于特征值 λ 的特征向量，则有如下结论.

(1) 若 $\boldsymbol{A}$ 可逆，则 λ^{-1} 是 $\boldsymbol{A}^{-1}$ 的特征值，而 $\dfrac{|\boldsymbol{A}|}{\lambda}$ 是 $\boldsymbol{A}^*$ 的特征值，且 $\boldsymbol{\xi}$ 仍是 $\boldsymbol{A}^{-1}$ 和 $\boldsymbol{A}^*$ 的特征向量.

(2) 设 $g(\boldsymbol{A})=a_m\boldsymbol{A}^m+a_{m-1}\boldsymbol{A}^{m-1}+\cdots+a_1\boldsymbol{A}+a_0\boldsymbol{I}$ 是 $\boldsymbol{A}$ 的多项式矩阵，则 $g(\lambda)=a_m\lambda^m+a_{m-1}\lambda^{m-1}+\cdots+a_1\lambda+a_0$ 是 $g(\boldsymbol{A})$ 的特征值，$\boldsymbol{\xi}$ 仍是 $g(\boldsymbol{A})$ 的特征向量，即有

$$g(\boldsymbol{A})\boldsymbol{\xi}=g(\lambda)\boldsymbol{\xi}.$$

证明　(1) 设 $\boldsymbol{A\xi}=\lambda\boldsymbol{\xi},\boldsymbol{\xi}\neq 0$，因为 $\boldsymbol{A}$ 可逆，两边左乘 $\boldsymbol{A}^{-1}$，得

$$\boldsymbol{\xi}=\lambda\boldsymbol{A}^{-1}\boldsymbol{\xi}.$$

又由定理 5.3 的推论知 $\lambda\neq 0$，因此上式可改写为

$$\boldsymbol{A}^{-1}\boldsymbol{\xi}=\lambda^{-1}\boldsymbol{\xi},$$

这表明 λ^{-1} 是 $\boldsymbol{A}^{-1}$ 的特征值，且 $\boldsymbol{\xi}$ 仍是 $\boldsymbol{A}^{-1}$ 的特征向量. 上式的两边乘 $|\boldsymbol{A}|$ 并注意到 $\boldsymbol{A}^*=|\boldsymbol{A}|\boldsymbol{A}^{-1}$，就有 $\boldsymbol{A}^*\boldsymbol{\xi}=\dfrac{|\boldsymbol{A}|}{\lambda}\boldsymbol{\xi}$，这就证明了 $\dfrac{|\boldsymbol{A}|}{\lambda}$ 是 $\boldsymbol{A}^*$ 的特征值.

(2) 因为 $\boldsymbol{A\xi}=\lambda\boldsymbol{\xi}$，所以

$$\boldsymbol{A}^2\boldsymbol{\xi}=\boldsymbol{A}(\boldsymbol{A\xi})=\lambda\boldsymbol{A\xi}=\lambda^2\boldsymbol{\xi},$$

这表明 λ^2 是 $\boldsymbol{A}^2$ 的特征值. 以此类推，对任意正整数 k，有

$$\boldsymbol{A}^k\boldsymbol{\xi}=\boldsymbol{A}^{k-1}(\boldsymbol{A\xi})=\lambda\boldsymbol{A}^{k-1}\boldsymbol{\xi}=\cdots=\lambda^k\boldsymbol{\xi},$$

故 λ^k 是 $\boldsymbol{A}^k$ 的特征值，从而

$$\begin{aligned}g(\boldsymbol{A})\boldsymbol{\xi}&=(a_m\boldsymbol{A}^m+a_{m-1}\boldsymbol{A}^{m-1}+\cdots+a_1\boldsymbol{A}+a_0\boldsymbol{I})\boldsymbol{\xi}\\&=a_m\boldsymbol{A}^m\boldsymbol{\xi}+a_{m-1}\boldsymbol{A}^{m-1}\boldsymbol{\xi}+\cdots+a_1\boldsymbol{A\xi}+a_0\boldsymbol{\xi}\\&=g(\lambda)\boldsymbol{\xi}.\end{aligned}$$

【例 6】 设矩阵 $\boldsymbol{A}$ 满足多项式矩阵方程 $g(\boldsymbol{A})=\boldsymbol{O}$，证明：$\boldsymbol{A}$ 的特征值 λ 满足 $g(\lambda)=0$.

证明 设 $\boldsymbol{\xi}$ 为 $\boldsymbol{A}$ 的对应于特征值 λ 的特征向量，即 $\boldsymbol{A\xi}=\lambda\boldsymbol{\xi}$，$\boldsymbol{\xi}\neq 0$，则由定理 5.4 的结论(2)知

$$g(\boldsymbol{A})\boldsymbol{\xi}=g(\lambda)\boldsymbol{\xi},$$

而 $g(\boldsymbol{A})=\boldsymbol{O}$，故 $g(\lambda)\boldsymbol{\xi}=0$，注意到 $\boldsymbol{\xi}\neq 0$ 就有 $g(\lambda)=0$.

【例 7】 设 n 阶矩阵 $\boldsymbol{A}$ 满足 $(\boldsymbol{A}+\boldsymbol{I})^k=\boldsymbol{O}$，$k$ 为正整数，证明：$\boldsymbol{A}$ 可逆.

证明 根据定理 5.3 的推论，仅需证明 $\boldsymbol{A}$ 的特征值均不为 0. 令多项式 $g(x)=(x+1)^k$，则 $g(\boldsymbol{A})=\boldsymbol{O}$. 于是由例 6 知，$\boldsymbol{A}$ 的任意特征值 λ 满足

$$g(\lambda)=0,$$

即 $(\lambda+1)^k=0$，故 $\lambda=-1$，亦即 $\boldsymbol{A}$ 的特征值全为 -1，因此 $\boldsymbol{A}$ 可逆.

【例 8】 设 $\boldsymbol{A}$ 是三阶矩阵，其特征值为 $1,-1,2$，求 $|\boldsymbol{A}^*+3\boldsymbol{A}-2\boldsymbol{I}|$.

解 由定理 5.3 得 $|\boldsymbol{A}|=\lambda_1\lambda_2\lambda_3=-2$，所以 $\boldsymbol{A}^*=|\boldsymbol{A}|\boldsymbol{A}^{-1}=-2\boldsymbol{A}^{-1}$，于是

$$\begin{aligned}|\boldsymbol{A}^*+3\boldsymbol{A}-2\boldsymbol{I}|&=|-2\boldsymbol{A}^{-1}+3\boldsymbol{A}-2\boldsymbol{I}|=|\boldsymbol{A}^{-1}(-2\boldsymbol{I}+3\boldsymbol{A}^2-2\boldsymbol{A})|\\&=|\boldsymbol{A}^{-1}|\,|3\boldsymbol{A}^2-2\boldsymbol{A}-2\boldsymbol{I}|=-\frac{1}{2}|3\boldsymbol{A}^2-2\boldsymbol{A}-2\boldsymbol{I}|.\end{aligned}$$

下面求 $|3\boldsymbol{A}^2-2\boldsymbol{A}-2\boldsymbol{I}|$. 令

$$g(\boldsymbol{A})=3\boldsymbol{A}^2-2\boldsymbol{A}-2\boldsymbol{I},$$

由定理 5.4 的结论(2)可知，$g(\boldsymbol{A})$ 的特征值为

$$g(1)=-1,\ g(-1)=3,\ g(2)=6.$$

于是由定理 5.3，得 $|g(\boldsymbol{A})|=g(1)g(-1)g(2)=-18$，故

$$|\boldsymbol{A}^*+3\boldsymbol{A}-2\boldsymbol{I}|=-\frac{1}{2}|g(\boldsymbol{A})|=9.$$

定理 5.5 设 $\lambda_1,\lambda_2,\cdots,\lambda_s$ 是 n 阶矩阵 $\boldsymbol{A}$ 的 s 个不同的特征值，$\boldsymbol{\xi}_1,\boldsymbol{\xi}_2,\cdots,\boldsymbol{\xi}_s$ 是 $\boldsymbol{A}$ 的分别对应于 $\lambda_1,\lambda_2,\cdots,\lambda_s$ 的特征向量，则 $\boldsymbol{\xi}_1,\boldsymbol{\xi}_2,\cdots,\boldsymbol{\xi}_s$ 线性无关. 即，不同特征值所对应的特征向量必线性无关.

证明 对特征向量的个数做数学归纳法.

当 $s=1$ 时，由于 $\boldsymbol{\xi}_1\neq 0$，所以 $\boldsymbol{\xi}_1$ 线性无关.

假设对 $s-1$ 个相异的特征值定理 5.5 成立，即 $\boldsymbol{\xi}_1,\boldsymbol{\xi}_2,\cdots,\boldsymbol{\xi}_{s-1}$ 线性无关. 下面证明：$\boldsymbol{\xi}_1,\boldsymbol{\xi}_2,\cdots,\boldsymbol{\xi}_s$ 线性无关.

设存在数 $k_1,k_2,\cdots,k_s$，使得

$$k_1\boldsymbol{\xi}_1+k_2\boldsymbol{\xi}_2+\cdots+k_s\boldsymbol{\xi}_s=0, \tag{5.4}$$

两端左乘矩阵 $\boldsymbol{A}$，并利用条件 $\boldsymbol{A\xi}_i=\lambda_i\boldsymbol{\xi}_i(i=1,2,\cdots,s)$，得

$$\lambda_1k_1\boldsymbol{\xi}_1+\lambda_2k_2\boldsymbol{\xi}_2+\cdots+\lambda_sk_s\boldsymbol{\xi}_s=0. \tag{5.5}$$

将式(5.4)的两端乘 λ_s，得

$$\lambda_sk_1\boldsymbol{\xi}_1+\lambda_sk_2\boldsymbol{\xi}_2+\cdots+\lambda_sk_s\boldsymbol{\xi}_s=0, \tag{5.6}$$

由式(5.5)与式(5.6)相减得

$$(\lambda_1-\lambda_s)k_1\boldsymbol{\xi}_1+(\lambda_2-\lambda_s)k_2\boldsymbol{\xi}_2+\cdots+(\lambda_{s-1}-\lambda_{s-1})k_{s-1}\boldsymbol{\xi}_{s-1}=0.$$

由数学归纳法假设 $\boldsymbol{\xi}_1,\boldsymbol{\xi}_2,\cdots,\boldsymbol{\xi}_{s-1}$ 线性无关，于是

$$(\lambda_1-\lambda_s)k_1=(\lambda_2-\lambda_s)k_2=\cdots=(\lambda_{s-1}-\lambda_s)k_{s-1}=0.$$

而 $\lambda_1,\lambda_2,\cdots,\lambda_s$ 互不相同，即 $\lambda_i-\lambda_s\neq 0(i=1,2,\cdots,s-1)$，故

$$k_1=k_2=\cdots=k_{s-1}=0.$$

最后，将此式代回式(5.4)，则有

$$k_s\boldsymbol{\xi}_s=0.$$

而 $\boldsymbol{\xi}_s\neq 0$，故 $k_s=0$，这就证明了 $\boldsymbol{\xi}_1,\boldsymbol{\xi}_2,\cdots,\boldsymbol{\xi}_s$ 线性无关.

推论　如果 n 阶矩阵 $\boldsymbol{A}$ 有 n 个不同的特征值，则 $\boldsymbol{A}$ 有 n 个线性无关的特征向量.

一般地，定理 5.5 可以推广为如下定理.

定理 5.6　设 n 阶矩阵 $\boldsymbol{A}$ 共有 s 个不同的特征值 $\lambda_1,\lambda_2,\cdots,\lambda_s$，且 $\boldsymbol{\xi}_{i1},\boldsymbol{\xi}_{i2},\cdots,\boldsymbol{\xi}_{im_i}$是 $(\lambda_i\boldsymbol{I}-\boldsymbol{A})\boldsymbol{X}=\boldsymbol{O}$ 的基础解系，其中 $m_i=n-r(\lambda_i\boldsymbol{I}-\boldsymbol{A})$，则特征向量组

$$\boldsymbol{\xi}_{11},\boldsymbol{\xi}_{12},\cdots,\boldsymbol{\xi}_{1m_1},$$

$$\boldsymbol{\xi}_{21},\boldsymbol{\xi}_{22},\cdots,\boldsymbol{\xi}_{2m_2},$$

$$\boldsymbol{\xi}_{s1},\boldsymbol{\xi}_{s2},\cdots,\boldsymbol{\xi}_{sm_s}.$$

线性无关.（证明略.）

定理 5.6 表明，n 阶矩阵 $\boldsymbol{A}$ 的线性无关的特征向量的个数等于 $m_1+m_2+\cdots+m_s$. 注意到 n 阶矩阵最多有 n 个线性无关的特征向量，故

$$m_1+m_2+\cdots+m_s\leqslant n.$$

自然要问：在什么条件下，$m_1+m_2+\cdots+m_s=n$ 成立？换言之，在什么条件下 n 阶矩阵 $\boldsymbol{A}$ 具有 n 个线性无关的特征向量. 为了说明这个问题，我们不加证明地引入如下定理.

定理 5.7　设 λ_i 是矩阵 $\boldsymbol{A}$ 的 k_i 重特征值，则 $\boldsymbol{A}$ 的对应于 λ_i 的线性无关的特征向量的个数最多为 k_i，即 $m_i\leqslant k_i$.（证明略.）

现设 $k_1,k_2,\cdots,k_s$ 分别为矩阵 $\boldsymbol{A}$ 的 s 个不同特征值 $\lambda_1,\lambda_2,\cdots,\lambda_s$ 的重数，则 $k_1+k_2+\cdots+k_s=n$(n 阶矩阵有 n 个特征值). 若 $m_1+m_2+\cdots+m_s=n$，则

$$(k_1-m_1)+(k_2-m_2)+\cdots+(k_s-m_s)=n-n=0.$$

而 $k_i-m_i\geqslant 0$，所以 $m_i-k_i=0(i=1,2,\cdots,s)$. 因此

$$m_1+m_2+\cdots+m_s=n\Longleftrightarrow m_i=k_i(i=1,2,\cdots,s).$$

综上讨论得到如下推论.

推论　n 阶矩阵 $\boldsymbol{A}$ 有 n 个线性无关的特征向量的充分必要条件是 $m_i=k_i(i=1,2,\cdots,s)$，即每个特征值的重数等于其线性无关的特征向量的个数.

注意　当特征值是单根时，这个特征值只对应一个线性无关的特征向量(请读者参看例 4 和例 5 中的特征值是单根的情况).

习题 5-2

1. 设向量 $\alpha=(0,k,1)^{\mathrm{T}}$ 为矩阵 $\boldsymbol{A}=\begin{pmatrix}0&1&1\\1&0&1\\1&1&0\end{pmatrix}$ 的逆矩阵 $\boldsymbol{A}^{-1}$的特征向量，求 k 的值.

2. 求下列矩阵的特征值与特征向量.

(1)$\begin{pmatrix} 2 & -1 & 2 \\ 5 & -3 & 3 \\ -1 & 0 & 2 \end{pmatrix}$；　(2)$\begin{pmatrix} 0 & 2 & 2 \\ 2 & 0 & 2 \\ 2 & 2 & 0 \end{pmatrix}$；　(3)$\begin{pmatrix} 0 & -2 & -1 \\ -2 & 3 & 2 \\ -1 & 2 & 0 \end{pmatrix}$.

3. 设矩阵$\boldsymbol{A}=\begin{pmatrix} 1 & 2 & 3 \\ x & y & z \\ 0 & 0 & 1 \end{pmatrix}$的特征值为1,2,3，求$x,y,z$的值.

4. 设$\boldsymbol{A}$为n阶矩阵，证明：

(1)若$\boldsymbol{A}$是**幂等**矩阵，即$\boldsymbol{A}^2=\boldsymbol{A}$，则$\boldsymbol{A}$的特征值只能是0和1；

(2)若$\boldsymbol{A}$是**幂零**矩阵，即存在正整数k使$\boldsymbol{A}^k=\boldsymbol{O}$，则$\boldsymbol{A}$的特征值只能是0.

5. 设$\boldsymbol{\alpha},\boldsymbol{\beta}$分别是$\boldsymbol{A}$的对应于特征值$\lambda_1,\lambda_2$的特征向量，且$\lambda_1\neq\lambda_2$，证明：$\boldsymbol{\alpha}+\boldsymbol{\beta}$不是$\boldsymbol{A}$的特征向量.

第三节　相似矩阵与矩阵的对角化条件

本节将介绍矩阵相似的概念，并在相似变换的意义下，讨论矩阵的不变量和化简问题.

一、相似矩阵的定义与性质

定义 5.10　设$\boldsymbol{A},\boldsymbol{B}$都是$n$阶矩阵，如果存在可逆矩阵$\boldsymbol{P}$，使

$$\boldsymbol{P}^{-1}\boldsymbol{AP}=\boldsymbol{B},$$

则称矩阵$\boldsymbol{A}$与$\boldsymbol{B}$**相似**，记为$\boldsymbol{A}\sim\boldsymbol{B}$.

对$\boldsymbol{A}$施行$\boldsymbol{P}^{-1}\boldsymbol{AP}$运算称为对$\boldsymbol{A}$施行**相似变换**，称可逆矩阵$\boldsymbol{P}$为**相似变换矩阵**. 特别地，当$\boldsymbol{P}$为初等矩阵时，称$\boldsymbol{P}^{-1}\boldsymbol{AP}$为**初等相似变换**.

可见，相似变换满足下列运算：

(1)$\boldsymbol{P}^{-1}\boldsymbol{ABP}=(\boldsymbol{P}^{-1}\boldsymbol{AP})(\boldsymbol{P}^{-1}\boldsymbol{BP})$；

(2)$\boldsymbol{P}^{-1}\boldsymbol{A}^n\boldsymbol{P}=(\boldsymbol{P}^{-1}\boldsymbol{AP})^n$；

(3)$\boldsymbol{P}^{-1}(k\boldsymbol{A}+l\boldsymbol{B})\boldsymbol{P}=k\boldsymbol{P}^{-1}\boldsymbol{AP}+l\boldsymbol{P}^{-1}\boldsymbol{BP}$.

矩阵间的这种相似关系是一种等价关系，即矩阵的相似关系具有反身性、对称性和传递性(证明留给读者完成).

下面讨论相似矩阵所具有的共性. 显然，相似矩阵一定等价，所以相似矩阵具有相同的秩. 进一步，相似矩阵还具有以下重要性质.

性质 1　相似矩阵有相同的特征多项式，从而有相同的特征值. 即，相似变换保持矩阵的特征值不变.

证明　设$\boldsymbol{A}\sim\boldsymbol{B}$，即有可逆矩阵$\boldsymbol{P}$，使得$\boldsymbol{P}^{-1}\boldsymbol{AP}=\boldsymbol{B}$，则

$$|\lambda\boldsymbol{I}-\boldsymbol{B}|=|\lambda\boldsymbol{P}^{-1}\boldsymbol{IP}-\boldsymbol{P}^{-1}\boldsymbol{AP}|=|\boldsymbol{P}^{-1}(\lambda\boldsymbol{I}-\boldsymbol{A})\boldsymbol{P}|=|\lambda\boldsymbol{I}-\boldsymbol{A}|,$$

即$\boldsymbol{A},\boldsymbol{B}$的特征多项式相同，从而有相同的特征值.

需要注意的是，性质 1 的逆命题不成立，即特征多项式相同的两个矩阵未必相似. 例如，矩阵 $\boldsymbol{I}=\begin{pmatrix}1&0\\0&1\end{pmatrix}$ 与 $\boldsymbol{B}=\begin{pmatrix}1&1\\0&1\end{pmatrix}$ 的特征多项式均为 $(\lambda-1)^2$，但两者并不相似. 这是因为：与单位矩阵 $\boldsymbol{I}$ 相似的矩阵只有 $\boldsymbol{I}$ 本身，即由 $\boldsymbol{P}^{-1}\boldsymbol{A}\boldsymbol{P}=\boldsymbol{I}$ 得 $\boldsymbol{A}=\boldsymbol{P}\boldsymbol{I}\boldsymbol{P}^{-1}=\boldsymbol{I}$.

由性质 1 结合定理 5.3 可得到以下性质.

性质 2 若 $\boldsymbol{A}\sim\boldsymbol{B}$，则 $|\boldsymbol{A}|=|\boldsymbol{B}|$，$\mathrm{tr}(\boldsymbol{A})=\mathrm{tr}(\boldsymbol{B})$.

【例 9】 已知 $\boldsymbol{A}=\begin{pmatrix}1&-2&-4\\-2&x&-2\\-4&-2&1\end{pmatrix}$ 相似于对角矩阵 $\boldsymbol{\Lambda}=\begin{pmatrix}5&&\\&y&\\&&-4\end{pmatrix}$，求 x,y 的值及 $\boldsymbol{A}$ 的特征值.

解 因为 $\boldsymbol{A}\sim\boldsymbol{\Lambda}$，所以 $\boldsymbol{A}$ 与 $\boldsymbol{\Lambda}$ 有相等的迹和行列式，即

$$\begin{cases}x+2=y+1\\-15x-40=-20y\end{cases},$$

解得 $x=4$，$y=5$.

因为对角矩阵的特征值为其对角元素(参看例 3)，又相似矩阵有相同的特征值，所以 $\boldsymbol{A}$ 的特征值为 $\lambda_1=\lambda_2=5$，$\lambda_3=-4$.

二、矩阵可对角化的条件

由于相似矩阵具有相同的特征值，所以在讨论有关特征值的问题时，通常会施行相似变换将矩阵 $\boldsymbol{A}$ 化为一个简单的矩阵(如对角矩阵).

如果 n 阶矩阵 $\boldsymbol{A}$ 与一个对角矩阵相似，则称 $\boldsymbol{A}$ 为**可对角化矩阵**. 下面讨论矩阵 $\boldsymbol{A}$ 可对角化的条件.

定理 5.8 n 阶矩阵 $\boldsymbol{A}$ 可对角化的充分必要条件是 $\boldsymbol{A}$ 有 n 个线性无关的特征向量.

证明 **必要性** 设 $\boldsymbol{A}$ 可对角化，即有可逆矩阵 $\boldsymbol{P}$，使

$$\boldsymbol{P}^{-1}\boldsymbol{A}\boldsymbol{P}=\boldsymbol{\Lambda}=\begin{pmatrix}\lambda_1&&&\\&\lambda_2&&\\&&\ddots&\\&&&\lambda_n\end{pmatrix},$$

即 $\boldsymbol{A}\boldsymbol{P}=\boldsymbol{P}\boldsymbol{\Lambda}$.

记 $\boldsymbol{P}=(\boldsymbol{\xi}_1,\boldsymbol{\xi}_2,\cdots,\boldsymbol{\xi}_n)$，这里 $\boldsymbol{\xi}_i$ 为 $\boldsymbol{P}$ 的第 i 个列向量. 于是，$\boldsymbol{A}\boldsymbol{P}=\boldsymbol{P}\boldsymbol{\Lambda}$ 成为

$$\boldsymbol{A}(\boldsymbol{\xi}_1,\boldsymbol{\xi}_2,\cdots,\boldsymbol{\xi}_n)=(\boldsymbol{\xi}_1,\boldsymbol{\xi}_2,\cdots,\boldsymbol{\xi}_n)\begin{pmatrix}\lambda_1&&&\\&\lambda_2&&\\&&\ddots&\\&&&\lambda_n\end{pmatrix}.$$

分块矩阵的乘法，将上式改写为

$$(\boldsymbol{A}\boldsymbol{\xi}_1,\boldsymbol{A}\boldsymbol{\xi}_2,\cdots,\boldsymbol{A}\boldsymbol{\xi}_n)=(\lambda_1\boldsymbol{\xi}_1,\lambda_2\boldsymbol{\xi}_2,\cdots,\lambda_n\boldsymbol{\xi}_n),$$

即

$$\boldsymbol{A}\boldsymbol{\xi}_i=\lambda_i\boldsymbol{\xi}_i(i=1,2,\cdots,n).$$

由于 $\boldsymbol{P}$ 为可逆矩阵，所以 $\boldsymbol{\xi}_1,\boldsymbol{\xi}_2,\cdots,\boldsymbol{\xi}_n$ 是线性无关的非零向量组，它们分别是矩阵 $\boldsymbol{A}$ 的对应于特征值 $\lambda_1,\lambda_2,\cdots,\lambda_n$ 的特征向量.

充分性　设 $\boldsymbol{\xi}_1,\boldsymbol{\xi}_2,\cdots,\boldsymbol{\xi}_n$ 为 $\boldsymbol{A}$ 的 n 个线性无关的特征向量，对应的特征值分别为 $\lambda_1,\lambda_2,\cdots,\lambda_n$，则有

$$\boldsymbol{A}\boldsymbol{\xi}_i=\lambda_i\boldsymbol{\xi}_i,\ i=1,2,\cdots,n.$$

记 $\boldsymbol{P}=(\boldsymbol{\xi}_1,\boldsymbol{\xi}_2,\cdots,\boldsymbol{\xi}_n)$，因为 $\boldsymbol{\xi}_1,\boldsymbol{\xi}_2,\cdots,\boldsymbol{\xi}_n$ 线性无关，所以 $\boldsymbol{P}$ 可逆，于是有

$$\boldsymbol{AP}=\boldsymbol{P}\begin{pmatrix}\lambda_1 & & & \\ & \lambda_2 & & \\ & & \ddots & \\ & & & \lambda_n\end{pmatrix},$$

即

$$\boldsymbol{P}^{-1}\boldsymbol{AP}=\boldsymbol{\Lambda}=\begin{pmatrix}\lambda_1 & & & \\ & \lambda_2 & & \\ & & \ddots & \\ & & & \lambda_n\end{pmatrix}.$$

第二节的推论 1、2 描述了 n 阶矩阵 $\boldsymbol{A}$ 有 n 个线性无关的特征向量的情况，其中推论 2 给出了一个充分必要条件：每个特征值的重数等于其线性无关的特征向量的个数. 因此上述对角化的结论也可等价地叙述成以下定理.

定理 5.9　n 阶矩阵 $\boldsymbol{A}$ 可对角化的充分必要条件是 $\boldsymbol{A}$ 的每个特征值的线性无关的特征向量的个数恰好等于该特征值的重数. 即，若 λ_i 是矩阵 $\boldsymbol{A}$ 的 k_i 重特征值，则

$$\boldsymbol{A}\sim\boldsymbol{\Lambda}\Longleftrightarrow n-r(\lambda_i\boldsymbol{I}-\boldsymbol{A})=k_i.$$

由定理 5.8 与推论 1，则有以下推论.

推论　如果 n 阶矩阵 $\boldsymbol{A}$ 有 n 个不同的特征值，则 $\boldsymbol{A}$ 可相似对角化.

必须注意的是，该推论只是矩阵 $\boldsymbol{A}$ 可对角化的一个充分条件，并非必要条件. 即可对角化的矩阵可以有重根，如单位矩阵.

定理 5.8 的证明本身也给出了相似对角化的具体方法. 现将这种方法归纳如下.

(1)求出 $\boldsymbol{A}$ 的所有不同的特征值 $\lambda_1,\lambda_2,\cdots,\lambda_s(s\leqslant n)$.

(2)对每个特征值 $\lambda_i(i=1,2,\cdots,s)$，求出齐次线性方程组 $(\lambda_i\boldsymbol{I}-\boldsymbol{A})\boldsymbol{X}=\boldsymbol{O}$ 的一个基础解系，依次设为

$$\boldsymbol{\xi}_{11},\boldsymbol{\xi}_{12},\cdots,\boldsymbol{\xi}_{1m_1},$$
$$\boldsymbol{\xi}_{21},\boldsymbol{\xi}_{22},\cdots,\boldsymbol{\xi}_{2m_2},$$
$$\boldsymbol{\xi}_{s1},\boldsymbol{\xi}_{s2},\cdots,\boldsymbol{\xi}_{sm_s}.$$

若 $m_1+m_2+\cdots+m_s=n$，则 $\boldsymbol{A}$ 可对角化；若 $m_1+m_2+\cdots+m_s<n$，则 $\boldsymbol{A}$ 不可对角化.

(3)当 $\boldsymbol{A}$ 可对角化时，令

$$\boldsymbol{P}=(\boldsymbol{\xi}_{11},\boldsymbol{\xi}_{12},\cdots,\boldsymbol{\xi}_{1m_1},\boldsymbol{\xi}_{21},\boldsymbol{\xi}_{22},\cdots,\boldsymbol{\xi}_{2m_2},\cdots,\boldsymbol{\xi}_{s1},\boldsymbol{\xi}_{s2},\cdots,\boldsymbol{\xi}_{sm_s}),$$

则

$$P^{-1}AP=\Lambda=\begin{pmatrix}\lambda_1 & & & & & & \\ & \ddots & & & & & \\ & & \lambda_1 & & & & \\ & & & \ddots & & & \\ & & & & \lambda_s & & \\ & & & & & \ddots & \\ & & & & & & \lambda_s\end{pmatrix}.$$

在例 4 中，$\lambda_{1,2}=-1$ 是 A 的一个二重特征值，对应两个线性无关的特征向量 $\boldsymbol{\xi}_1,\boldsymbol{\xi}_2$，因此连同对应于 $\lambda_3=5$(单根)的特征向量 $\boldsymbol{\xi}_3$，三阶矩阵 A 就有 3 个线性无关的特征向量，故 A 可以相似对角化.

而在例 5 中，$\lambda_{1,2}=1$ 也是 A 的一个二重特征值，但只对应一个线性无关的特征向量 $\boldsymbol{\alpha}_1$，因此连同对应于 $\lambda_3=2$(单根)的特征向量 $\boldsymbol{\alpha}_2$，三阶矩阵 A 仅有两个线性无关的特征向量，故 A 不能相似对角化.

【例 10】 判断矩阵 $A=\begin{pmatrix}1 & -2 & -3\\ -1 & 0 & -3\\ -2 & -4 & -4\end{pmatrix}$是否可以对角化；若能对角化，试求出可逆矩阵 P，使得 $P^{-1}AP$ 为对角矩阵.

解 由 A 的特征方程

$$|\lambda I-A|=\begin{vmatrix}\lambda-1 & 2 & 3\\ 1 & \lambda & 3\\ 2 & 4 & \lambda+4\end{vmatrix}=(\lambda-2)^2(\lambda+7)=0,$$

得 $\lambda_1=\lambda_2=2$，$\lambda_3=-7$.

将 $\lambda_1=\lambda_2=2$ 代入方程组$(\lambda I-A)X=O$，由

$$2I-A=\begin{pmatrix}1 & 2 & 3\\ 1 & 2 & 3\\ 2 & 4 & 6\end{pmatrix}\to\begin{pmatrix}1 & 2 & 3\\ 0 & 0 & 0\\ 0 & 0 & 0\end{pmatrix}$$

可得基础解系

$$\boldsymbol{\xi}_1=\begin{pmatrix}-2\\ 1\\ 0\end{pmatrix},\boldsymbol{\xi}_2=\begin{pmatrix}-3\\ 0\\ 1\end{pmatrix}.$$

将 $\lambda_3=-7$ 代入方程组$(\lambda I-A)X=O$，由

$$-7I-A=\begin{pmatrix}-8 & 2 & 3\\ 1 & -7 & 3\\ 2 & 4 & -3\end{pmatrix}\to\begin{pmatrix}2 & 0 & -1\\ 0 & 2 & -1\\ 0 & 0 & 0\end{pmatrix}$$

可得基础解系

$$\boldsymbol{\xi}_3=\begin{pmatrix}1\\ 1\\ 2\end{pmatrix}.$$

因此，三阶矩阵 $\boldsymbol{A}$ 有 3 个线性无关的特征向量 $\boldsymbol{\xi}_1,\boldsymbol{\xi}_2,\boldsymbol{\xi}_3$，故 $\boldsymbol{A}$ 可对角化. 令

$$\boldsymbol{P}=(\boldsymbol{\xi}_1,\boldsymbol{\xi}_2,\boldsymbol{\xi}_3)=\begin{pmatrix}-2 & -3 & 1\\ 1 & 0 & 1\\ 0 & 1 & 2\end{pmatrix},$$

则有

$$\boldsymbol{P}^{-1}\boldsymbol{A}\boldsymbol{P}=\begin{pmatrix}2 & & \\ & 2 & \\ & & -7\end{pmatrix}.$$

【例 11】 (1)设 $\boldsymbol{A}\sim\boldsymbol{\Lambda}$，$g(\lambda)=a_m\lambda^m+a_{m-1}\lambda^{m-1}+\cdots+a_1\lambda+a_0$，证明：$g(\boldsymbol{A})\sim g(\boldsymbol{\Lambda})$.

(2)已知 $\boldsymbol{A}=\begin{pmatrix}1 & 0 & 1\\ 0 & 1 & -1\\ 0 & -1 & 1\end{pmatrix}$，$\boldsymbol{B}=\boldsymbol{A}^3-2\boldsymbol{A}^2-\boldsymbol{I}$，试求出可逆矩阵 $\boldsymbol{P}$，使得 $\boldsymbol{P}^{-1}\boldsymbol{B}\boldsymbol{P}$ 为对角矩阵.

例 11 步骤讲解

证明 (1)设 $\boldsymbol{P}^{-1}\boldsymbol{A}\boldsymbol{P}=\boldsymbol{\Lambda}$，则对任意正整数 k，有

$$\boldsymbol{\Lambda}^k=(\boldsymbol{P}^{-1}\boldsymbol{A}\boldsymbol{P})^k=(\boldsymbol{P}^{-1}\boldsymbol{A}\boldsymbol{P})(\boldsymbol{P}^{-1}\boldsymbol{A}\boldsymbol{P})\cdots(\boldsymbol{P}^{-1}\boldsymbol{A}\boldsymbol{P})=\boldsymbol{P}^{-1}\boldsymbol{A}^k\boldsymbol{P},$$

因此

$$\begin{aligned}\boldsymbol{P}^{-1}g(\boldsymbol{A})\boldsymbol{P}&=\boldsymbol{P}^{-1}(a_m\boldsymbol{A}^m+a_{m-1}\boldsymbol{A}^{m-1}+\cdots+a_1\boldsymbol{A}+a_0\boldsymbol{I})\boldsymbol{P}\\&=a_m\boldsymbol{P}^{-1}\boldsymbol{A}^m\boldsymbol{P}+a_{m-1}\boldsymbol{P}^{-1}\boldsymbol{A}^{m-1}\boldsymbol{P}+\cdots+a_1\boldsymbol{P}^{-1}\boldsymbol{A}\boldsymbol{P}+a_0\boldsymbol{P}^{-1}\boldsymbol{I}\boldsymbol{P}\\&=a_m\boldsymbol{\Lambda}^m+a_{m-1}\boldsymbol{\Lambda}^{m-1}+\cdots+a_1\boldsymbol{\Lambda}+a_0\boldsymbol{I}\\&=g(\boldsymbol{\Lambda}),\end{aligned}$$

即 $g(\boldsymbol{A})\sim g(\boldsymbol{\Lambda})$.

(2)由(1)可知，先将 $\boldsymbol{A}$ 对角化，再用相同的相似变换矩阵 $\boldsymbol{P}$ 可将 $\boldsymbol{A}$ 的多项式矩阵对角化.

由 $\boldsymbol{A}$ 的特征方程

$$|\lambda\boldsymbol{I}-\boldsymbol{A}|=\begin{vmatrix}\lambda-1 & 0 & -1\\ 0 & \lambda-1 & 1\\ 0 & 1 & \lambda-1\end{vmatrix}=\lambda(\lambda-1)(\lambda-2)=0,$$

得 $\lambda_1=0$，$\lambda_2=1$，$\lambda_3=2$.

对应于 $\lambda_1=0$，由 $\boldsymbol{A}\boldsymbol{X}=\boldsymbol{O}$ 求得基础解系

$$\boldsymbol{\xi}_1=\begin{pmatrix}-1\\ 1\\ 1\end{pmatrix}.$$

对应于 $\lambda_2=1$，由 $(\boldsymbol{I}-\boldsymbol{A})\boldsymbol{X}=\boldsymbol{O}$ 求得基础解系

$$\boldsymbol{\xi}_2=\begin{pmatrix}1\\ 0\\ 0\end{pmatrix}.$$

对应于 $\lambda_3=2$，由 $(2\boldsymbol{I}-\boldsymbol{A})\boldsymbol{X}=\boldsymbol{O}$ 求得基础解系

$$\boldsymbol{\xi}_3=\begin{pmatrix}1\\-1\\1\end{pmatrix}.$$

令

$$\boldsymbol{P}=(\boldsymbol{\xi}_1,\boldsymbol{\xi}_2,\boldsymbol{\xi}_3)=\begin{pmatrix}-1&1&1\\1&0&-1\\1&0&1\end{pmatrix},$$

则有

$$\boldsymbol{P}^{-1}\boldsymbol{A}\boldsymbol{P}=\boldsymbol{\Lambda}=\begin{pmatrix}0&&\\&1&\\&&2\end{pmatrix},$$

从而

$$\boldsymbol{P}^{-1}\boldsymbol{B}\boldsymbol{P}=\boldsymbol{P}^{-1}(\boldsymbol{A}^3-2\boldsymbol{A}^2-\boldsymbol{I})\boldsymbol{P}=\boldsymbol{\Lambda}^3-2\boldsymbol{\Lambda}^2-\boldsymbol{I}=\begin{pmatrix}-1&&\\&-2&\\&&-1\end{pmatrix}.$$

三、若当形矩阵概述*

一般的矩阵并不一定相似于对角矩阵，但总可以与一种简单的若当(Jordan)形矩阵相似. 下面介绍若当形矩阵的概念及其相似标准形定理.

定义 5.11 形如

$$\boldsymbol{J}=\begin{pmatrix}\lambda&1&&&\\&\lambda&1&&\\&&\ddots&\ddots&\\&&&&1\\&&&&\lambda\end{pmatrix}$$

的 s 阶矩阵称为 s 阶**若当块**，其中 λ 是一个复数. 而主对角线上由若干个若当块组成的准对角矩阵

$$\boldsymbol{J}=\begin{pmatrix}\boldsymbol{J}_1&&&\\&\boldsymbol{J}_2&&\\&&\ddots&\\&&&\boldsymbol{J}_t\end{pmatrix},$$

其中

$$\boldsymbol{J}_i=\begin{pmatrix}\lambda_i&1&&&\\&\lambda_i&1&&\\&&\ddots&\ddots&\\&&&&1\\&&&&\lambda_i\end{pmatrix},\quad i=1,2,\cdots,t,$$

称为**若当形矩阵**.

注意　对角矩阵可视为每个若当块都为一阶的若当形矩阵.

【例 12】　下列矩阵中哪些是若当形矩阵，哪些不是若当形矩阵.

(1) $\begin{pmatrix}1&1\\0&1\end{pmatrix}$；　(2) $\begin{pmatrix}1&1&0\\0&1&1\\0&0&1\end{pmatrix}$；　(3) $\begin{pmatrix}1&0&0\\0&2&1\\0&0&2\end{pmatrix}$；

(4) $\begin{pmatrix}1&0&0\\0&1&0\\0&0&2\end{pmatrix}$；　(5) $\begin{pmatrix}1&1&0\\0&-1&0\\0&0&-1\end{pmatrix}$；　(6) $\begin{pmatrix}2&1&0&0\\0&2&0&0\\0&0&1&-1\\0&0&0&1\end{pmatrix}$.

解　(1)和(2)分别是二阶和三阶若当块；

(3)是由一阶若当块和二阶若当块组成的若当形矩阵；

(4)是一个对角矩阵，它可视作由 3 个一阶若当块组成；

(5)和(6)都不是若当形矩阵.

定理 5.10(相似标准形定理)　任意一个 n 阶复系数矩阵 $\boldsymbol{A}$ 都相似于一个若当形矩阵，即存在可逆矩阵 $\boldsymbol{P}$，使得

$$\boldsymbol{P}^{-1}\boldsymbol{A}\boldsymbol{P}=\boldsymbol{J},$$

$\boldsymbol{J}$ 是一个若当形矩阵.

习题 5-3

1. 证明下列各题.

(1)若 $\boldsymbol{A}\sim\boldsymbol{B}$，则 $\boldsymbol{A}^{\mathrm{T}}\sim\boldsymbol{B}^{\mathrm{T}}$；

(2)若 $\boldsymbol{A}\sim\boldsymbol{B}$，$\boldsymbol{C}\sim\boldsymbol{D}$，则 $\begin{pmatrix}\boldsymbol{A}&\boldsymbol{O}\\\boldsymbol{O}&\boldsymbol{C}\end{pmatrix}\sim\begin{pmatrix}\boldsymbol{B}&\boldsymbol{O}\\\boldsymbol{O}&\boldsymbol{D}\end{pmatrix}$；

(3)若 $\boldsymbol{A}$ 可逆，则 $\boldsymbol{AB}\sim\boldsymbol{BA}$.

2. 已知 $\boldsymbol{A}$ 相似于对角阵 $\begin{pmatrix}a&&\\&b&\\&&c\end{pmatrix}$，求 $\boldsymbol{B}=(\boldsymbol{A}-a\boldsymbol{I})(\boldsymbol{A}-b\boldsymbol{I})(\boldsymbol{A}-c\boldsymbol{I})$.

3. 求可逆矩阵 $\boldsymbol{P}$，使 $\boldsymbol{P}^{-1}\boldsymbol{A}\boldsymbol{P}$ 为对角矩阵，其中 $\boldsymbol{A}=\begin{pmatrix}1&1&-1\\-2&1&2\\-1&1&1\end{pmatrix}$.

4. 设矩阵 $\boldsymbol{A}=\begin{pmatrix}1&-1&1\\x&4&y\\-3&-3&5\end{pmatrix}$ 有三个线性无关的特征向量，$\lambda=2$ 是 $\boldsymbol{A}$ 的二重特征值，试求可逆矩阵 $\boldsymbol{P}$，使得 $\boldsymbol{P}^{-1}\boldsymbol{A}\boldsymbol{P}$ 为对角矩阵.

第四节　实对称矩阵的相似对角化

从第三节的讨论知道，一般的矩阵未必相似于对角矩阵. 本节专门讨论实对称矩阵，我们将看到，这类矩阵不但在特征值和特征向量方面具有许多特殊的性质，而且一定正交相似于对角矩阵.

定理 5.11　实对称矩阵的特征值都是实数.

证明　设 $\boldsymbol{A}$ 为实对称矩阵，即 $\boldsymbol{A}$ 为实矩阵，且 $\boldsymbol{A}^{\mathrm{T}}=\boldsymbol{A}$. 设 $\lambda\in\mathbf{C}$ 为 $\boldsymbol{A}$ 的特征值，$\boldsymbol{\xi}$ 是对应的特征向量，即

$$\boldsymbol{A}\boldsymbol{\xi}=\lambda\boldsymbol{\xi},\ \boldsymbol{\xi}\neq 0,$$

两端取转置并共轭，有

$$\overline{\boldsymbol{\xi}}^{\mathrm{T}}\overline{\boldsymbol{A}}^{\mathrm{T}}=\overline{\lambda}\overline{\boldsymbol{\xi}}^{\mathrm{T}}.$$

注意到 $\boldsymbol{A}^{\mathrm{T}}=\boldsymbol{A}$ 和 $\overline{\boldsymbol{A}}=\boldsymbol{A}$，上式成为

$$\overline{\boldsymbol{\xi}}^{\mathrm{T}}\boldsymbol{A}=\overline{\lambda}\overline{\boldsymbol{\xi}}^{\mathrm{T}},$$

两端右乘 $\boldsymbol{\xi}$，得

$$\overline{\boldsymbol{\xi}}^{\mathrm{T}}\boldsymbol{A}\boldsymbol{\xi}=\overline{\lambda}\overline{\boldsymbol{\xi}}^{\mathrm{T}}\boldsymbol{\xi}.$$

又 $\overline{\boldsymbol{\xi}}^{\mathrm{T}}\boldsymbol{A}\boldsymbol{\xi}=\overline{\boldsymbol{\xi}}^{\mathrm{T}}\lambda\boldsymbol{\xi}=\lambda\overline{\boldsymbol{\xi}}^{\mathrm{T}}\boldsymbol{\xi}$，因此上式成为

$$(\lambda-\overline{\lambda})\overline{\boldsymbol{\xi}}^{\mathrm{T}}\boldsymbol{\xi}=0.$$

如果令 $\boldsymbol{\xi}=\begin{pmatrix}a_1\\a_2\\\vdots\\a_n\end{pmatrix}$，则 $\overline{\boldsymbol{\xi}}^{\mathrm{T}}\boldsymbol{\xi}=|a_1|^2+|a_n|^2+\cdots+|a_n|^2>0$，故只能有

$$\overline{\lambda}-\lambda=0,$$

即 λ 是实数.

由于实对称矩阵的特征值是实数，所以特征向量是实向量.

定理 5.12　实对称矩阵的不同特征值对应的特征向量彼此正交.

证明　设 λ_1,λ_2 为实对称矩阵 $\boldsymbol{A}$ 的两个不同的特征值，$\boldsymbol{\xi}_1,\boldsymbol{\xi}_2$ 分别是对应于 λ_1,λ_2 的实特征向量，即

$$\boldsymbol{A}\boldsymbol{\xi}_1=\lambda_1\boldsymbol{\xi}_1,\ \boldsymbol{A}\boldsymbol{\xi}_2=\lambda_2\boldsymbol{\xi}_2.$$

又由内积的定义和 $\boldsymbol{A}$ 的对称性，得

$$(\boldsymbol{A}\boldsymbol{\xi}_1,\boldsymbol{\xi}_2)=(\boldsymbol{A}\boldsymbol{\xi}_1)^{\mathrm{T}}\boldsymbol{\xi}_2=\boldsymbol{\xi}_1^{\mathrm{T}}\boldsymbol{A}^{\mathrm{T}}\boldsymbol{\xi}_2=\boldsymbol{\xi}_1^{\mathrm{T}}(\boldsymbol{A}\boldsymbol{\xi}_2)=(\boldsymbol{\xi}_1,\boldsymbol{A}\boldsymbol{\xi}_2),$$

故

$$\lambda_1(\boldsymbol{\xi}_1,\boldsymbol{\xi}_2)=\lambda_2(\boldsymbol{\xi}_1,\boldsymbol{\xi}_2).$$

由于 $\lambda_1\neq\lambda_2$，所以

$$(\boldsymbol{\xi}_1,\boldsymbol{\xi}_2)=0,$$

即 $\boldsymbol{\xi}_1,\boldsymbol{\xi}_2$ 两者正交.

定理如下.

定理 5.13　设 $\boldsymbol{A}$ 为 n 阶实对称矩阵，则必存在正交矩阵 $\boldsymbol{Q}$，使

$$\boldsymbol{Q}^{-1}\boldsymbol{A}\boldsymbol{Q}=\boldsymbol{Q}^{\mathrm{T}}\boldsymbol{A}\boldsymbol{Q}=\begin{pmatrix}\lambda_1 & & & \\ & \lambda_2 & & \\ & & \ddots & \\ & & & \lambda_n\end{pmatrix}, \tag{5.7}$$

其中 $\lambda_1,\lambda_2,\cdots,\lambda_n$ 是 $\boldsymbol{A}$ 的特征值.（证明略.）

定理 5.13 说明，n 阶实对称矩阵必有 n 个线性无关的特征向量.

综上所述，用正交矩阵 $\boldsymbol{Q}$ 化实对称矩阵 $\boldsymbol{A}$ 为对角矩阵的方法如下.

(1)求出 $\boldsymbol{A}$ 的所有不同的特征值 $\lambda_1,\lambda_2,\cdots,\lambda_s(s\leqslant n)$.

(2)对每个特征值 $\lambda_i(i=1,2,\cdots,s)$，求出齐次线性方程组 $(\lambda_i\boldsymbol{I}-\boldsymbol{A})\boldsymbol{X}=\boldsymbol{O}$ 的一个基础解系，并用施密特正交化方法将该基础解系正交化、单位化.

(3)将这 n 个已正交化、单位化的特征向量作为列向量，按特征值的排列顺序可构成正交矩阵 $\boldsymbol{Q}$，便有

$$\boldsymbol{Q}^{-1}\boldsymbol{A}\boldsymbol{Q}=\boldsymbol{Q}^{\mathrm{T}}\boldsymbol{A}\boldsymbol{Q}=\begin{pmatrix}\lambda_1 & & & \\ & \lambda_2 & & \\ & & \ddots & \\ & & & \lambda_n\end{pmatrix}.$$

【例 13】　设 $\boldsymbol{A}=\begin{pmatrix}1 & 1 & 1\\ 1 & 1 & -1\\ 1 & -1 & 1\end{pmatrix}$，求正交矩阵 $\boldsymbol{Q}$，使 $\boldsymbol{Q}^{-1}\boldsymbol{A}\boldsymbol{Q}$ 为对角矩阵.

例 13 步骤讲解

解　由 $\boldsymbol{A}$ 的特征方程

$$|\lambda\boldsymbol{I}-\boldsymbol{A}|=\begin{vmatrix}\lambda-1 & -1 & -1\\ -1 & \lambda-1 & 1\\ -1 & 1 & \lambda-1\end{vmatrix}=(\lambda-2)^2(\lambda+1)=0$$

得到 $\boldsymbol{A}$ 的特征值 $\lambda_1=\lambda_2=2$，$\lambda_3=-1$.

对应于 $\lambda_1=\lambda_2=2$，齐次线性方程组 $(2\boldsymbol{I}-\boldsymbol{A})\boldsymbol{X}=\boldsymbol{O}$ 的基础解系

$$\boldsymbol{\xi}_1=\begin{pmatrix}1\\1\\0\end{pmatrix},\boldsymbol{\xi}_2=\begin{pmatrix}1\\0\\1\end{pmatrix},$$

将其正交化，取

$$\boldsymbol{\beta}_1=\boldsymbol{\xi}_1=\begin{pmatrix}1\\1\\0\end{pmatrix},$$

$$\boldsymbol{\beta}_2=\boldsymbol{\xi}_2-\frac{(\boldsymbol{\xi}_2,\boldsymbol{\beta}_1)}{(\boldsymbol{\beta}_1,\boldsymbol{\beta}_1)}\boldsymbol{\beta}_1=\begin{pmatrix}1\\0\\1\end{pmatrix}-\frac{1}{2}\begin{pmatrix}1\\1\\0\end{pmatrix}=\frac{1}{2}\begin{pmatrix}1\\-1\\2\end{pmatrix},$$

再单位化得

$$\boldsymbol{\eta}_1=\frac{1}{\sqrt{2}}\begin{pmatrix}1\\1\\0\end{pmatrix},\boldsymbol{\eta}_2=\frac{1}{\sqrt{6}}\begin{pmatrix}1\\-1\\2\end{pmatrix}.$$

对应于 $\lambda_3=-1$，齐次线性方程组 $(-\boldsymbol{I}-\boldsymbol{A})\boldsymbol{X}=\boldsymbol{O}$ 的基础解系

$$\boldsymbol{\xi}_3=\begin{pmatrix}-1\\1\\1\end{pmatrix},$$

将其单位化得

$$\boldsymbol{\eta}_3=\frac{1}{\sqrt{3}}\begin{pmatrix}-1\\1\\1\end{pmatrix}.$$

令

$$\boldsymbol{Q}=(\boldsymbol{\eta}_1,\boldsymbol{\eta}_2,\boldsymbol{\eta}_3)=\begin{pmatrix}\frac{1}{\sqrt{2}} & \frac{1}{\sqrt{6}} & -\frac{1}{\sqrt{3}}\\ \frac{1}{\sqrt{2}} & -\frac{1}{\sqrt{6}} & \frac{1}{\sqrt{3}}\\ 0 & \frac{2}{\sqrt{6}} & \frac{1}{\sqrt{3}}\end{pmatrix},$$

则

$$\boldsymbol{Q}^{-1}\boldsymbol{A}\boldsymbol{Q}=\begin{pmatrix}2 & & \\ & 2 & \\ & & -1\end{pmatrix}.$$

【例 14】 设 n 阶实对称矩阵 $\boldsymbol{A}$ 满足 $(\boldsymbol{A}+\boldsymbol{I})^k=\boldsymbol{O}$，$k$ 为正整数，证明：$\boldsymbol{A}=-\boldsymbol{I}$.

证明 例 7 中已证：$\boldsymbol{A}$ 的特征值全为 -1. 因为实对称矩阵一定可以相似对角化，所以 $\boldsymbol{A}\sim-\boldsymbol{I}$，即存在可逆矩阵 $\boldsymbol{P}$，使得

$$\boldsymbol{P}^{-1}\boldsymbol{A}\boldsymbol{P}=-\boldsymbol{I},$$

从而 $\boldsymbol{A}=\boldsymbol{P}^{-1}(-\boldsymbol{I})\boldsymbol{P}=-\boldsymbol{I}$.

习题 5-4

1. 设 $\boldsymbol{A}$ 是三阶实对称矩阵，$\boldsymbol{\alpha}_1=(a,-a,1)^{\mathrm{T}}$ 是 $\boldsymbol{AX}=0$ 的解，$\boldsymbol{\alpha}_2=(a,-1,-a)^{\mathrm{T}}$ 是 $(\boldsymbol{A}+\boldsymbol{I})\boldsymbol{X}=0$ 的解，求 a.

2. 求正交矩阵 $\boldsymbol{Q}$，使 $\boldsymbol{Q}^{-1}\boldsymbol{A}\boldsymbol{Q}$ 为对角矩阵.

(1) $\boldsymbol{A}=\begin{pmatrix}2 & 2 & -2\\ 2 & 5 & -4\\ -2 & -4 & 5\end{pmatrix}$； (2) $\boldsymbol{A}=\begin{pmatrix}3 & -1 & -1\\ -1 & 3 & -1\\ -1 & -1 & 3\end{pmatrix}$.

3. 设实对称矩阵 $\boldsymbol{A},\boldsymbol{B}$ 有相同的特征多项式，证明：$\boldsymbol{A}$ 相似于 $\boldsymbol{B}$.

4. 设三阶实对称矩阵 $\boldsymbol{A}$ 的特征值为 $\lambda_1=\lambda_2=2$，$\lambda_3=5$，对应于 $\lambda_3=5$ 的特征向量为 $\boldsymbol{\xi}=\begin{pmatrix}1\\1\\1\end{pmatrix}$，求 $\boldsymbol{A}$.

本章小结

向量的内积和正交	了解 向量的内积运算 了解 正交向量组的线性无关性 掌握 施密特正交化方法 掌握 正交矩阵的定义和基本性质
矩阵的特征值	理解 矩阵的特征值和特征向量的定义 掌握 矩阵的特征值与特征向量的计算方法 掌握 特征值和特征向量的性质
矩阵对角化	了解 相似矩阵的定义及其性质 掌握 矩阵可对角化的判断条件和方法 掌握 实对称矩阵的相似对角化

数学通识：人口迁移问题

人口迁移问题通常影响着国家或地区的经济发展和社会稳定，是国家或地区制定相关政策的重要依据. 线性代数中矩阵的特征值和特征向量是反映人口迁移问题的常用概念.

已知某地区的总人口保持相对不变，然而每年会有一定比例的居民从该地区的城区搬至郊区，同时有另一部分居民从郊区搬至城区. 假设目前在该地区的所有居民中，30%的居民生活在城区，70%的居民生活在郊区. 每年城区居民中大约6%的人从城区搬到郊区，郊区居民中2%的人从郊区搬到城区. 那么10年后城区与郊区比例有什么变化？30年后？50年后？时间一直延续下去之后呢？

根据以上情况，记迁移矩阵 $\boldsymbol{A}$ 和人口比例初始向量 $\boldsymbol{x}_0$ 为

$$\boldsymbol{A}=\begin{pmatrix}0.94 & 0.02\\0.06 & 0.98\end{pmatrix},\quad \boldsymbol{x}_0=\begin{pmatrix}0.3\\0.7\end{pmatrix},$$

则一年后该地区的城区和郊区生活居民比例可由矩阵乘法计算得到，

$$\boldsymbol{x}_1=\boldsymbol{A}\boldsymbol{x}_0.$$

两年后的居民比例为 $\boldsymbol{x}_2=\boldsymbol{A}\boldsymbol{x}_1=\boldsymbol{A}^2\boldsymbol{x}_0$，$n$ 年后的比例为 $\boldsymbol{x}_n=\boldsymbol{A}^n\boldsymbol{x}_0$. 将 $n=10,30$ 和 50 代入计算得近似结果为

$$\boldsymbol{x}_{10}=\begin{pmatrix}0.27\\0.73\end{pmatrix},\boldsymbol{x}_{30}=\begin{pmatrix}0.25\\0.75\end{pmatrix},\boldsymbol{x}_{50}=\begin{pmatrix}0.25\\0.75\end{pmatrix}.$$

事实上，当 $n\to\infty$ 时，$\boldsymbol{x}_n\to\boldsymbol{x}=(0.25,0.75)^{\mathrm{T}}$. 向量 $\boldsymbol{x}$ 称为该地区人口迁移过程的稳态向量.

为什么这个过程会趋于稳定的状态呢？对矩阵 $\boldsymbol{A}$ 的特征值和特征向量加以分析，这个问题就变得清晰而简单.

经过计算可得矩阵 $\boldsymbol{A}$ 的特征值 $\lambda_1=1,\lambda_2=0.92$，分别取特征向量 $\boldsymbol{p}_1=(1,3)^{\mathrm{T}}$，$\boldsymbol{p}_2=(-1,1)^{\mathrm{T}}$，可知

$$\boldsymbol{A}\boldsymbol{p}_1=\lambda_1\boldsymbol{p}_1,\boldsymbol{A}\boldsymbol{p}_2=\lambda_2\boldsymbol{p}_2,$$

由于 $\boldsymbol{p}_1,\boldsymbol{p}_2$ 线性无关，所以初始向量 $\boldsymbol{x}_0$ 可写为 $\boldsymbol{p}_1$ 和 $\boldsymbol{p}_2$ 的线性组合，

$$\boldsymbol{x}_0=\begin{pmatrix}0.3\\0.7\end{pmatrix}=0.25\begin{pmatrix}1\\3\end{pmatrix}-0.05\begin{pmatrix}-1\\1\end{pmatrix}=0.25\boldsymbol{p}_1-0.05\boldsymbol{p}_2,$$

因此，$\boldsymbol{x}_n=\boldsymbol{A}^n\boldsymbol{x}_0=\boldsymbol{A}^n(0.25\boldsymbol{p}_1-0.05\boldsymbol{p}_2)=0.25\lambda_1^n\boldsymbol{p}_1-0.05\lambda_2^n\boldsymbol{p}_2=0.25\boldsymbol{p}_1-0.05\times0.92^n\boldsymbol{p}_2$. 当 n 足够大时，人口比例向量 $\boldsymbol{x}_n=\boldsymbol{A}^n\boldsymbol{x}_0$ 趋近于 $0.25\boldsymbol{p}_1$，即为稳态向量 $\boldsymbol{x}$.

总复习题五

1. 设 $\boldsymbol{\alpha},\boldsymbol{\beta}$ 为 n 维实向量，证明：

$$\|\boldsymbol{\alpha}+\boldsymbol{\beta}\|^2+\|\boldsymbol{\alpha}-\boldsymbol{\beta}\|^2=2(\|\boldsymbol{\alpha}\|^2+\|\boldsymbol{\beta}\|^2).$$

2. 设 $\boldsymbol{A},\boldsymbol{B}$ 均为 n 阶正交矩阵，证明：$\boldsymbol{AB}$ 也是正交矩阵.

3. 求下列矩阵的特征值与特征向量.

(1) $\begin{pmatrix}0&-1&1\\2&-3&1\\1&-1&-1\end{pmatrix}$；　(2) $\begin{pmatrix}1&1&1&1\\1&1&-1&-1\\1&-1&1&-1\\1&-1&-1&1\end{pmatrix}$；　(3) $\begin{pmatrix}a&1&0&\cdots&0&0\\0&a&1&\cdots&0&0\\\vdots&\vdots&\vdots&\vdots&&\vdots\\0&0&0&\cdots&a&1\\0&0&0&\cdots&0&a\end{pmatrix}$.

4. 已知三阶矩阵 $\boldsymbol{A}$ 的特征值为 $\lambda_1=\lambda_2=1$，$\lambda_3=-2$，求

(1) $|\boldsymbol{A}^3-2\boldsymbol{A}+3\boldsymbol{I}|$；　(2) $|\boldsymbol{A}^*-2\boldsymbol{A}^2+\boldsymbol{I}|$.

5. 若 n 阶矩阵 $\boldsymbol{A},\boldsymbol{B}$ 满足 $r(\boldsymbol{A})+r(\boldsymbol{B})<n$，证明：$\boldsymbol{A},\boldsymbol{B}$ 有公共的特征值和特征向量.

6. 对下列矩阵，求可逆矩阵 $\boldsymbol{P}$，使 $\boldsymbol{P}^{-1}\boldsymbol{AP}$ 为对角矩阵.

其中 $\boldsymbol{A}=\begin{pmatrix}2&2&2\\1&3&-1\\-1&1&5\end{pmatrix}$.

7. 已知 $\boldsymbol{\xi}=\begin{pmatrix}-1\\1\\1\end{pmatrix}$ 是矩阵 $\boldsymbol{A}=\begin{pmatrix}4&6&0\\-3&a&0\\-3&b&1\end{pmatrix}$ 的特征向量.

(1) 确定参数 a,b 的值以及 $\boldsymbol{\xi}$ 所对应的特征值；

(2) 判断 $\boldsymbol{A}$ 能否相似对角化，并说明理由.

8. 设三阶矩阵 $\boldsymbol{A}$ 的特征值为 $\lambda_1=\lambda_2=1,\lambda_3=0$，对应的特征向量为 $\boldsymbol{\xi}_1=\begin{pmatrix}1\\2\\2\end{pmatrix},\boldsymbol{\xi}_2=\begin{pmatrix}-2\\2\\-1\end{pmatrix},\boldsymbol{\xi}_3=\begin{pmatrix}2\\1\\-2\end{pmatrix}$，求 $\boldsymbol{A}$ 和 $\boldsymbol{A}^k$.

9. 设矩阵 $\boldsymbol{A}=\begin{pmatrix}0&3&4\\0&-1&0\\1&x&3\end{pmatrix}$ 可相似对角化，求 x 的值.

10. 设 $\boldsymbol{A}$ 为可逆矩阵，证明：如果 $\boldsymbol{A}$ 可相似对角化，则 $\boldsymbol{A}^{-1}$ 也可相似对角化.

11. 设 $\boldsymbol{A}$ 为 n 阶矩阵，证明：若 $\boldsymbol{A}$ 有 n 个线性无关的特征向量，则 $\boldsymbol{A}^{\mathrm{T}}$ 也有 n 个线性无关的特征向量.

12. 证明：非零的幂零矩阵不可对角化.

13. 设 $\boldsymbol{A}$ 是三阶实对称矩阵，满足 $\boldsymbol{A}\boldsymbol{\xi}_1=2\boldsymbol{\xi}_1,\boldsymbol{A}\boldsymbol{\xi}_2=0,\boldsymbol{A}\boldsymbol{\xi}_3=-\boldsymbol{\xi}_3$，其中

$$\boldsymbol{\xi}_1=(1,a,1)^{\mathrm{T}},\boldsymbol{\xi}_2=(-1,1,b)^{\mathrm{T}},\boldsymbol{\xi}_3=(a,a+b,-2)^{\mathrm{T}},$$

求 a,b 及 $\boldsymbol{A}$.

14. 设 $\boldsymbol{A}=\boldsymbol{\alpha}\boldsymbol{\alpha}^{\mathrm{T}}$，其中 $\boldsymbol{\alpha}=(a_1,a_2,\cdots,a_n)^{\mathrm{T}}$，$a_1\neq 0$.

(1) 证明 $\lambda=0$ 是 $\boldsymbol{A}$ 的 $n-1$ 重特征值；

(2) 求 $\boldsymbol{A}$ 的另一个非零特征值；

(3) 求矩阵 $\begin{pmatrix}1 & 2 & 3 & 4\\ 2 & 4 & 6 & 8\\ 3 & 6 & 9 & 12\\ 4 & 8 & 12 & 16\end{pmatrix}$ 的特征值.

第六章　二次型

二次型是线性代数课程的重要内容，它与解析几何中的相关知识有着紧密的关系，同时在物理学、工程学、投资学等多个领域有着广泛的应用. 本章重点讲解二次型的知识，包括二次型的相关概念、标准形的转化、正定二次型的性质等，并介绍一个二次型在投资学中的应用案例.

第一节　二次型及矩阵合同

在平面解析几何中，二次齐次方程

$$ax^2+2bxy+cy^2=d$$

表示平面上的一条二次曲线. 为便于研究该曲线的几何性质，常需要通过坐标变换将二次齐次多项式 $ax^2+2bxy+cy^2$ 化成只含有平方项的形式 $a'x'^2+b'y'^2$. 根据 a',b' 的符号即可对二次曲线的类型做出判断. 在代数学中，该过程即通过一个可逆线性变换对二次齐次多项式进行转化. 下面我们将对包含 n 个变量的二次齐次多项式进行讨论.

一、实二次型及其矩阵

包含 n 个变量的二次齐次多项式

$$f(x_1,x_2,\cdots,x_n)=a_{11}x_1^2+2a_{12}x_1x_2+\cdots+2a_{1n}x_1x_n+a_{22}x_2^2+2a_{23}x_2x_3+\cdots+2a_{2n}x_2x_n+\cdots+a_{nn}x_n^2 \tag{6.1}$$

称为关于变量 $x_1,x_2,\cdots,x_n$ 的 n 元**二次型**. 若 $a_{ij}\in\mathbf{R}$，$i,j=1,2,\cdots,n$，则称为**实二次型**. 若 $a_{ij}\in\mathbf{C}$，i，$j=1,2,\cdots,n$，则称为**复二次型**. 在本章中我们只讨论实二次型.

如果令 $a_{ji}=a_{ij}(i<j)$，则二次型 $f(x_1,x_2,\cdots,x_n)$ 可表示为

$$\begin{aligned}f(x_1,x_2,\cdots,x_n)=&a_{11}x_1^2+a_{12}x_1x_2+a_{13}x_1x_3+\cdots+a_{1n}x_1x_n\\&+a_{21}x_2x_1+a_{22}x_2^2+a_{23}x_2x_3+\cdots+a_{2n}x_2x_n\\&+\cdots\\&+a_{n1}x_nx_1+a_{n2}x_nx_2+a_{n3}x_nx_3+\cdots+a_{nn}x_n^2\\=&\sum_{i=1}^{n}\sum_{j=1}^{n}a_{ij}x_ix_j.\end{aligned}$$

记

$$\boldsymbol{A}=\begin{pmatrix}a_{11}&a_{12}&\cdots&a_{1n}\\a_{21}&a_{22}&\cdots&a_{2n}\\\vdots&\vdots&&\vdots\\a_{n1}&a_{n2}&\cdots&a_{nn}\end{pmatrix},\boldsymbol{X}=\begin{pmatrix}x_1\\x_2\\\vdots\\x_n\end{pmatrix},$$

则二次型$f(x_1,x_2,\cdots,x_n)$可表示为

$$f(x_1,x_2,\cdots,x_n)=(x_1,x_2,\cdots,x_n)\begin{pmatrix}a_{11}&a_{12}&\cdots&a_{1n}\\a_{21}&a_{22}&\cdots&a_{2n}\\\vdots&\vdots&&\vdots\\a_{n1}&a_{n2}&\cdots&a_{nn}\end{pmatrix}\begin{pmatrix}x_1\\x_2\\\vdots\\x_n\end{pmatrix}$$

$$=\boldsymbol{X}^{\mathrm{T}}\boldsymbol{A}\boldsymbol{X}. \tag{6.2}$$

$\boldsymbol{X}^{\mathrm{T}}\boldsymbol{A}\boldsymbol{X}$ 称为二次型$f(x_1,x_2,\cdots,x_n)$的**矩阵形式**，对称矩阵 $\boldsymbol{A}$ 称为**二次型的矩阵**，矩阵 $\boldsymbol{A}$ 的秩称为**二次型的秩**.

显然，二次型f与对称矩阵 $\boldsymbol{A}$ 之间是一一对应的. 给定一个二次型$f(x_1,x_2,\cdots,x_n)$，就可得到唯一的对称矩阵 $\boldsymbol{A}$；反之，给定一个对称矩阵 $\boldsymbol{A}$，就有唯一的二次型 $\boldsymbol{X}^{\mathrm{T}}\boldsymbol{A}\boldsymbol{X}$ 与其对应.

【例 1】　(1)求二次型$f(x_1,x_2,x_3)=2x_1^2+2x_2^2-3x_3^2-8x_1x_2+2x_2x_3$ 对应的矩阵 $\boldsymbol{A}$.

(2)设 $\boldsymbol{A}=\begin{pmatrix}-1&0&2\\0&1&-1\\2&-1&0\end{pmatrix}$，求 $\boldsymbol{A}$ 对应的二次型.

解　(1)$\boldsymbol{A}=\begin{pmatrix}2&-4&0\\-4&2&1\\0&1&-3\end{pmatrix}$.

(2)$f(x_1,x_2,x_3)=-x_1^2+x_2^2+4x_1x_3-2x_2x_3$.

【例 2】　求二次型$f(x_1,x_2,x_3)=x_1^2+x_2^2+x_3^2-2x_1x_2-2x_1x_3-2x_2x_3$ 的秩.

解　易知$f(x_1,x_2,x_3)$的矩阵为 $\boldsymbol{A}=\begin{pmatrix}1&-1&-1\\-1&1&-1\\-1&-1&1\end{pmatrix}$. 由于 $\boldsymbol{A}$ 的行列式不为 0，故 $\boldsymbol{A}$ 的秩为 3，二次型的秩也为 3.

二、线性变换与矩阵合同

定义 6.1　对于 n 元二次型，关系式

$$\begin{cases}x_1=c_{11}y_1+c_{12}y_2+\cdots+c_{1n}y_n\\x_2=c_{21}y_1+c_{22}y_2+\cdots+c_{2n}y_n\\\qquad\vdots\\x_n=c_{n1}y_1+c_{n2}y_2+\cdots+c_{nn}y_n\end{cases}, \tag{6.3}$$

称为由变量 $x_1,x_2,\cdots,x_n$ 到 $y_1,y_2,\cdots,y_n$ 的一个**线性变换**. 矩阵

$$\boldsymbol{C}=\begin{pmatrix}c_{11}&c_{12}&\cdots&c_{1n}\\c_{21}&c_{22}&\cdots&c_{2n}\\\vdots&\vdots&&\vdots\\c_{n1}&c_{n2}&\cdots&c_{nn}\end{pmatrix},$$

称为线性变换的**系数矩阵**. 线性变换(6.3)的矩阵表达式为 $\boldsymbol{X}=\boldsymbol{C}\boldsymbol{Y}$，其中 $\boldsymbol{X}=(x_1,x_2,\cdots,x_n)^{\mathrm{T}}$，$\boldsymbol{Y}=(y_1,y_2,\cdots,y_n)^{\mathrm{T}}$. 如果矩阵 $\boldsymbol{C}$ 可逆，则称 $\boldsymbol{X}=\boldsymbol{C}\boldsymbol{Y}$ 为**可逆线性变换**(或**非退化线性变换**). 如果矩阵 $\boldsymbol{C}$ 是正交矩阵，则称 $\boldsymbol{X}=\boldsymbol{C}\boldsymbol{Y}$ 为**正交变换**.

如果对二次型 $f(x_1,x_2,\cdots,x_n)$ 进行可逆线性变换 $\boldsymbol{X}=\boldsymbol{C}\boldsymbol{Y}$，则

$$f(x_1,x_2,\cdots,x_n)=\boldsymbol{X}^{\mathrm{T}}\boldsymbol{A}\boldsymbol{X}=(\boldsymbol{C}\boldsymbol{Y})^{\mathrm{T}}\boldsymbol{A}(\boldsymbol{C}\boldsymbol{Y})=\boldsymbol{Y}^{\mathrm{T}}(\boldsymbol{C}^{\mathrm{T}}\boldsymbol{A}\boldsymbol{C})\boldsymbol{Y}.$$

因此，在新变量下，二次型 f 的矩阵为 $\boldsymbol{B}=\boldsymbol{C}^{\mathrm{T}}\boldsymbol{A}\boldsymbol{C}$. 对于矩阵 $\boldsymbol{A}$，$\boldsymbol{B}$ 之间的这种关系，我们给出如下定义.

定义 6.2　设 $\boldsymbol{A},\boldsymbol{B}$ 为 n 阶矩阵，如果存在可逆矩阵 $\boldsymbol{C}$，使

$$\boldsymbol{B}=\boldsymbol{C}^{\mathrm{T}}\boldsymbol{A}\boldsymbol{C},$$

则称 $\boldsymbol{A}$ 与 $\boldsymbol{B}$ **合同**.

矩阵间的合同关系具有以下性质.

性质 1　自反性：$\boldsymbol{A}$ 与 $\boldsymbol{A}$ 合同.

性质 2　对称性：若 $\boldsymbol{A}$ 与 $\boldsymbol{B}$ 合同，则 $\boldsymbol{B}$ 与 $\boldsymbol{A}$ 合同.

性质 3　传递性：若 $\boldsymbol{A}$ 与 $\boldsymbol{B}$ 合同，$\boldsymbol{B}$ 与 $\boldsymbol{C}$ 合同，则 $\boldsymbol{A}$ 与 $\boldsymbol{C}$ 合同.

性质的证明留给读者完成.

据上所述，经过可逆线性变换，原二次型矩阵与新二次型矩阵合同，且具有相同的秩. 因此，可逆线性变换不改变二次型的秩.

【例 3】　已知矩阵 $\boldsymbol{A}=\begin{pmatrix}1&0&0\\0&1&2\\0&1&1\end{pmatrix}$，$\boldsymbol{B}=\begin{pmatrix}1&2&0\\2&5&2\\0&1&1\end{pmatrix}$，求可逆矩阵 $\boldsymbol{C}$，使得 $\boldsymbol{B}=\boldsymbol{C}^{\mathrm{T}}\boldsymbol{A}\boldsymbol{C}$.

解　根据初等变换相关知识，记 $\boldsymbol{C}=\begin{pmatrix}1&2&0\\0&1&0\\0&0&1\end{pmatrix}$，可得 $\boldsymbol{B}=\boldsymbol{C}^{\mathrm{T}}\boldsymbol{A}\boldsymbol{C}$.

习题 6-1

1. 判断以下函数是否为二次型 .

(1) $f(x_1,x_2,x_3)=x_1^2-x_2^2+2x_1x_2-5x_2+x_3$；

(2) $f(x_1,x_2,x_3)=5x_1^3-x_2^2+x_3^2-x_1x_2+7x_2x_3$；

(3) $f(x_1,x_2,x_3)=\begin{pmatrix}x_1&x_2&x_3\end{pmatrix}\begin{pmatrix}4&3&-1\\2&-2&2\\7&-6&1\end{pmatrix}\begin{pmatrix}x_1\\x_2\\x_3\end{pmatrix}$.

2. 写出以下二次型的矩阵，并判断二次型的秩 .

(1) $f(x_1,x_2,x_3)=x_1^2+x_2^2-3x_3^2+4x_1x_2+6x_2x_3$；

(2) $f(x_1,x_2,x_3)=x_1^2-2x_2^2+3x_3^2-6x_1x_2+4x_1x_3$

3. 判断矩阵 $\begin{pmatrix}1&2&0\\2&1&0\\0&0&1\end{pmatrix}$ 与矩阵 $\begin{pmatrix}1&0&0\\0&1&0\\0&0&-1\end{pmatrix}$ 是否合同.

第二节　化二次型为标准形

在二次型的讨论中，非常重要的问题之一就是：一个一般形式的实二次型可否等价转化为只包含平方项的二次型. 本节将回答这个问题，并介绍常用的转化方法.

若二次型 $f(\boldsymbol{X})$ 经过可逆线性变换 $\boldsymbol{X}=\boldsymbol{CY}$ 转化为如下只包含平方项的形式

$$d_1y_1^2+d_2y_2^2+\cdots+d_ny_n^2, \tag{6.4}$$

则称式(6.4)为二次型 $f(\boldsymbol{X})$ 的**标准形**. 易知，标准形对应的矩阵为对角矩阵.

下面我们介绍两类化二次型为标准形的常用方法.

一、正交变换法

之前我们提到，若线性变换 $\boldsymbol{X}=\boldsymbol{CY}$ 中矩阵 $\boldsymbol{C}$ 为正交矩阵，则称 $\boldsymbol{X}=\boldsymbol{CY}$ 为正交变换. 在各种线性变换中，正交变换具有很多优点，如正交变换使得向量长度、向量之间的夹角等保持不变，具有几何不变性.

由第五章所介绍的知识可知，对于实对称矩阵 $\boldsymbol{A}$ 必存在正交矩阵 $\boldsymbol{Q}$（$\boldsymbol{Q}^{-1}=\boldsymbol{Q}^{\mathrm{T}}$）使 $\boldsymbol{Q}^{-1}\boldsymbol{AQ}=\boldsymbol{Q}^{\mathrm{T}}\boldsymbol{AQ}$ 为对角矩阵. 于是只要做正交变换 $\boldsymbol{X}=\boldsymbol{QY}$，二次型 $\boldsymbol{X}^{\mathrm{T}}\boldsymbol{AX}$ 就可化为标准形，该过程即正交变换法.

定理 6.1　任意 n 元实二次型 $f(x_1,x_2,\cdots,x_n)=\boldsymbol{X}^{\mathrm{T}}\boldsymbol{AX}$，都存在正交变换 $\boldsymbol{X}=\boldsymbol{QY}$，使二次型 $f(x_1,x_2,\cdots,x_n)$ 化为标准形

$$\lambda_1y_1^2+\lambda_2y_2^2+\cdots+\lambda_ny_n^2,$$

其中 $\lambda_1,\lambda_2,\cdots,\lambda_n$ 是矩阵 $\boldsymbol{A}$ 的特征值.

下面用例题说明使用正交变换法化二次型为标准形的过程.

【例 4】　用正交变换法把下列二次型化为标准形，并写出相应的正交变换.

$$f(x_1,x_2,x_3)=x_1^2+x_2^2+x_3^2+4x_1x_2+4x_1x_3+4x_2x_3.$$

解　二次型的矩阵为

$$\boldsymbol{A}=\begin{pmatrix}1&2&2\\2&1&2\\2&2&1\end{pmatrix},$$

其特征多项式为

$$|\lambda\boldsymbol{I}-\boldsymbol{A}|=\begin{vmatrix}\lambda-1&-2&-2\\-2&\lambda-1&-2\\-2&-2&\lambda-1\end{vmatrix}=(\lambda+1)^2(\lambda-5)=0,$$

所以 $\boldsymbol{A}$ 的特征值为 $\lambda_1=\lambda_2=-1$，$\lambda_3=5$.

将 $\lambda_1=\lambda_2=-1$ 代入方程组

$$\begin{pmatrix}\lambda-1&-2&-2\\-2&\lambda-1&-2\\-2&-2&\lambda-1\end{pmatrix}\begin{pmatrix}x_1\\x_2\\x_3\end{pmatrix}=\begin{pmatrix}0\\0\\0\end{pmatrix},$$

解得两个线性无关的特征向量

$$\boldsymbol{\xi}_1=\begin{pmatrix}-1\\1\\0\end{pmatrix},\boldsymbol{\xi}_2=\begin{pmatrix}-1\\0\\1\end{pmatrix}.$$

再将 $\lambda_3=5$ 代入上述方程组，解得一个特征向量

$$\boldsymbol{\xi}_3=\begin{pmatrix}1\\1\\1\end{pmatrix}.$$

对 $\boldsymbol{\xi}_1,\boldsymbol{\xi}_2$ 施行正交化，

$$\boldsymbol{\beta}_1=\begin{pmatrix}-1\\1\\0\end{pmatrix},\boldsymbol{\beta}_2=\begin{pmatrix}-\frac{1}{2}\\-\frac{1}{2}\\1\end{pmatrix}.$$

再将 $\boldsymbol{\beta}_1,\boldsymbol{\beta}_2,\boldsymbol{\xi}_3$ 单位化，

$$\boldsymbol{\gamma}_1=\begin{pmatrix}-\frac{1}{\sqrt{2}}\\\frac{1}{\sqrt{2}}\\0\end{pmatrix},\boldsymbol{\gamma}_2=\begin{pmatrix}-\frac{1}{\sqrt{6}}\\-\frac{1}{\sqrt{6}}\\\frac{2}{\sqrt{6}}\end{pmatrix},\boldsymbol{\gamma}_3=\begin{pmatrix}\frac{1}{\sqrt{3}}\\\frac{1}{\sqrt{3}}\\\frac{1}{\sqrt{3}}\end{pmatrix}.$$

取正交矩阵 $\boldsymbol{Q}=\begin{pmatrix}-\frac{1}{\sqrt{2}} & -\frac{1}{\sqrt{6}} & \frac{1}{\sqrt{3}}\\\frac{1}{\sqrt{2}} & -\frac{1}{\sqrt{6}} & \frac{1}{\sqrt{3}}\\0 & \frac{2}{\sqrt{6}} & \frac{1}{\sqrt{3}}\end{pmatrix}$，做正交变换 $\boldsymbol{X}=\boldsymbol{QY}$，则二次型化为标准形

$$f=-y_1^2-y_2^2+5y_3^2.$$

【例 5】　已知二次型 $f(x_1,x_2,x_3)=2x_1^2-x_2^2+ax_3^2+2x_1x_2-8x_1x_3+2x_2x_3$ 在正交变换 $\boldsymbol{X}=\boldsymbol{QY}$ 下得到标准形 $\lambda_1y_1^2+\lambda_2y_2^2$，求 a 的值及正交矩阵 $\boldsymbol{Q}$.

例 5 步骤讲解

解　二次型的矩阵为

$$\boldsymbol{A}=\begin{pmatrix}2 & 1 & -4\\1 & -1 & 1\\-4 & 1 & a\end{pmatrix},$$

根据标准形可知 $\boldsymbol{A}$ 有 0 特征值，故 $|\boldsymbol{A}|=-3(a-2)=0$，得到 $a=2$.

令

$$|\lambda\boldsymbol{I}-\boldsymbol{A}|=\begin{vmatrix}\lambda-2 & -1 & 4\\ -1 & \lambda+1 & -1\\ 4 & -1 & \lambda-2\end{vmatrix}=(\lambda+3)(\lambda-6)\lambda=0,$$

得特征值为 $\lambda_1=-3,\lambda_2=6,\lambda_3=0$.

将 $\lambda_1=-3$ 代入

$$\begin{pmatrix}\lambda-2 & -1 & 4\\ -1 & \lambda+1 & -1\\ 4 & -1 & \lambda-2\end{pmatrix}\begin{pmatrix}x_1\\x_2\\x_3\end{pmatrix}=\begin{pmatrix}0\\0\\0\end{pmatrix},$$

解得特征向量

$$\boldsymbol{\xi}_1=\begin{pmatrix}1\\-1\\1\end{pmatrix}.$$

分别将 $\lambda_2=6,\lambda_3=0$ 代入上述方程组，解得相应特征向量

$$\boldsymbol{\xi}_2=\begin{pmatrix}-1\\0\\1\end{pmatrix},\boldsymbol{\xi}_3=\begin{pmatrix}1\\2\\1\end{pmatrix}.$$

由于 $\boldsymbol{\xi}_1,\boldsymbol{\xi}_2,\boldsymbol{\xi}_3$ 已正交化，只需单位化，得到正交矩阵

$$\boldsymbol{Q}=\begin{pmatrix}\frac{1}{\sqrt{3}} & -\frac{1}{\sqrt{2}} & \frac{1}{\sqrt{6}}\\ -\frac{1}{\sqrt{3}} & 0 & \frac{2}{\sqrt{6}}\\ \frac{1}{\sqrt{3}} & \frac{1}{\sqrt{2}} & \frac{1}{\sqrt{6}}\end{pmatrix}.$$

二次型经过正交变换 $\boldsymbol{X}=\boldsymbol{QY}$ 即可得到标准形 $-3y_1^2+6y_2^2$.

【例 6】 试把二次曲线 $3x_1^2+3x_2^2+2x_1x_2=8$ 转化为标准形.

解 记 $f(x_1,x_2)=3x_1^2+3x_2^2+2x_1x_2$，其矩阵为 $\boldsymbol{A}=\begin{pmatrix}3 & 1\\ 1 & 3\end{pmatrix}$. 该矩阵的特征多项式为 $|\lambda\boldsymbol{I}-\boldsymbol{A}|=(\lambda-2)(\lambda-4)$，可知其特征值分别为 2，4，对应的特征向量分别为 $\begin{pmatrix}\frac{1}{\sqrt{2}}\\ -\frac{1}{\sqrt{2}}\end{pmatrix},\begin{pmatrix}\frac{1}{\sqrt{2}}\\ \frac{1}{\sqrt{2}}\end{pmatrix}$.

记 $\boldsymbol{Q}=\begin{pmatrix}\frac{1}{\sqrt{2}} & \frac{1}{\sqrt{2}}\\ -\frac{1}{\sqrt{2}} & \frac{1}{\sqrt{2}}\end{pmatrix}$，可知 $\boldsymbol{Q}$ 为正交矩阵. 令 $\boldsymbol{X}=\boldsymbol{QY}$，则 $f(x_1,x_2)=(y_1,\ y_2)\boldsymbol{Q}^{\mathrm{T}}\boldsymbol{AQ}\begin{pmatrix}y_1\\y_2\end{pmatrix}=2y_1^2+4y_2^2$，故二次曲线 $f(x_1,x_2)=8$ 可转化为 $2y_1^2+4y_2^2=8$，即 $\frac{y_1^2}{4}+\frac{y_2^2}{2}=1$. 根据正交变

换的几何不变性可知，二次曲线$f(x_1,x_2)=8$刻画的是半轴长分别为2，$\sqrt{2}$的椭圆形.

二、配方法

配方法是一种配完全平方的初等方法. 下面分两种情况举例说明.

(1)如果二次型$f(x_1,x_2,\cdots,x_n)$中某个变量平方项的系数不为0，如$a_{11}\neq 0$，先将含有x_1的所有项集中，配成平方项；再对其他含平方项的变量配方，直到所有变量都配成平方和的形式.

(2)如果二次型$f(x_1,x_2,\cdots,x_n)$中没有平方项，而有某个$a_{ij}\neq 0(i\neq j)$，则可做线性变换

$$\begin{cases}x_i=y_i+y_j\\x_j=y_i-y_j(k\neq i,j),\\x_k=y_k\end{cases}$$

化成含有平方项的二次型，然后配方.

【例7】 用配方法化二次型$f(x_1,x_2,x_3)=x_1^2+x_2^2+x_3^2+4x_1x_2+4x_1x_3+4x_2x_3$为标准形.

解 因为$a_{11}=1\neq 0$，对x_1配方得

$$\begin{aligned}f(x_1,x_2,x_3)&=(x_1^2+4x_1x_2+4x_1x_3)+x_2^2+x_3^2+4x_2x_3\\&=(x_1+2x_2+2x_3)^2-3x_2^2-3x_3^2-4x_2x_3.\end{aligned}$$

令

$$\begin{cases}y_1=x_1+2x_2+2x_3\\y_2=x_2\\y_3=x_3\end{cases},$$

即

$$\begin{cases}x_1=y_1-2y_2-2y_3\\x_2=y_2\\x_3=y_3\end{cases}. \tag{6.5}$$

二次型$f(x_1,x_2,x_3)$化为

$$f=y_1^2-3y_2^2-3y_3^2-4y_2y_3.$$

再对y_2配方得

$$f=y_1^2-3\left(y_2^2+\frac{4}{3}y_2y_3\right)-3y_3^2=y_1^2-3\left(y_2+\frac{2}{3}y_3\right)^2-\frac{5}{3}y_3^2.$$

令

$$\begin{cases}z_1=y_1\\z_2=y_2+\dfrac{2}{3}y_3,\\z_3=y_3\end{cases}$$

即

$$\begin{cases} y_1 = z_1 \\ y_2 = z_2 - \dfrac{2}{3} z_3 , \\ y_3 = z_3 \end{cases} \tag{6.6}$$

于是二次型化为标准形

$$f = z_1^2 - 3z_2^2 - \frac{5}{3} z_3^2 .$$

将线性变换式(6.5)和式(6.6)表示为矩阵形式：

$$\boldsymbol{X} = \boldsymbol{C}_1 \boldsymbol{Y},\ \boldsymbol{C}_1 = \begin{pmatrix} 1 & -2 & -2 \\ 0 & 1 & 0 \\ 0 & 0 & 1 \end{pmatrix},$$

$$\boldsymbol{Y} = \boldsymbol{C}_2 \boldsymbol{Z},\ \boldsymbol{C}_2 = \begin{pmatrix} 1 & 0 & 0 \\ 0 & 1 & -\dfrac{2}{3} \\ 0 & 0 & 1 \end{pmatrix},$$

其中 $\boldsymbol{X} = (x_1, x_2, x_3)^{\mathrm{T}}$，$\boldsymbol{Y} = (y_1, y_2, y_3)^{\mathrm{T}}$，$\boldsymbol{Z} = (z_1, z_2, z_3)^{\mathrm{T}}$，故 $\boldsymbol{X} = \boldsymbol{C}_1 \boldsymbol{C}_2 \boldsymbol{Z}$，线性变换矩阵为

$$\boldsymbol{C} = \boldsymbol{C}_1 \boldsymbol{C}_2 = \begin{pmatrix} 1 & -2 & -\dfrac{2}{3} \\ 0 & 1 & -\dfrac{2}{3} \\ 0 & 0 & 1 \end{pmatrix}.$$

【例 8】 用配方法化二次型 $f(x_1, x_2, x_3) = x_1 x_2 + x_1 x_3 + x_2 x_3$ 为标准形.

解 注意该二次型不包含平方项，因此我们首先进行如下线性变换，

$$\begin{cases} x_1 = y_1 + y_2 \\ x_2 = y_1 - y_2 , \\ x_3 = y_3 \end{cases}$$

得到 $f = y_1^2 - y_2^2 + 2y_1 y_3$. 对 y_1 配方得，

$$f = y_1^2 - y_2^2 + 2y_1 y_3 = (y_1 + y_3)^2 - y_2^2 - y_3^2 .$$

令

$$\begin{cases} z_1 = y_1 + y_3 \\ z_2 = y_2 \\ z_3 = y_3 \end{cases},$$

即

$$\begin{cases} y_1 = z_1 - z_3 \\ y_2 = z_2 \\ y_3 = z_3 \end{cases},$$

可得标准形(同时也是规范形) $z_1^2 - z_2^2 - z_3^2$. 两次线性变换 $\boldsymbol{X} = \boldsymbol{C}_1 \boldsymbol{Y}, \boldsymbol{Y} = \boldsymbol{C}_2 \boldsymbol{Z}$ 的矩阵分别为

$$\boldsymbol{C}_1=\begin{pmatrix}1&1&0\\1&-1&0\\0&0&1\end{pmatrix},\ \boldsymbol{C}_2=\begin{pmatrix}1&0&-1\\0&1&0\\0&0&1\end{pmatrix},$$

故线性变换 $\boldsymbol{X}=\boldsymbol{CZ}$ 的矩阵为

$$\boldsymbol{C}=\boldsymbol{C}_1\boldsymbol{C}_2=\begin{pmatrix}1&1&-1\\1&-1&-1\\0&0&1\end{pmatrix}.$$

三、规范形与惯性指数

通过例 4 和例 7，对二次型 $f(x_1,x_2,x_3)=x_1^2+x_2^2+x_3^2+4x_1x_2+4x_1x_3+4x_2x_3$ 进行不同的可逆线性变换，得到不同形式的标准形：$-y_1^2-y_2^2+5y_3^2, z_1^2-3z_2^2-\dfrac{5}{3}z_3^2$. 由此可见，一个二次型的标准形不是唯一的. 观察得到，在标准形中正平方项的个数相同，同时负平方项的个数也相同. 这并非偶然. 下面我们将对这一现象进行解释.

定义 6.3　形如

$$y_1^2+y_2^2+\cdots+y_p^2-y_{p+1}^2-\cdots-y_r^2\,(r\leqslant n)$$

的标准形称为二次型的**规范形**.

根据定义，规范形即系数为 1,-1,0 的标准形. 任何一个二次型都可以化为规范形. 首先利用正交变换法或者配方法将二次型化为标准形

$$d_1y_1^2+d_2y_2^2+\cdots+d_py_p^2-d_{p+1}y_{p+1}^2-\cdots-d_ry_r^2,\ d_i>0,\ i=1,\cdots,r,$$

然后把其中的 d_i 凑成平方数再做线性变换即可.

【例 9】　将例 4 中的标准形化成规范形.

解　对二次型 $f=-y_1^2-y_2^2+5y_3^2$ 做线性变换

$$\begin{cases}y_1=z_2\\y_2=z_3\\y_3=\dfrac{\sqrt{5}}{5}z_1\end{cases},$$

则二次型的规范形为 $z_1^2-z_2^2-z_3^2$.

定理 6.2(惯性定理)　任何一个实二次型都可以经过可逆线性变换化为规范形，且规范形是唯一的.（证明略.）

定义 6.4　实二次型的规范形中，正平方项的个数 p 称为**正惯性指数**，负平方项的个数 $r-p$ 称为**负惯性指数**，正惯性指数与负惯性指数之差称为二次型的**符号差**.

根据惯性定理，任何实对称矩阵 $\boldsymbol{A}$ 都合同于对角矩阵

$$\begin{pmatrix}\boldsymbol{I}_p&&\\&-\boldsymbol{I}_{r-p}&\\&&\boldsymbol{O}\end{pmatrix},$$

且此对角矩阵唯一，其中 r 是矩阵 $\boldsymbol{A}$ 的秩，p、$r-p$ 分别为正、负惯性指数.

推论　设 $\boldsymbol{A},\boldsymbol{B}$ 均为实对称矩阵，$\boldsymbol{A}$ 与 $\boldsymbol{B}$ 合同当且仅当 $\boldsymbol{A}$ 与 $\boldsymbol{B}$ 具有相同的惯性指数.

从化标准形为规范形的过程可以看到，标准形中正(或负)平方项的个数就是正(或负)惯性指数. 虽然一个二次型有不同形式的标准形，但每个标准形中所含正(或负)平方项的个数是一样的.

【例 10】　设二次型 $f(x_1,x_2,x_3)=x_1^2+ax_2^2+a^2x_3^2+2x_1x_2-2x_1x_3-2ax_2x_3$ 的正、负惯性指数均为 1，求 $f(x_1,x_2,x_3)$ 和常数 a.

解　根据惯性指数可得，$f(x_1,x_2,x_3)$ 的规范形为

$$z_1^2-z_2^2,$$

且秩为 2. 二次型的矩阵为

$$\boldsymbol{A}=\begin{pmatrix}1 & 1 & -1\\ 1 & a & -a\\ -1 & -a & a^2\end{pmatrix},$$

由于秩为 2，所以 $|\boldsymbol{A}|=a(a-1)^2=0$，可得 $a=1$ 或者 $a=0$. 若 $a=1$，则 $\boldsymbol{A}$ 的秩为 1，这与已知条件矛盾，故 $a=0$.

习题 6-2

1. 利用正交变换将下列二次型化为标准型，并写出相应的正交变换.

(1) $f(x_1,x_2,x_3)=4x_1^2+3x_2^2+3x_3^2+2x_2x_3$；

(2) $f(x_1,x_2,x_3)=2x_1^2+3x_2^2+3x_3^2+4x_2x_3$.

2. 利用配方法将下列二次型化为标准型，并写出相应的线性变换.

(1) $f(x_1,x_2,x_3)=2x_1^2+x_2^2+4x_3^2+2x_1x_2-2x_2x_3$；

(2) $f(x_1,x_2,x_3)=x_1^2+2x_2^2+x_3^2+2x_1x_2+2x_1x_3+4x_2x_3$.

3. 写出二次型 $f(x_1,x_2,x_3)=(x_1+2x_2+3x_3)^2$ 的矩阵，并给出二次型的惯性指数及符号差.

4. 计算二次型 $f(x_1,x_2,x_3)=2x_1^2+x_2^2-2x_3^2+2x_1x_2$ 的规范形，并给出二次型的惯性指数及符号差.

第三节　正定二次型

在二次型中，有一类二次型具有特殊的规范形，即 $z_1^2+z_2^2+\cdots+z_n^2$，它所对应的矩阵的所有特征值均为正值. 这类二次型在许多数学问题和实际问题中具有广泛的应用. 在本节中我们重点讨论这类二次型——正定二次型.

定义 6.5　设 $\boldsymbol{A}$ 为实对称矩阵，对应的二次型为 $f(x_1,x_2,\cdots,x_n)=\boldsymbol{X}^{\mathrm{T}}\boldsymbol{A}\boldsymbol{X}$. 如果对任意一组不全为 0 的实数 $c_1,c_2,\cdots,c_n$ 都有

$$f(c_1,c_2,\cdots,c_n)>0,$$

则称二次型 $f(x_1,x_2,\cdots,x_n)$ 为**正定二次型**，二次型的矩阵 $\boldsymbol{A}$ 为**正定矩阵**.

换句话说，对于任意非零实向量 $\boldsymbol{X}=(x_1,x_2,\cdots,x_n)^{\mathrm{T}}$，都使得 $f(x_1,x_2,\cdots,x_n)=\boldsymbol{X}^{\mathrm{T}}\boldsymbol{A}\boldsymbol{X}>0$，则 $f(x_1,x_2,\cdots,x_n)=\boldsymbol{X}^{\mathrm{T}}\boldsymbol{A}\boldsymbol{X}$ 是正定二次型. 如果将定义 6.5 中的条件改成

$$f(x_1,x_2,\cdots,x_n)=\boldsymbol{X}^{\mathrm{T}}\boldsymbol{A}\boldsymbol{X}\geqslant 0,$$

则称这类二次型为**正半定二次型**，相应的矩阵称为**正半定矩阵**. 显然，正半定二次型包含正定二次型. 例如，实二次型 $f(x_1,x_2,x_3)=x_1^2+x_2^2+x_3^2$ 为正定二次型；而 $g(x_1,x_2,x_3)=x_1^2+x_2^2$ 不是正定二次型，因为 $g(0,0,1)=0$，但它是正半定二次型.

同样地，我们可以定义负定二次型和负半定二次型：对于任意非零实向量 $\boldsymbol{X}$，都使得 $f(x_1,x_2,\cdots,x_n)=\boldsymbol{X}^{\mathrm{T}}\boldsymbol{A}\boldsymbol{X}<0$，则 $f(x_1,x_2,\cdots,x_n)=\boldsymbol{X}^{\mathrm{T}}\boldsymbol{A}\boldsymbol{X}$ 是负定二次型；对于任意非零实向量 $\boldsymbol{X}$，都使得 $f(x_1,x_2,\cdots,x_n)=\boldsymbol{X}^{\mathrm{T}}\boldsymbol{A}\boldsymbol{X}\leqslant 0$，则 $f(x_1,x_2,\cdots,x_n)=\boldsymbol{X}^{\mathrm{T}}\boldsymbol{A}\boldsymbol{X}$ 是负半定二次型.

下面重点讨论正定二次型的主要性质.

定理 6.3　n 元实二次型 $\boldsymbol{X}^{\mathrm{T}}\boldsymbol{A}\boldsymbol{X}$ 为正定二次型(或 $\boldsymbol{A}$ 为正定矩阵)的充分必要条件是 $\boldsymbol{A}$ 的特征值均大于 0.

证明　必要性　设 λ 为实对称矩阵 $\boldsymbol{A}$ 的特征值，对应的特征向量为 $\boldsymbol{\xi}$，即

$$\boldsymbol{A}\boldsymbol{\xi}=\lambda\boldsymbol{\xi},$$

两端左乘 $\boldsymbol{\xi}^{\mathrm{T}}$，得

$$\boldsymbol{\xi}^{\mathrm{T}}\boldsymbol{A}\boldsymbol{\xi}=\lambda\boldsymbol{\xi}^{\mathrm{T}}\boldsymbol{\xi}.$$

注意到 $\boldsymbol{\xi}\neq 0$，由二次型的正定性知 $\boldsymbol{\xi}^{\mathrm{T}}\boldsymbol{A}\boldsymbol{\xi}>0$，又 $\boldsymbol{\xi}^{\mathrm{T}}\boldsymbol{\xi}=\|\boldsymbol{\xi}\|^2>0$，因此特征值 λ 是正数，必要性得证.

充分性　设 $\boldsymbol{A}$ 的 n 个实特征值 $\lambda_1,\lambda_2,\cdots,\lambda_n$ 均大于 0. 由于 n 阶实对称矩阵 $\boldsymbol{A}$ 一定正交相似于对角矩阵，因此存在正交变换 $\boldsymbol{X}=\boldsymbol{Q}\boldsymbol{Y}$ 将 $\boldsymbol{X}^{\mathrm{T}}\boldsymbol{A}\boldsymbol{X}$ 化为标准形

$$\lambda_1y_1^2+\lambda_2y_2^2+\cdots+\lambda_ny_n^2.$$

给定任意非零向量 $\boldsymbol{X}$，可得非零向量 $\boldsymbol{Y}=\boldsymbol{Q}^{-1}\boldsymbol{X}$，使得 $\lambda_1y_1^2+\lambda_2y_2^2+\cdots+\lambda_ny_n^2>0$，即 $\boldsymbol{X}^{\mathrm{T}}\boldsymbol{A}\boldsymbol{X}>0$，$\boldsymbol{X}^{\mathrm{T}}\boldsymbol{A}\boldsymbol{X}$ 正定.

根据以上定理，当 $\boldsymbol{A}$ 的特征值均大于 0，即 $\boldsymbol{A}$ 正定时，经可逆线性变换得到的所有标准形中平方项的系数均大于 0，进而得规范形 $z_1^2+z_2^2+\cdots+z_n^2$，因此二次型的正惯性指数是 n.

推论 1　实二次型 $f(x_1,x_2,\cdots,x_n)$ 正定的充分必要条件是它的正惯性指数为 n.

推论 2　实对称矩阵 $\boldsymbol{A}$ 是正定矩阵的充分必要条件是 $\boldsymbol{A}$ 合同于单位矩阵，即存在可逆矩阵 $\boldsymbol{C}$，使 $\boldsymbol{A}=\boldsymbol{C}^{\mathrm{T}}\boldsymbol{C}$.

推论 3　与正定矩阵合同的实对称矩阵也是正定矩阵.

推论 4　正定矩阵的行列式大于 0.

证明　根据矩阵行列式等于特征值的乘积，可得结论.

推论 1~4

为了判断一个矩阵(或二次型)是否正定，我们常使用顺序主子式的概念.

定义 6.6　设 $\boldsymbol{A}=(a_{ij})$ 是 n 阶矩阵，称子式

$$\boldsymbol{A}_k=\begin{vmatrix} a_{11} & a_{12} & \cdots & a_{1k} \\ a_{21} & a_{22} & \cdots & a_{2k} \\ \vdots & \vdots & & \vdots \\ a_{k1} & a_{k2} & \cdots & a_{kk} \end{vmatrix}\ (k=1,2,\cdots,n)$$

为矩阵 $\boldsymbol{A}$ 的 k 阶**顺序主子式**.

例如，矩阵 $A=\begin{pmatrix}1&2&2\\0&3&1\\2&0&1\end{pmatrix}$ 有 3 个顺序主子式，分别为 $|1|$，$\begin{vmatrix}1&2\\0&3\end{vmatrix}$，$\begin{vmatrix}1&2&2\\0&3&1\\2&0&1\end{vmatrix}$.

定理 6.4　实二次型 $f(x_1,x_2,\cdots,x_n)=X^{\mathrm{T}}AX$ 正定的充分必要条件是 A 的各阶顺序主子式均大于 0.（该定理称为赫尔维茨定理. 这里不予证明.）

【例 11】　已知矩阵 $A=\begin{pmatrix}5&-2&-2\\-2&6&0\\-2&0&4\end{pmatrix}$，判断该矩阵是否为正定矩阵.

解　计算 A 的各阶顺序主子式得

$$|5|=5,\begin{vmatrix}5&-2\\-2&6\end{vmatrix}=26,\begin{vmatrix}5&-2&-2\\-2&6&0\\-2&0&4\end{vmatrix}=80,$$

故 A 正定.

【例 12】　t 取何值时，二次型 $f(x_1,x_2,x_3)=x_1^2+4x_2^2+4x_3^2+2tx_1x_2-2x_1x_3+4x_2x_3$ 是正定二次型.

解　二次型的矩阵为

$$A=\begin{pmatrix}1&t&-1\\t&4&2\\-1&2&4\end{pmatrix}.$$

若 A 正定，则它的各阶顺序主子式均大于 0，

$$A_1=1>0,$$

$$A_2=\begin{vmatrix}1&t\\t&4\end{vmatrix}=4-t^2>0，即 -2<t<2,$$

$$A_3=\begin{vmatrix}1&t&-1\\t&4&2\\-1&2&4\end{vmatrix}=-4t^2-4t+8=-4(t+2)(t-1)>0，即 -2<t<1.$$

所以当 $-2<t<1$ 时，各阶顺序主子式均大于 0，此时二次型正定.

【例 13】　证明：如果 A 为正定矩阵，则 A^{-1} 也为正定矩阵.

证明　假设 A 为正定矩阵，则 A 可逆，且 A 的特征值均大于 0，因此 A^{-1} 的特征值也都大于 0，故 A^{-1} 正定.

【例 14】　设 A 为 $m\times n$ 阶实矩阵，证明：$AX=O$ 只有零解的充分必要条件是 $A^{\mathrm{T}}A$ 为正定矩阵.

证明　实对称矩阵 $A^{\mathrm{T}}A$ 对应的二次型是 $f=X^{\mathrm{T}}A^{\mathrm{T}}AX$. 由于对任意 n 维实向量 X，有

$$f=X^{\mathrm{T}}A^{\mathrm{T}}AX=(AX^{\mathrm{T}})AX=(AX,AX)\geqslant 0,$$

因此，

$f=X^{\mathrm{T}}A^{\mathrm{T}}AX$ 是正定二次型（或 $A^{\mathrm{T}}A$ 为正定矩阵）

$\Leftrightarrow$　$f=X^{\mathrm{T}}A^{\mathrm{T}}AX=O$ 只有 $X=O$ 时成立

$\Leftrightarrow$　$(AX,\ AX)=O$ 只有 $X=O$ 时成立

$\Leftrightarrow$　$AX=O$ 只有零解.

习题 6-3

1. 判断以下二次型是否为正定二次型 .

(1) $f(x_1,x_2,x_3)=x_1^2+2x_2^2-7x_3^2$;

(2) $f(x_1,x_2,x_3)=3x_1^2+x_3^2$;

(3) $f(x_1,x_2,x_3)=5x_1^2+2x_2^2+3x_3^2-4x_1x_2+4x_1x_3$;

2. 已知矩阵 $\boldsymbol{A}=\begin{pmatrix}1&2&2\\2&4&4\\2&4&4\end{pmatrix}$，若 $k\boldsymbol{I}+\boldsymbol{A}$ 是正定矩阵，则 k 需满足什么条件?

3. t 取何值时，以下二次型是正定二次型 .

(1) $x_1^2+x_2^2+5x_3^2+2tx_1x_2-2x_1x_3+4x_2x_3$;

(2) $x_1^2+4x_2^2+3x_3^2+2tx_1x_2+2(2-t)x_2x_3$.

4. 证明：若对称矩阵 $\boldsymbol{A}$ 为正定矩阵，则 $|\boldsymbol{A}+\boldsymbol{I}|>1$.

本章小结

二次型的相关概念	了解 二次型的相关概念(包括二次型的矩阵、秩等) 理解 线性变换及矩阵合同的基本概念
二次型的标准形	掌握 化标准形的正交变换法 掌握 化标准形的配方法 熟悉 二次型的规范形与惯性指数
正定二次型	了解 正定二次型的基本定义 掌握 正定矩阵的基本性质 掌握 正定二次型的判定方法

数学通识：均值方差投资组合选择模型

现代投资组合理论主要研究如何在收益不确定的情形下进行资产配置，在保证一定预期收益的同时实现风险的最小化. 1952 年，美国经济学家 H. Markowitz 提出了著名的均值方差(Mean-Variance，MV)投资组合优化模型，该模型分别采用投资组合的期望收益和方差来衡量投资组合收益和风险，该模型的提出开启了投资组合量化管理的时代.

假设市场上有 n 个风险资产可供投资，令 $\boldsymbol{R}=(\boldsymbol{R}_1,\boldsymbol{R}_2,\cdots,\boldsymbol{R}_n)$ 表示这些资产在未来某个时间段内的收益率，其中 $\boldsymbol{R}_i$ 表示第 i 个资产的收益随机变量. 考虑投资组合 $\boldsymbol{x}=(x_1,x_2,\cdots,x_n)$，$x_i$ 表示投资于第 i 个资产的投资权重. 投资组合 $\boldsymbol{x}$ 的收益随机变量可表示为 $p(x)=\boldsymbol{R}^{\mathrm{T}}\boldsymbol{x}=\boldsymbol{R}_1x_1+\cdots+\boldsymbol{R}_nx_n$. 假设第 i 个资产的收益随机变量 $\boldsymbol{R}_i$ 的数学期望为 μ_i，则投资组合 $\boldsymbol{x}$ 的期望收益为 $E(p(x))=\boldsymbol{\mu}^{\mathrm{T}}\boldsymbol{x}=\sum_{i=1}^{n}\boldsymbol{\mu}_i x_i$，其中 $\boldsymbol{\mu}=(\boldsymbol{\mu}_1,\boldsymbol{\mu}_2,\cdots,\boldsymbol{\mu}_n)^{\mathrm{T}}$.

对于投资组合的风险，Markowitz 采用投资组合收益的方差作为风险度量，即

$$\sigma^2(x)=\sum_{i=1}^{n}\sum_{j=1}^{n}x_ix_j\sigma_{ij},$$

其中，σ_{ij}表示第 i 个资产和第 j 个资产的收益协方差. 记协方差矩阵为：

$$\boldsymbol{A}=\begin{pmatrix}\sigma_{11} & \sigma_{12} & \cdots & \sigma_{1n}\\ \sigma_{21} & \sigma_{22} & \cdots & \sigma_{2n}\\ \vdots & \vdots & & \vdots\\ \sigma_{n1} & \sigma_{n2} & \cdots & \sigma_{nn}\end{pmatrix},$$

则 $\sigma^2(x)=\boldsymbol{x}^{\mathrm{T}}\boldsymbol{A}\boldsymbol{x}$，其形式即本章所学习的二次型. 根据概率论相关知识可知，协方差矩阵具有正半定性，因此 $\sigma^2(x)=\boldsymbol{x}^{\mathrm{T}}\boldsymbol{A}\boldsymbol{x}$ 是正半定二次型.

经典的均值方差模型在期望收益满足一定要求的前提下对风险(即方差)进行最小化得到最优投资组合，即

$$\begin{aligned}(\mathrm{MV})\ \text{minimize}\ & \boldsymbol{x}^{\mathrm{T}}\boldsymbol{A}\boldsymbol{x},\\ \text{subject to}\ & \boldsymbol{\mu}^{\mathrm{T}}\boldsymbol{x}\geqslant\rho,\\ & \boldsymbol{e}^{\mathrm{T}}\boldsymbol{x}=1,\\ & \boldsymbol{x}\geqslant 0.\end{aligned}$$

这里的参数 ρ 表示投资者对期望收益的要求，$\boldsymbol{x}_i\geqslant 0$ 表示投资权重非负，即资产不能卖空. 当投资者的收益要求 ρ 变化时，可得到不同的最优投资组合. 若将最优投资组合所对应的期望收益和风险之间的关系呈现在图形中，可得有效前沿(efficient frontier).

我们选取道 · 琼斯工业平均指数的 4 支成分股：AAPL UW Equity，CSCO UW Equity，JPM UN Equity，MCD UN Equity. 基于从彭博数据终端获取的 2015 年 11 月 6 日至 2018 年 10 月 26 日期间的周数据，我们可估计得到这四只股票的期望收益向量 μ(见表 6. 1)和协方差矩阵 $\boldsymbol{A}$(见表 6. 2)：

表 6.1

	AAPL	CSCO	JPM	MCD
期望收益	0.4508	0.3349	0.3786	0.2857

表 6.2

	AAPL	CSCO	JPM	MCD
AAPL	0.1182	0.0431	0.0267	0.0168
CSCO	0.0430	0.0866	0.0463	0.0169
JPM	0.0267	0.0463	0.0879	0.0193
MCD	0.0168	0.0169	0.0193	0.0541

变化参数ρ，对均值方差模型(MV)进行求解即可得到相应的最优投资组合，图 6.1 即所有最优投资组合产生的有效前沿：

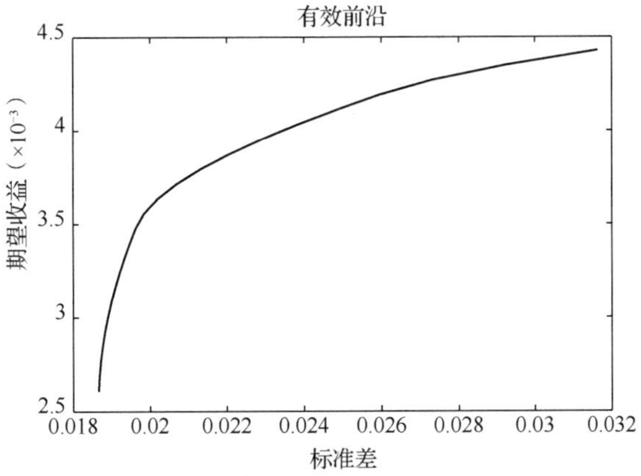

图 6.1

以均值方差模型为基础，资本资产定价模型(CAMP)和套利定价理论(ATP)等经典理论的提出组成了投资学的理论基础和核心内容. 均值方差模型虽在投资学领域起着举足轻重的作用，但它也有许多不足. 许多人诟病其缺少实际应用性，比如在投资实践中投资额度往往具有最小投资单位，投资者也会面临交易税费的问题，等等. 这些问题在许多文献中都有讨论，有兴趣的读者可查阅相关资料.

总复习题六

1. 写出下列二次型的矩阵.

(1) $f(x_1,x_2,x_3)=x_1^2-x_2^2-4x_1x_2-2x_2x_3$;

(2) $f(x_1,x_2,x_3)=(x_1,x_2,x_3)\begin{pmatrix}1&2&2\\0&3&1\\2&0&1\end{pmatrix}\begin{pmatrix}x_1\\x_2\\x_3\end{pmatrix}$;

(3) $f(x_1,x_2,x_3)=(a_1x_1+a_2x_2+a_3x_3)(b_1x_1+b_2x_2+b_3x_3)$.

2. 用正交变换法将二次型化为标准形.

(1) $f(x_1,x_2,x_3)=2x_1^2+2x_2^2+2x_3^2+2x_1x_2+2x_1x_3+2x_2x_3$;

(2) $f(x_1,x_2,x_3)=17x_1^2+14x_2^2+14x_3^2-4x_1x_2-4x_1x_3-8x_2x_3$.

3. 用配方法将二次型化为规范形.

(1) $f(x_1,x_2,x_3)=x_1^2+2x_2^2+5x_3^2+2x_1x_2+2x_1x_3+6x_2x_3$;

(2) $f(x_1,x_2,x_3)=(x_1-x_2)^2+(x_1-x_3)^2-(x_2-x_3)^2$;

(3) $f(x_1,x_2,x_3)=-4x_1x_2+2x_1x_3+2x_2x_3$.

4. 已知二次型

$$f(x_1,x_2,x_3)=2x_1^2+3x_2^2+3x_3^2+2ax_2x_3\ (a>0),$$

通过正交变换可化为标准形 $f=y_1^2+2y_2^2+5y_3^2$，求参数 a 及所使用的正交变换.

5. 证明：秩为 r 的对称矩阵 $\boldsymbol{A}$ 可分解为 r 个秩为 1 的对称矩阵之和.

6. 证明：可逆实对称矩阵 $\boldsymbol{A}$ 与 $\boldsymbol{A}^{-1}$ 合同.

7. 判断下列二次型的正定性.

(1) $f(x_1,x_2,x_3)=x_1^2+2x_2^2+4x_3^2+2x_1x_2-2x_2x_3$;

(2) $f(x_1,x_2,\cdots,x_n)=\sum\limits_{i=1}^{n}x_i^2+\sum\limits_{i<j}x_ix_j$.

8. t 取何值时，下列二次型是正定的.

(1) $f(x_1,x_2,x_3)=x_1^2+x_2^2+2x_3^2+2tx_1x_2+2x_1x_3$;

(2) $f(x_1,x_2,x_3,x_4)=t(x_1^2+x_2^2+x_3^2)+x_4^2+2x_1x_2-2x_1x_3-2x_2x_3$.

9. 证明.

(1) 若 $\boldsymbol{A}$ 是正定矩阵，则 $\boldsymbol{A}^{-1}$，$\boldsymbol{A}^*$ 也正定；

(2) 若 $\boldsymbol{A}$、$\boldsymbol{B}$ 是正定矩阵，则 $\boldsymbol{A}+\boldsymbol{B}$ 也正定；

(3) 设 $\boldsymbol{A}$ 是列满秩矩阵，则 $\boldsymbol{A}^{\mathrm{T}}\boldsymbol{A}$ 是正定矩阵.

10. 设 $\boldsymbol{A}$ 为实对称矩阵，且满足 $\boldsymbol{A}^2-3\boldsymbol{A}+2\boldsymbol{I}=\boldsymbol{O}$，证明：$\boldsymbol{A}$ 为正定矩阵.

11. 设 $\boldsymbol{A}$ 为实对称矩阵，证明：当 t 充分大时，$t\boldsymbol{I}+\boldsymbol{A}$ 是正定矩阵.

12. 设 $\boldsymbol{A}$，$\boldsymbol{B}$ 为实对称矩阵，$\boldsymbol{A}$ 的特征值均大于 a，$\boldsymbol{B}$ 的特征值均大于 b，证明：$\boldsymbol{A}+\boldsymbol{B}$ 的特征值均大于 $a+b$.

习题答案

第一章

习题 1-1

1. (1) 5，奇排列；　(2) 0，偶排列；　(3) 12，偶排列；　(4) 16，偶排列.

2. (1) $i=6, k=4$；　(2) $i=4, k=6$.

习题 1-2

1. (1) 正号；　(2) 负号；　(3) 负号.

2. (1) 17；　(2) a^2+b^2-bi；(3) 1；　(4) -62.

3. (1) $abcd$；　(2) $abcd$；　(3) $-abcd$.

习题 1-3

1. (1) 0；　(2) 9817200；　(3) $-\frac{5}{6}$.

2. (1) 0；　(2) 30 ；　(3) -20；　(4) $3a-b+2c+d$；　(5) $\frac{3}{8}$.

习题 1-4

1. (1) 15；　(2) 30；　(3) $abcd-bc$；　(4) $(-1)^n(n+1)a_1a_2\cdots a_n$.

2. 不能.

习题 1-5

1. (1) $\begin{cases} x_1=3 \\ x_2=-1 \end{cases}$；　(2) $\begin{cases} x_1=0 \\ x_2=0 \end{cases}$；　(3) $\begin{cases} x_1=1 \\ x_2=2 \\ x_3=3 \end{cases}$；　(4) $\begin{cases} x_1=1 \\ x_2=0 \\ x_3=0 \\ x_4=-1 \end{cases}$.

2. 当 $\lambda\neq-2$ 时，此解是 $\begin{cases} x_1=\dfrac{b_1+\lambda b_2}{2(2+\lambda)} \\ x_2=\dfrac{b_1-2b_2}{2+\lambda} \end{cases}$.

3. 当 $\lambda\neq2$，$\lambda\neq-1$ 时，有唯一解.

总复习题一

1. (1) $(n-1)n$，偶排列；(2) n^2，当 n 为奇数时，为奇排列，当 n 为偶数时，为偶排列.

2. (1) (1,3), (3,5), (5,4), (2,6), (6,5), (5,7)；

(2) (2,3), (3,5), (4,6), (5,7)；

(3) (1,7), (2,6), (3,5).

3. (1) 30；　(2) $a_{14}a_{23}a_{32}a_{41}$；　(3) $(-1)^{n+1}n!$.

4. 提示：行列式中关于 λ 最高次的一项只出现在 $(\lambda-a_{11})(\lambda-a_{22})\cdots(\lambda-a_{nn})$，且关于 λ 的 $n-1$ 次也只出现在该项里.

5. (1) $k=0$；　(2) $k\neq-2$，$k\neq-3$；　(3) $-4<k<4$.

6. (1) $D_2=2$，$D_3=4$，$D_4=8$，$D_n=2^{n-1}$；　(2) $D_2=4$，$D_3=18$，$D_4=96$，$D_n=n\cdot n!$.

7. (1) $a_1a_2\cdots aa_n-a_2\cdots a_{n-1}$；　(2) $(-1)^{\frac{n(n-1)}{2}}a_{1n}a_{2,n-1}\cdots a_{n1}$.

8. 两者都能.

9. (1) 1；　(2) −3.

10. (1) $(b-a)(c-a)(d-a)(c-b)(d-b)(d-c)$；　(2) −10368；

(3) $\prod\limits_{1\leqslant j<i\leqslant n}(i-j)=(-1)^{\frac{n(n-1)}{2}}1!\times 2!\times\cdots\times(n-2)!\times(n-1)!$.

11. (1) 77(见习题集 2×2 块行列式)；　(2) 77；　(3) a^2b^2；　(4) $b_1b_2\cdots b_n$；

(5) $\left(x+\sum\limits_{i=1}^{n}a_i\right)(x-a_1)(x-a_2)\cdots(x-a_n)$.

12. 略.

13. (1) $\begin{cases}x_1=\dfrac{2}{3}\\x_2=\dfrac{1}{3}\end{cases}$；　(2) $\begin{cases}x_1=1\\x_2=-4\\x_3=5\end{cases}$；　(3) $\begin{cases}x=a\\y=b\\z=c\end{cases}$；　(4) $\begin{cases}x_1=2\\x_2=3\\x_3=0\\x_4=-1\end{cases}$.

14. 当 $\lambda\neq 1\pm\sqrt{6}$ 时，只有零解.

15. 当 a,b,c 两两不等时，有唯一解.

16. (1) $\lambda=0$ 或 $\lambda=-1$；　(2) $\lambda=1$；　(3) $\mu=\dfrac{(\lambda+1)^2}{4}$.

第二章

习题 2−1

1. $x=-2$，$y=-4$，$z=6$.

习题 2−2

1. $\boldsymbol{A}+\boldsymbol{B}=\begin{pmatrix}1&1&8\\3&-3&-8\end{pmatrix}$，$\boldsymbol{A}-\boldsymbol{B}=\begin{pmatrix}1&-5&-2\\-11&13&-4\end{pmatrix}$，

$3\boldsymbol{A}-2\boldsymbol{B}=\begin{pmatrix}3&-12&-1\\-26&31&-14\end{pmatrix}$，$\boldsymbol{AB}$ 无意义，$\boldsymbol{AB}^{\mathrm{T}}=\begin{pmatrix}9&17\\-15&-56\end{pmatrix}$.

2. (1) 10；　(2) $\begin{pmatrix}3&6&9\\2&4&6\\1&2&3\end{pmatrix}$；　(3) $\begin{cases}x_1+3x_2-2x_3=5\\3x_1+2x_2-5x_3=14.\\x_1+4x_2-3x_3=6\end{cases}$

3. 提示：代入 $\boldsymbol{A}=\dfrac{1}{2}(\boldsymbol{B}+\boldsymbol{I})$ 并展开.

4. 略.

5. 提示：用定义可以证明，(5)用(4)的结论可证.

6. $\boldsymbol{A}=\boldsymbol{\alpha}^{\mathrm{T}}\boldsymbol{\beta}=\begin{pmatrix}1\\2\\-1\end{pmatrix}(1,3,1)=\begin{pmatrix}1&3&1\\2&6&2\\-1&-3&-1\end{pmatrix}$，$\boldsymbol{B}=\boldsymbol{\beta}\boldsymbol{\alpha}^{\mathrm{T}}=(1,3,1)\begin{pmatrix}1\\2\\-1\end{pmatrix}=6$，$\boldsymbol{A}^n=6^{n-1}\boldsymbol{A}$.

习题 2−3

1. (1) $\begin{pmatrix}-2&\dfrac{3}{2}\\1&-\dfrac{1}{2}\end{pmatrix}$；　(2) $\dfrac{1}{ad-bc}\begin{pmatrix}d&-b\\-c&a\end{pmatrix}$；

(3) $\begin{pmatrix} \frac{2}{3} & -\frac{7}{6} & \frac{5}{6} \\ -\frac{1}{3} & \frac{5}{6} & -\frac{1}{6} \\ -\frac{1}{3} & \frac{4}{3} & -\frac{2}{3} \end{pmatrix}$； (4) $\begin{pmatrix} -2 & 2 & 3 \\ -1 & 1 & 1 \\ \frac{3}{2} & -1 & -\frac{3}{2} \end{pmatrix}$.

2. 提示：行和相等即存在数 k 使得 $\boldsymbol{Ae}=k\boldsymbol{e}$，其中 $\boldsymbol{e}=(1,\cdots,1)^{\mathrm{T}}$.

3. 略.　4. 略.

5. 提示：对含有 $\boldsymbol{A}$ 的多项式方程进行适当分解，使其满足 $f(\boldsymbol{A})g(\boldsymbol{A})=\boldsymbol{I}$.

习题 2-4

1. (1)6；　(2)−4.

2. $\boldsymbol{D}^{-1}=\begin{pmatrix} \boldsymbol{A}^{-1} & \boldsymbol{O} \\ -\boldsymbol{B}^{-1}\boldsymbol{C}\boldsymbol{A}^{-1} & \boldsymbol{B}^{-1} \end{pmatrix}$.

3. (1) $\begin{pmatrix} 1 & & & \\ -\frac{1}{2} & \frac{1}{2} & & \\ & -\frac{1}{3} & \frac{1}{3} & \\ & & -\frac{1}{4} & \frac{1}{4} \end{pmatrix}$；　(2) $\begin{pmatrix} \frac{1}{2} & -\frac{1}{2} & 0 & 0 \\ 0 & 1 & 0 & 0 \\ \frac{1}{4} & -\frac{5}{4} & \frac{1}{2} & 0 \\ -\frac{1}{4} & \frac{11}{12} & -\frac{1}{6} & \frac{1}{3} \end{pmatrix}$.

4. $\boldsymbol{XYZ}=\begin{pmatrix} \boldsymbol{A} & \boldsymbol{O} \\ \boldsymbol{O} & \boldsymbol{D}-\boldsymbol{C}\boldsymbol{A}^{-1}\boldsymbol{B} \end{pmatrix}$.

习题 2-5

1. (1) $\begin{pmatrix} 1 & 0 \\ 0 & 1 \end{pmatrix}$；　(2) $\begin{pmatrix} 1 & 0 & 0 \\ 0 & 1 & 0 \end{pmatrix}$.

2. $\boldsymbol{P}=\begin{pmatrix} 1 & 0 & 0 \\ -3 & 0 & 1 \\ -2 & 1 & 0 \end{pmatrix}$, $\boldsymbol{Q}=\begin{pmatrix} 1 & -2 & 0 \\ 0 & 0 & 2 \\ 0 & 1 & 0 \end{pmatrix}$.

3. (1) $\begin{pmatrix} 1 & 1 & 2 \\ 3 & 0 & -2 \\ 2 & 1 & 1 \end{pmatrix}$；　(2) $\begin{pmatrix} 5 & -1 & -3 \\ -6 & 1 & 4 \\ -2 & 1 & 1 \end{pmatrix}$.

4. $\boldsymbol{X}=[(\boldsymbol{A}-\boldsymbol{B})^{-1}]^2=\begin{pmatrix} 1 & 1 & 2 \\ 0 & 1 & 1 \\ 0 & 0 & 1 \end{pmatrix}^2=\begin{pmatrix} 1 & 2 & 5 \\ 0 & 1 & 2 \\ 0 & 0 & 1 \end{pmatrix}$.

5. $\boldsymbol{B}=\boldsymbol{A}+\boldsymbol{I}=\begin{pmatrix} 2 & 0 & 1 \\ 0 & 3 & 0 \\ 1 & 0 & 2 \end{pmatrix}$.

总复习题二

1. (1) $\begin{pmatrix} a & 3a & -2a \\ 3b & 2b & -5b \\ c & 4c & -3c \end{pmatrix}$；(2) $\begin{pmatrix} a & 3b & -2c \\ 3a & 2b & -5c \\ a & 4b & -3c \end{pmatrix}$；(3) $f(x_1,x_2,x_3)=x_1^2-2x_2^2-3x_3^2-4x_1x_2-2x_2x_3$.

2. 设 $x=(x_1,x_2,x_3)^{\mathrm{T}}, y=(y_1,y_2,y_3)^{\mathrm{T}}, z=(z_1,z_2)^{\mathrm{T}}$，可得 $x=\begin{pmatrix} -7 & 5 \\ 10 & 7 \\ -15 & 20 \end{pmatrix}z$.

3. 略.

4. (1) $f(\boldsymbol{A})=\begin{pmatrix}18&9&9\\9&18&9\\9&9&18\end{pmatrix}$；　(2) $f(\boldsymbol{A})=\begin{pmatrix}1&0&5\\0&-4&0\\5&0&1\end{pmatrix}$.

5. (1) $\boldsymbol{A}^n=(-3)^{n-1}\boldsymbol{A}$；

(2) $\boldsymbol{QP}=\begin{pmatrix}2&-3\\-1&2\end{pmatrix}\begin{pmatrix}2&3\\1&2\end{pmatrix}=\begin{pmatrix}1&0\\0&1\end{pmatrix}$，$\boldsymbol{A}^n=\begin{cases}\boldsymbol{PIQ}=\boldsymbol{PQ}=\boldsymbol{I}\,(n=2k)\\ \boldsymbol{P}\begin{pmatrix}1&0\\0&-1\end{pmatrix}\boldsymbol{Q}=\begin{pmatrix}7&-12\\4&-7\end{pmatrix}\,(n=2k+1).\end{cases}$

6. 提示：$\boldsymbol{A}$ 为对称矩阵，故有 $\boldsymbol{A}=\boldsymbol{A}^{\mathrm{T}}$，代入证明 $a_{ik}=0(i,k=1,2,\cdots,n)$.

7. 略.

8. $|\boldsymbol{A}|=(a^2+b^2+c^2+d^2)^2$.

9. 略.　10. 略.　11. 略.

12. 提示：证明矩阵 $\boldsymbol{B}$ 是 $\boldsymbol{A}$ 的逆矩阵，只需验证 $\boldsymbol{AB}=\boldsymbol{I}$ 或 $\boldsymbol{BA}=\boldsymbol{I}$ 即可.

13. 提示：只需证明 $\boldsymbol{A}+\boldsymbol{I}$ 的行列式不等于 0.

14. (1) $\dfrac{1}{10}\begin{pmatrix}1&0&0\\2&2&0\\3&4&5\end{pmatrix}$；　(2) $|\boldsymbol{A}|^{n-2}\boldsymbol{A}$；　(3) $k^{n-1}\boldsymbol{A}^*$；　(4) $3^{n(n-1)}|\boldsymbol{A}|^{n-1}$.

15. (1) 108；　(2) $\dfrac{50}{9}$.

16. 3.

17. (1) $\begin{pmatrix}-3&4&&\\1&-1&&\\&&\frac{5}{2}&-\frac{1}{2}\\&&-\frac{3}{2}&\frac{1}{2}\end{pmatrix}$；　(2) $\begin{pmatrix}&&\frac{5}{2}&-\frac{1}{2}\\&&-\frac{3}{2}&\frac{1}{2}\\-3&4&&\\-1&-1&&\end{pmatrix}$.

18. 提示：利用分块矩阵的初等变换.

19. (1) $-ab\begin{pmatrix}\boldsymbol{O}&\boldsymbol{B}^{-1}\\\boldsymbol{A}^{-1}&\boldsymbol{O}\end{pmatrix}$；　(2) $-a^5b^5$；　(3) $\dfrac{1}{ab}\begin{pmatrix}\boldsymbol{O}&\boldsymbol{A}\\\boldsymbol{B}&\boldsymbol{O}\end{pmatrix}$.

20. (1) $\begin{pmatrix}1&0&0\\0&1&0\\0&0&1\end{pmatrix}$；　(2) $\begin{pmatrix}1&0&0&0\\0&1&0&0\\0&0&0&0\end{pmatrix}$.

21. (1) $\begin{pmatrix}\frac{1}{2}&0&0&\frac{1}{2}\\\frac{1}{2}&0&-\frac{1}{2}&0\\\frac{1}{2}&-\frac{1}{2}&0&0\\\frac{1}{2}&-\frac{1}{2}&-\frac{1}{2}&\frac{1}{2}\end{pmatrix}$；　(2) $\begin{pmatrix}1&0&0&0\\-2&1&0&0\\1&-2&1&0\\0&1&-2&1\end{pmatrix}$.

22. $(\boldsymbol{I}-\boldsymbol{A})^{-1}=\begin{pmatrix}0&-\frac{1}{2}&0\\-3&-\frac{3}{4}&-\frac{1}{2}\\-1&0&0\end{pmatrix}$.

23. $\boldsymbol{X}=\begin{pmatrix} 0 & -\frac{1}{4} & 0 \\ 0 & 0 & -\frac{1}{4} \\ -\frac{1}{4} & 0 & 0 \end{pmatrix}$.

24. $\boldsymbol{A}=(2\boldsymbol{C}^{\mathrm{T}}-\boldsymbol{B}^{\mathrm{T}})^{-1}=\begin{pmatrix} 1 & 0 & 0 & 0 \\ 2 & 1 & 0 & 0 \\ 3 & 2 & 1 & 0 \\ 4 & 3 & 2 & 1 \end{pmatrix}^{-1}=\begin{pmatrix} 1 & 0 & 0 & 0 \\ -2 & 1 & 0 & 0 \\ 1 & -2 & 1 & 0 \\ 0 & 1 & -2 & 1 \end{pmatrix}$.

第三章

习题 3-1

1. (1) $\begin{pmatrix} 5 \\ 1 \\ 1 \end{pmatrix}$; (2) $\begin{pmatrix} 5 \\ -3 \\ 2 \end{pmatrix}$.

2. $\begin{pmatrix} 9 \\ -3 \\ 2 \end{pmatrix}$.

3. $k=3$

习题 3-2

1. $\boldsymbol{\beta}=2\boldsymbol{\alpha}_1-\boldsymbol{\alpha}_3$

2. (1)线性相关； (2)线性无关；

3. 线性无关 .

4. 略 .

习题 3-3

1. (1)错误； (2)正确 .

2. $a=3$ 时向量组的秩为 3，$\boldsymbol{\alpha}_1,\boldsymbol{\alpha}_2,\boldsymbol{\alpha}_4$ 为其中一个极大线性无关组 .

3. 3.

习题 3-4

1. (1)1； (2)2； (3)4； (4)3.

2. $\lambda\neq 0$，1 时，秩为 3；$\lambda=0$ 时，秩为 2；$\lambda=1$ 时秩为 2.

习题 3-5

1. 维数为 3，$\boldsymbol{\alpha}_1,\boldsymbol{\alpha}_2,\boldsymbol{\alpha}_3$ 为基 .

总复习习题三

1. $3\boldsymbol{\partial}_1-2\boldsymbol{\partial}_2+\boldsymbol{\partial}_3=\begin{pmatrix} 8 \\ -2 \\ 9 \end{pmatrix}$，$\boldsymbol{\partial}_1+3\boldsymbol{\partial}_2-2\boldsymbol{\partial}_3=\begin{pmatrix} -8 \\ 8 \\ -2 \end{pmatrix}$.

2. $k=-3$.

3. (1) $\boldsymbol{\beta}=\frac{3}{2}\boldsymbol{\alpha}_1-\frac{1}{2}\boldsymbol{\alpha}_3$； (2) $\boldsymbol{\beta}=\frac{2}{3}\boldsymbol{\alpha}_1-\frac{1}{3}\boldsymbol{\alpha}_2+\boldsymbol{\alpha}_3$.

4. (1)线性无关； (2)线性相关； (3)线性无关.

5. 提示：利用定理 3. 4.

6. 略. 7. 略. 8. 略.

9. $\lambda=5$ 时，$\boldsymbol{\beta}$ 可以由 $\boldsymbol{\alpha}_1,\boldsymbol{\alpha}_2,\boldsymbol{\alpha}_3$ 线性表示，$\boldsymbol{\beta}=\frac{4}{5}\boldsymbol{\alpha}_1+\frac{3}{5}\boldsymbol{\alpha}_2$(表达式不唯一).

10. (1) $a\neq-4$ 时表示法唯一；　(2) $a=-4,c-3b+1=0$ 时表示法不唯一；
(3) $a=-4,c-3b+1\neq0$ 时不可以表示.

11. 答案不唯一. (1) $\boldsymbol{\alpha}_1,\boldsymbol{\alpha}_2,\boldsymbol{\alpha}_3$ 为极大线性无关组，秩为 3，$\boldsymbol{\alpha}_4=\boldsymbol{\alpha}_1-2\boldsymbol{\alpha}_2+3\boldsymbol{\alpha}_3$；
(2) $\boldsymbol{\alpha}_1,\boldsymbol{\alpha}_2,\boldsymbol{\alpha}_4$ 为极大线性无关组，秩为 3，$\boldsymbol{\alpha}_3=3\boldsymbol{\alpha}_1+\boldsymbol{\alpha}_2,\boldsymbol{\alpha}_5=\boldsymbol{\alpha}_1+\boldsymbol{\alpha}_2+\boldsymbol{\alpha}_4$.

12. $a\neq-5$，且 $a\neq-3$.

13. 略.　14. 略.　15. 略.　16. 略.

17. (1) 秩为 2；　(2) 秩为 2.

18. (1) 秩为 3；　(2) 秩为 3.

19. $a\neq0$ 且 $a\neq-10$ 时，秩为 4；　$a=0$ 时，秩为 1；　$a=-10$ 时，秩为 3.

20. $a\neq-1$ 时，向量组(Ⅰ)和(Ⅱ)等价.

21. 略.　22. 略.　23. 略.　24. 略.

第四章

习题 4-1

1. $\lambda=11$

2. 有无穷多组解.

3. 略.

4. 当 $k\neq8$ 且 $t\in R$ 时，有无穷多组解；当 $k=8$ 且 $t=-2$ 时，有无穷多组解；当 $k=8$ 且 $t\neq-2$ 时，无解.

习题 4-2

1. $\boldsymbol{\xi}=\begin{pmatrix}12\\-5\\2\\0\end{pmatrix}$，$\boldsymbol{X}=k\boldsymbol{\xi},k\in\mathbf{R}$.

2. 略.

习题 4-3

1. $\begin{pmatrix}x_1\\x_2\\x_3\\x_4\end{pmatrix}=\begin{pmatrix}\frac{5}{4}\\-\frac{1}{4}\\0\\0\end{pmatrix}+k_1\begin{pmatrix}3\\3\\2\\0\end{pmatrix}+k_2\begin{pmatrix}0\\1\\0\\1\end{pmatrix}$，$k_1$，$k_2\in\mathbf{R}$.

2. 当 $\lambda\neq1$ 且 $\lambda\neq-2$ 时，方程组有唯一解，且其唯一解为：

$$x_1=-\frac{\lambda+1}{\lambda+2},\ x_2=\frac{1}{\lambda+2},\ x_3=\frac{(\lambda+1)^2}{\lambda+2}.$$

当 $\lambda=-2$ 时，方程组无解.

当 $\lambda=1$ 时，$\begin{pmatrix}x_1\\x_2\\x_3\end{pmatrix}=\begin{pmatrix}1\\0\\0\end{pmatrix}+k_1\begin{pmatrix}-1\\1\\0\end{pmatrix}+k_2\begin{pmatrix}-1\\0\\1\end{pmatrix}$，$k_1$，$k_2\in\mathbf{R}$.

3. 略.

总复习题四

1. (1) 有唯一解；　(2) 无解；　(3) 有无穷多组解.

2. 当 $k\neq-1$ 且 $k\neq4$ 时，有唯一解；当 $k=4$ 时，有无穷多组解；当 $k=-1$ 时，无解.

3. $\lambda=0$ 或 $\lambda=1$.

4. (1)仅有零解，不存在基础解系；

(2) $\boldsymbol{\xi}_1=\begin{pmatrix}-2\\1\\0\\0\\0\end{pmatrix},\boldsymbol{\xi}_2=\begin{pmatrix}-5\\0\\1\\-2\\1\end{pmatrix}$，$\boldsymbol{X}=k_1\boldsymbol{\xi}_1+k_2\boldsymbol{\xi}_2$，$k_1,k_2$ 为任意数.

5. (1) $\begin{pmatrix}x_1\\x_2\\x_3\end{pmatrix}=\begin{pmatrix}\frac{10}{7}\\-\frac{1}{7}\\-\frac{2}{7}\end{pmatrix}$； (2) $\begin{pmatrix}x_1\\x_2\\x_3\\x_4\\x_5\end{pmatrix}=\begin{pmatrix}-1\\0\\1\\0\\0\end{pmatrix}+k_1\begin{pmatrix}-2\\1\\0\\0\\0\end{pmatrix}+k_2\begin{pmatrix}-5\\0\\1\\-2\\1\end{pmatrix}(k_1,k_2\in\mathbf{R})$；

(3) $\begin{pmatrix}x_1\\x_2\\x_3\\x_4\\x_5\end{pmatrix}=\begin{pmatrix}\frac{5}{4}\\0\\-\frac{1}{4}\\0\\0\end{pmatrix}+k_1\begin{pmatrix}2\\1\\0\\0\\0\end{pmatrix}+k_2\begin{pmatrix}3\\0\\3\\2\\0\end{pmatrix}+k_3\begin{pmatrix}-3\\0\\7\\0\\4\end{pmatrix}(k_1,k_2,k_3\in\mathbf{R})$

6. $\overline{\boldsymbol{A}}=\begin{pmatrix}a&-1&1&1\\1&1&2a+1&2\\a-1&-2&-2a&b\end{pmatrix}\to\begin{pmatrix}1&1&2a+1&2\\0&-a-1&-2a^2-a+1&-2a+2\\0&0&0&b+1\end{pmatrix}$.

当 $a=-1$ 时，$\overline{\boldsymbol{A}}\to\begin{pmatrix}1&1&-1&2\\0&0&0&4\\0&0&0&0\end{pmatrix}$，$b$ 任意，有 $r(\overline{\boldsymbol{A}})\neq r(\boldsymbol{A})$，则方程组无解.

当 $a\neq-1$ 时，$b\neq-1$，有 $r(\overline{\boldsymbol{A}})\neq r(\boldsymbol{A})$，则方程组无解.

当 $a\neq-1$ 时，$b=-1$，有 $r(\overline{\boldsymbol{A}})=r(\boldsymbol{A})=2<3$，则方程组有无穷多组解，

$$\boldsymbol{X}=k\begin{pmatrix}-2\\-(2a-1)\\1\end{pmatrix}+\begin{pmatrix}\frac{3}{a+1}\\\frac{2a-1}{a+1}\\0\end{pmatrix}.$$

7. 略. 8. 略. 9. 略.

10. $\boldsymbol{\xi}=\boldsymbol{\alpha}_2+\boldsymbol{\alpha}_3-2\boldsymbol{\alpha}_1=(-3\quad 9\quad -2\quad 10)^{\mathrm{T}}\neq0$，取 $\boldsymbol{AX}=\boldsymbol{B}$ 的一个特解 $\boldsymbol{\eta}^*=\boldsymbol{\alpha}_1$，故 $\boldsymbol{AX}=\boldsymbol{B}$ 通解为 $\boldsymbol{X}=\boldsymbol{\eta}^*+k\boldsymbol{\xi}=\begin{pmatrix}2\\0\\5\\-1\end{pmatrix}+k\begin{pmatrix}-3\\9\\-2\\10\end{pmatrix}$.

11. $a=3$，$b=1$.

12. (1) $a\neq2$ 时，$\boldsymbol{\beta}$ 可由 $\boldsymbol{\alpha}_1,\boldsymbol{\alpha}_2,\boldsymbol{\alpha}_3$ 线性表示，且表达式唯一；

(2) $a=2$ 时，$\overline{\boldsymbol{A}}=\begin{pmatrix}1&2&-1&b\\2&2&2&2\\3&4&1&c\end{pmatrix}\to\begin{pmatrix}1&2&-1&b\\0&1&-2&b-1\\0&0&0&c-b-2\end{pmatrix}$，

若 $c-b\neq 2$，$\boldsymbol{\beta}$ 不能由 $\boldsymbol{\alpha}_1,\boldsymbol{\alpha}_2,\boldsymbol{\alpha}_3$ 线性表示；

(3) $a=2$，$c-b=2$ 时，$\boldsymbol{\beta}$ 可由 $\boldsymbol{\alpha}_1,\boldsymbol{\alpha}_2,\boldsymbol{\alpha}_3$ 线性表示，但表达式不唯一，一般表达式为 $\boldsymbol{\beta}=(-3t-b+2)\boldsymbol{\alpha}_1+(2t+b-1)\boldsymbol{\alpha}_2+t\boldsymbol{\alpha}_3$.

第五章

习题 5-1

1. (1) $(\boldsymbol{\alpha},\boldsymbol{\beta})=3$；　(2) $k=-\dfrac{3}{4}$.

2. $\pm\dfrac{1}{\sqrt{3}}\begin{pmatrix}1\\-1\\1\end{pmatrix}$.

3. $\dfrac{1}{\sqrt{6}}\begin{pmatrix}1\\2\\-1\end{pmatrix},\dfrac{1}{\sqrt{3}}\begin{pmatrix}-1\\1\\1\end{pmatrix},\dfrac{1}{\sqrt{2}}\begin{pmatrix}1\\0\\1\end{pmatrix}$.

4. 略.

习题 5-2

1. $k=-1$.

2. (1) $\lambda_1=\lambda_2=\lambda_3=-1$，$\boldsymbol{X}=k(-1,-1,1)^{\mathrm{T}}$，$k\neq 0$；

(2) $\lambda_1=\lambda_2=-2$，$\lambda_3=4$，

对应 $\lambda_1=\lambda_2=-2$ 的特征向量 $\boldsymbol{X}=k_1(1,0,-1)^{\mathrm{T}}+k_2(0,1,-1)^{\mathrm{T}}$，$k_1,k_2$ 不全为 0，

对应 $\lambda_3=4$ 的特征向量 $\boldsymbol{X}=k(1,1,1)^{\mathrm{T}}$，$k\neq 0$；

(3) $\lambda_1=\lambda_2=-1$，$\lambda_3=5$，

对应 $\lambda_1=\lambda_2=-1$ 的特征向量 $\boldsymbol{X}=k_1(2,1,0)^{\mathrm{T}}+k_2(1,0,1)^{\mathrm{T}}$，$k_1,k_2$ 不全为 0，

对应 $\lambda_3=5$ 的特征向量 $\boldsymbol{X}=k(-1,2,1)^{\mathrm{T}}$，$k\neq 0$.

3. $x=-1$，$y=4$，z 任意.

4. 略.　5. 略.

习题 5-3

1. 略.

2. $\boldsymbol{B}=\boldsymbol{O}$.

3. $\boldsymbol{P}=\begin{pmatrix}1&1&1\\1&0&4\\1&1&3\end{pmatrix}$，$\boldsymbol{\Lambda}=\begin{pmatrix}1&&\\&0&\\&&2\end{pmatrix}$.

4. $\boldsymbol{P}=\begin{pmatrix}-1&1&1\\1&0&-2\\0&1&3\end{pmatrix}$.

习题 5-4

1. $a=0$.

2. (1) $\boldsymbol{Q}=\begin{pmatrix}\frac{2}{\sqrt{5}}&-\frac{2}{3\sqrt{5}}&-\frac{1}{3}\\0&\frac{\sqrt{5}}{3}&-\frac{2}{3}\\\frac{1}{\sqrt{5}}&\frac{4}{3\sqrt{5}}&\frac{2}{3}\end{pmatrix}$，$\boldsymbol{Q}^{-1}\boldsymbol{A}\boldsymbol{Q}=\begin{pmatrix}1&&\\&1&\\&&10\end{pmatrix}$；

(2) $\boldsymbol{Q}=\begin{pmatrix}\frac{1}{\sqrt{3}} & -\frac{1}{\sqrt{2}} & -\frac{1}{\sqrt{6}}\\ \frac{1}{\sqrt{3}} & \frac{1}{\sqrt{2}} & -\frac{1}{\sqrt{6}}\\ \frac{1}{\sqrt{3}} & 0 & \frac{2}{\sqrt{6}}\end{pmatrix}$, $\boldsymbol{Q}^{-1}\boldsymbol{AQ}=\begin{pmatrix}1 & & \\ & 4 & \\ & & 4\end{pmatrix}$.

3. 略.

4. $\boldsymbol{A}=\begin{pmatrix}3 & 1 & 1\\ 1 & 3 & 1\\ 1 & 1 & 3\end{pmatrix}$.

总复习题五

1. 略. 2. 略.

3. (1) $\lambda_1=\lambda_2=-1, \lambda_3=-2$,
对应 $\lambda_1=\lambda_2=-1$ 的特征向量 $\boldsymbol{X}=k_1(1,1,0)^{\mathrm{T}}$, $k_1\neq 0$,
对应 $\lambda_3=-2$ 的特征向量 $\boldsymbol{X}=k(0,1,1)^{\mathrm{T}}$, $k\neq 0$;

(2) $\lambda_1=\lambda_2=\lambda_3=2$, $\lambda_4=-2$,
对应 $\lambda_1=\lambda_2=\lambda_3=2$ 的特征向量 $\boldsymbol{X}=k_1(1,1,0,0)^{\mathrm{T}}+k_2(1,0,1,0)^{\mathrm{T}}+k_3(1,0,0,1)^{\mathrm{T}}$, k_1,k_2,k_3 不全为 0,
对应 $\lambda_4=-2$ 的特征向量 $\boldsymbol{X}=k(-1,1,1,1)^{\mathrm{T}}$, $k\neq 0$;

(3) $\lambda=a$, $\boldsymbol{X}=k(1,0,\cdots,0)^{\mathrm{T}}$, $k\neq 0$.

4. (1) -4; (2) -54.

5. 略.

6. $\boldsymbol{P}=\begin{pmatrix}1 & 1 & 2\\ 1 & 0 & -1\\ 0 & 1 & 1\end{pmatrix}$, $\boldsymbol{\Lambda}=\begin{pmatrix}4 & & \\ & 4 & \\ & & 2\end{pmatrix}$.

7. (1) $a=-5, b=-6, \lambda=-2$; (2) 能相似对角化.

8. $\boldsymbol{A}=\frac{1}{9}\begin{pmatrix}5 & -2 & 4\\ -2 & 8 & 2\\ 4 & 2 & 5\end{pmatrix}$, $\boldsymbol{A}^k=\boldsymbol{A}$.

9. $x=3$.

10. 略. 11. 略. 12. 略.

13. $a=1, b=0, \boldsymbol{A}=\begin{pmatrix}\frac{1}{2} & \frac{1}{2} & 1\\ \frac{1}{2} & \frac{1}{2} & 1\\ 1 & 1 & 0\end{pmatrix}$.

14. (1) 略; (2) $\lambda_n=\sum_{i=1}^{n}a_i^2$; (3) $\lambda_1=\lambda_2=\lambda_3=0$, $\lambda_4=30$.

第六章

习题 6-1

1. (1) 否; (2) 否; (3) 是.

2. (1) $\begin{pmatrix}1 & 2 & 0\\ 2 & 1 & 3\\ 0 & 3 & -3\end{pmatrix}$, 秩为 2; (2) $\begin{pmatrix}1 & -3 & 2\\ -3 & -2 & 0\\ 2 & 0 & 3\end{pmatrix}$, 秩为 3.

3. 是 .

习题 6-2

1. (1) $4y_1^2+4y_2^2+2y_3^2$ ；(2) $y_1^2+2y_2^2+5y_3^2$.

2. (1) $2y_1^2+\frac{1}{2}y_2^2+2y_3^2$；　(2) $y_1^2+y_2^2-y_3^2$.

3. $\begin{pmatrix}1 & 2 & 3\\ 2 & 4 & 6\\ 3 & 6 & 9\end{pmatrix}$，正、负惯性指数为 1、0，符号差为 1.

4. $y_1^2+y_2^2-y_3^2$，正、负惯性指数分别为 2、1，符号差为 1.

习题 6-3

1. (1) 否；(2) 否；(3) 是 .

2. $k>0$.

3. (1) $-\frac{4}{5}<t<0$；(2) $-1<t<2$.

4. 略 .

总复习题六

1. (1) $\begin{pmatrix}1 & -2 & 0\\ -2 & -1 & -1\\ 0 & -1 & 0\end{pmatrix}$；　(2) $\begin{pmatrix}1 & 1 & 2\\ 1 & 3 & \frac{1}{2}\\ 2 & \frac{1}{2} & 1\end{pmatrix}$；

(3) $\frac{1}{2}(\boldsymbol{\alpha}\boldsymbol{\beta}^{\mathrm{T}}+\boldsymbol{\beta}\boldsymbol{\alpha}^{\mathrm{T}})$，其中 $\boldsymbol{\alpha}=(a_1,a_2,a_3)^{\mathrm{T}}$, $\boldsymbol{\beta}=(b_1,b_2,b_3)^{\mathrm{T}}$.

2. (1) $y_1^2+y_2^2+4y_3^2$；(2) $9y_1^2+18y_2^2+18y_3^2$.

3. (1) $y_1^2+y_2^2$；　(2) $y_1^2-y_2^2$；　(3) $-y_1^2+y_2^2+y_3^2$.

4. $a=2$, $\begin{pmatrix}0 & 1 & 0\\ -\frac{1}{\sqrt{2}} & 0 & \frac{1}{\sqrt{2}}\\ \frac{1}{\sqrt{2}} & 0 & \frac{1}{\sqrt{2}}\end{pmatrix}$.

5. 略.　6. 略.

7. (1)、(2) 均正定.

8. (1) $-\frac{1}{\sqrt{2}}<t<\frac{1}{\sqrt{2}}$；　(2) $t>1$ 或 $-2<t<-1$.

9. 略.

10. 提示：$\boldsymbol{A}$ 的特征值为 1,2，故正定.

11. 提示：记 λ 为 $\boldsymbol{A}$ 的最小特征值，只要 $t+\lambda>0$，即 $t>-\lambda$，矩阵 $t\boldsymbol{I}+\boldsymbol{A}$ 的所有特征值均大于 0，故正定.

12. 提示：$\boldsymbol{A}$ 的特征值均大于 a，$\boldsymbol{B}$ 的特征值均大于 b，则矩阵 $\boldsymbol{A}-a\boldsymbol{I}$, $\boldsymbol{B}-b\boldsymbol{I}$ 的特征值均大于 0，故正定；利用第 9 题(2)的结论，$\boldsymbol{A}+\boldsymbol{B}-(a+b)\boldsymbol{I}$ 也正定，其特征值大于 0，所以 $\boldsymbol{A}+\boldsymbol{B}$ 的特征值均大于 $a+b$.